安徽省教育厅高校自然科学基金重点项目(2022AH050841)资助

煤矿厚硬砂岩顶板爆破预损伤劣化与破断机理研究及工程应用

马守龙　汪海波　韩柏青　王梦想　宗　琦　著

中国矿业大学出版社
·徐州·

内 容 提 要

深部高应力影响下矿产资源开采时岩体易出现层裂、冲击地压(岩爆)和挤压大变形等动力灾害。以超前深孔爆破为核心的切顶卸压技术和深孔爆破卸压技术均利用炸药爆炸在岩体内部形成一定的损伤裂隙区供应力释放,是目前动力灾害控制的重要方法,超前深孔爆破效果成为该类方法实施成功的关键。为探究深孔爆破损伤岩体的残余强度、岩层内部的裂纹演化规律,本书以深部高应力环境下超前深孔爆破损伤破裂岩体为研究对象,采用室内试验、理论分析、现场试验和数值模拟的综合研究方法进行研究。

本书可供采矿工程、岩土工程及相关专业的本科生和工程技术人员参考使用。

图书在版编目(CIP)数据

煤矿厚硬砂岩顶板爆破预损伤劣化与破断机理研究及工程应用 / 马守龙等著. — 徐州 :中国矿业大学出版社,2025. 1. — ISBN 978-7-5646-6622-4

Ⅰ. TD235.4

中国国家版本馆 CIP 数据核字第 2025LV3924 号

书　　名　煤矿厚硬砂岩顶板爆破预损伤劣化与破断机理研究及工程应用

著　　者　马守龙　汪海波　韩柏青　王梦想　宗　琦

责任编辑　杨　洋

出版发行　中国矿业大学出版社有限责任公司

(江苏省徐州市解放南路　邮编 221008)

营销热线　(0516)83885370　83884103

出版服务　(0516)83995789　83884920

网　　址　http://www.cumtp.com　**E-mail**:cumtpvip@cumtp.com

印　　刷　江苏淮阴新华印务有限公司

开　　本　787 mm×1092 mm　1/16　**印张** 10.25　**字数** 262 千字

版次印次　2025 年 1 月第 1 版　2025 年 1 月第 1 次印刷

定　　价　60.00 元

前　言

随着浅部资源的逐渐枯竭，我国的矿产资源进入深部开采阶段。受深部高应力影响，深部矿产资源开采时岩体易出现层裂、冲击地压(岩爆)、挤压大变形等动力灾害。以超前深孔爆破为核心的切顶卸压技术和深孔爆破卸压技术，是目前动力灾害控制的重要方法。在超前深孔爆破切顶、卸压过程中，由于炮孔深度较大、孔口封堵密实、受高应力作用、缺乏自由面，岩石变形被限制，岩石的承载能力增大；岩体的残余强度和破断机理受其损伤程度、加载路径和岩体边界特性等条件影响。探索一种围压加载和爆破作用岩体内损伤、裂纹扩展的研究方法，对高应力环境超前深孔爆破岩体损伤破裂范围研究、爆破参数设计和爆破施工具有重要的现实意义。

本书设计优选了岩石预制爆破损伤的方法，从微观、细观和表观角度分析了柱状装药爆破岩石的损伤度分布特征，研究了不同损伤度砂岩的物理力学性能，揭示了爆破荷载作用后岩石的内部损伤机理；开展了三种损伤度砂岩的压缩试验，分析了损伤砂岩的抗压强度、能量耗散、破坏特征与损伤度和围压状态的关系，揭示了损伤砂岩的强度劣化规律；构建了围压约束作用下损伤砂岩加载试验装置，揭示了地应力作用下损伤岩体的变形特征和破裂损伤区演化机理；测试了不同材质封孔材料的动态力学特性，提出了改性聚氨酯囊袋封孔结构和施工工艺，实现深孔爆破任意长度快速、有效封堵。通过项目研究改变了顶板围岩压应力状态，实现了厚硬顶板随采随断，同时可实现顶板定向损伤破坏，切断顶板完整性，阻断顶板应力向已有巷道的压力传递，降低系统巷道的变形破坏。

本书的研究课题得到了安徽省教育厅高校自然科学基金重点项目(2022AH050841)的资助，特此表示感谢；在撰写本书的过程中，安徽理工大学、中煤新集能源股份有限公司、中煤新集刘庄矿业有限公司、中煤新集能源股份有限公司新集一矿、中煤新集能源股份有限公司新集二矿和中国矿业大学出版社有限责任公司给予了大力支持，在此一并表示衷心感谢。

限于作者水平，书中难免存在一些缺点和不足，恳请广大读者批评指正。

作者

2024 年 9 月

目　录

1 绪 论

1.1 研究的背景与意义

随着浅部资源的逐渐枯竭，我国进入矿产资源深部开采阶段。受深部高应力的影响，进行深部矿产资源开采时岩体易出现层裂、冲击地压（岩爆）和挤压大变形等动力灾害[1-2]。以超前深孔爆破为核心的切顶卸压技术[3-5]和深孔爆破卸压技术[6]，均利用炸药爆炸在岩体内部形成一定的损伤裂隙区供应力释放，是目前动力灾害控制的重要方法。超前深孔爆破效果成为该类方法实施成功与否的关键。

在超前深孔爆破切顶、卸压过程中，由于炮孔深度较大、孔口封堵密实、受高应力作用、缺乏自由面，岩石变形被限制，岩石的承载能力提高[7]，因此爆破裂隙区范围显著缩小；岩体的破断是由多个炮孔爆破形成的损伤区裂纹扩展、贯穿实现的，因此围压作用下爆破损伤区范围的确定及其演化规律是深部高应力环境下超前深孔爆破设计的关键。

爆破损伤区域的形态、损伤程度与岩石性质、力学强度、爆心距、围压等爆破条件密切相关，岩体的残余强度和破断机理受损伤程度、加载路径和岩体边界特性等的影响。围压作用下损伤岩体裂纹扩展、破断研究采用传统的纵声波波速测试，高速摄像无法实现。探索一种围压加载和爆破作用岩体内损伤、裂纹扩展的研究方法，对高应力环境下超前深孔爆破岩体损伤破裂范围研究、爆破参数设计和爆破施工具有重要的现实意义。

高应力环境和岩体边界特性共同影响着岩体内爆破损伤程度和范围、损伤岩体的力学强度、泊松比和弹性模量等参数，控制损伤岩体裂纹的演化过程，进而改变岩层内损伤区之间的裂纹扩展模式，这是深部高应力环境下超前爆破岩体破断的科学本质。目前有关地应力（围压）状态对爆破损伤区的影响、岩体的残余强度和岩层破断都有较为系统的研究。但是受试验装置、测试手段的限制，有关深孔爆破损伤岩体的残余强度、岩层内部的裂纹演化未见相关报道。而超前深孔爆破是深部高应力环境下工程动力灾害防治的重要手段，损伤岩体残余强度的分布规律、高应力与岩体边界特性耦合作用下损伤岩体内裂纹演化机理研究亟待开展。

综合上述分析，本书以深部高应力环境下超前深孔爆破岩体损伤破裂为工程背景，采用自行研制的围压加载装置与爆破试验系统和岩石力学性能测试系统，通过对煤矿顶板典型砂岩预制爆破损伤及研究爆破作用后砂岩的损伤和残余强度特征，揭示地应力（围压）作用下岩体内部损伤区之间的裂纹演化规律。研究成果对深部高应力环境下工程动力灾害防治超前深孔爆破方案和参数设计具有重要的理论意义和实践价值。

1.2 国内外研究现状

1.2.1 厚硬顶板弱化技术

厚硬顶板弱化技术研究主要集中在弱化方法和弱化位置及参数两个方面。弱化方法目前主要有注水弱化法、爆破致裂法和水力压裂法三种;弱化位置主要涉及钻孔布置岩层层位、至工作面(巷道)的距离、弱化间距等。

1.2.1.1 厚硬顶板弱化方法

(1) 注水弱化厚硬顶板法

岩石受水侵蚀后会改变岩石内颗粒的表面能,使其强度降低,仅适用于一般厚硬砂砾岩、厚砾岩以及石灰岩的顶板,不适用于坚硬岩层和有地质破坏带的区域,可由专用巷道或回(进)风巷道向顶板打深钻孔高压注水来实施。根据钻孔布置方式可以分为单孔注水弱化和双孔注水弱化,分别如图 1-1 和图 1-2 所示。

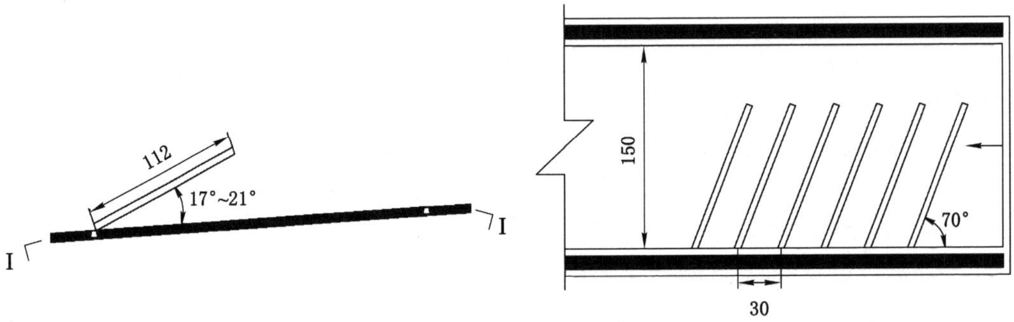

(a) 炮孔布置侧视图　　(b) 炮孔布置俯视图

图 1-1　顶板单孔注水弱化

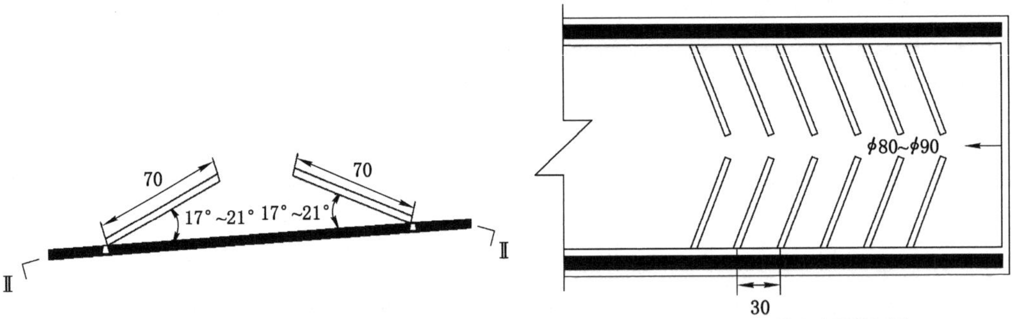

(a) 炮孔布置侧视图　　(b) 炮孔布置俯视图

图 1-2　顶板双孔注水弱化

(2) 爆破致裂弱化厚硬顶板法

爆破致裂弱化厚硬顶板法是在厚硬顶板内布置钻孔、装入炸药、爆破形成损失破裂区,破坏顶板的完整性，使厚硬难冒顶板成为可冒落顶板。根据炮孔布置位置，可分为循环式浅孔爆破(图 1-3)、步距式深孔爆破、地面深孔爆破、两巷平行工作面钻孔爆破(图 1-4)、超前工作面深孔爆破(图 1-5)等。

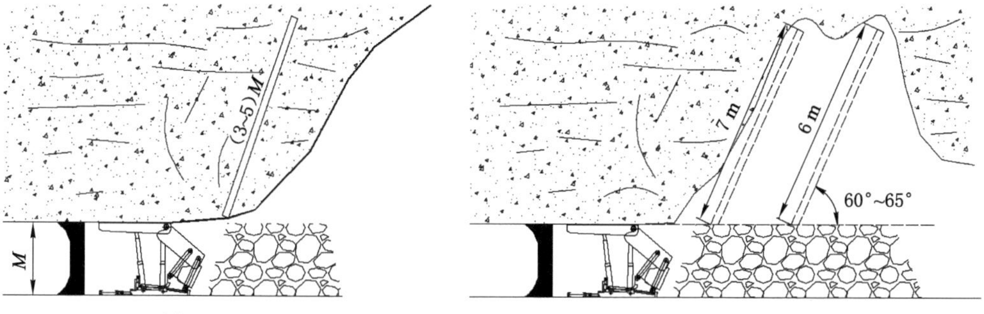

(a)　　(b)

图 1-3　循环式浅孔爆破

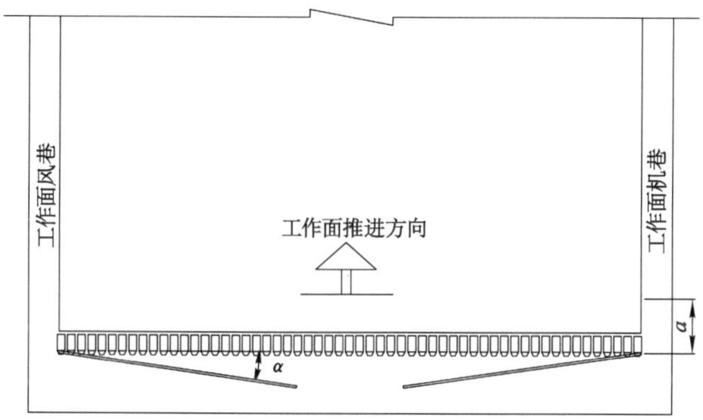

图 1-4　两巷平行工作面钻孔爆破

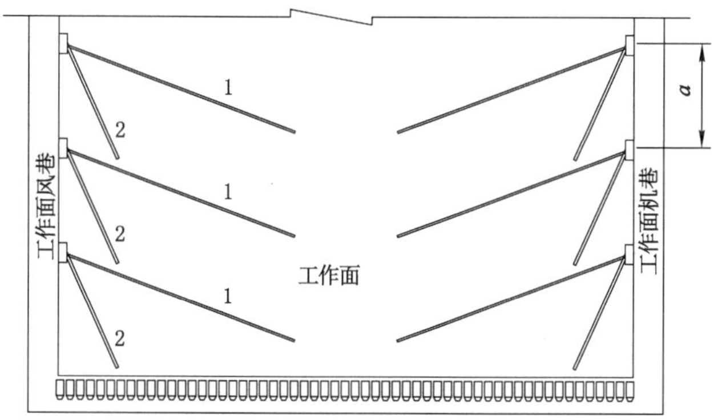

1，2—炮孔。

图 1-5　超前工作面深孔爆破

循环式浅孔爆破钻孔数量多、作业影响生产、存在安全隐患；步距式深孔爆破同样对生产造成影响；地面深孔爆破钻孔深度大，一次起爆药量大，带来较大安全风险；两巷平行工作面钻孔爆破在采空区内实施易造成安全事故；超前工作面深孔爆破对工作面生产几乎不产生影响，在煤层上方顶板内实施爆破安全性也较高，是目前主要采用的爆破致裂方法。

(3) 水力压裂弱化厚硬顶板法

顶板定向水力压裂技术最初由波兰学者开发，用于煤矿坚硬厚层顶板条件下冲击地压和坚硬顶板悬顶的处理[8]。我国于 2000 年左右将该技术引入[9]，近年来在强动压巷道切顶卸压方面逐步推广应用[10-11]。其基本原理是在钻孔内注入高压水造成压裂段岩层破裂，需要在顶板岩层中钻孔和利用专业的机具设备进行加压，因此对设备的要求较高。

1.2.1.2 厚硬顶板弱化理论与参数

国内外学者对厚硬顶板控制方面进行了大量的研究。杨俊哲等[12]研究了不同厚度煤层综采工作面的坚硬顶板破断规律，提出了坚硬顶板分段水力压裂超前弱化技术，并取得了良好的应用效果。黄炳香等[13]长期致力于特厚煤层坚硬顶板控制技术研究，提出了水力压裂控制理论与成套技术框架。蒋金泉等[14]结合汝箕沟煤矿 8 m 厚煤层的坚硬顶板，分析了分层综采工作面顶板的裂隙发育演化规律和破断动载特征，提出了采用深孔爆破和降低采高两种控制顶板的方法。于斌等[15-17]明确了远场和近场坚硬顶板的概念，构建了不同组合边界条件下的近场坚硬顶板初次和周期破断力学模型，并开发了一种基于高能射孔枪的坚硬顶板复合爆破定向造缝技术。何春光等[18]通过理论分析、数值模拟及现场试验等方法探究了切顶卸压围岩变形特征，探究了定向预裂切顶卸压技术及该技术的关键参数。胡亚超等[19-20]通过理论研究分析了深孔预裂爆破技术对岩梁应力分布的影响规律，并设计了一套精确高效的封孔技术，揭示深孔爆破切顶后厚硬顶板破断规律。张广辉等[21]根据工程现场情况提出了深浅孔组合爆破卸压技术，并通过理论分析和现场试验确定了爆破方案参数。姜立春等[22]利用数值模拟和现场监测探究了循环爆破累积损伤下铝土矿采空区群的失稳机制。尹忠昌等[23-24]通过现场调研、理论分析、相似模拟试验和数值模拟试验等方法探究了煤层厚硬顶板运移规律和切缝药包作用下深孔爆破松动效果，为坚硬顶板深孔预裂松动爆破技术研究提供了参考。高晓进等[25]针对软岩巷道在采动影响下易发生围岩大变形问题提出了高应力软岩巷道双主动超前断顶卸压控制技术，并建立了保护巷道围岩变形破坏的综合成套监测技术系统。毕慧杰等[26]利用深孔爆破技术对巷道顶板进行预卸压，从而保证深埋坚硬顶板厚煤层开采条件下小煤柱巷道的稳定性。赵善坤[27]针对不同工程环境对比分析了深孔顶板预裂爆破与定向水压致裂防冲技术的优缺点和适用环境。

1.2.2 岩石类材料的爆破损伤特征

1.2.2.1 试验研究方面

爆破损伤范围和程度一直是岩石爆破理论研究的重点内容，在爆破动载作用下，岩石内部微缺陷逐渐扩展、聚合形成损伤，并致使岩石内部结构的物理性能发生变化，导致岩石宏观变形力学特性不可逆[28-30]。刘帅等[31-33]研究了地应力和节理对应力波传播及爆破损伤演化的影响规律，发现地应力对岩体损伤产生抑制作用，而节理的存在会改变应力波的传播与衰减。梁瑞等[34]基于数值模拟探究了边坡炮孔近区岩体爆破损伤效应。魏东等[35-36]对岩体爆破损伤区分布及破坏区范围进行了研究，建立了应变率与炮孔破坏区范围之间的计算模型。潘强等[37-38]研究了单孔及双孔爆破荷载损伤下岩体损伤范围，建立了爆炸应力波与准静态气体共同作用下岩体损伤分布特征公式。钟权等[39]利用数值模拟方法探究了围岩节理及开挖程序对隧洞围岩爆破损伤的影响规律。张超等[40]通过三轴加卸载试验研究了岩石类脆性材料损伤演变规律，建立了损伤应变阈值前、后岩石的本构模型。

我国颁布的国家标准《爆破安全规程》(GB 6722—2014)以质点爆破振动速度和频率为评价标准。研究表明：地下洞室掘进爆破引起的围岩振速在横断面方向随着远离爆心呈指数衰减；当在爆破洞室附近存在已开挖洞室时，已开挖洞室迎爆侧边墙处质点振动存在放大效应，而在背爆侧围岩峰值振速明显减小[41]；阻尼是影响弹性系统振动特性的重要因素，合理控制阻尼可以有效地调节振动的振幅、频率、稳定性和响应时间等特性[42]。但是无法通过振动速度对岩体损伤的范围和程度进行量化。近年来随着测试方法的发展，一些学者采用不同的方法开展了岩石爆破损伤特性研究。利用声波速度的降低来定义损伤因子，由此建立损伤因子与岩体变形模量、单轴抗压强度、单轴抗拉强度、内摩擦角等的关系，研究结果表明岩体单轴抗压强度受爆破开挖扰动的影响最大，内摩擦角受到的影响最小[43]。在定量描述爆破荷载对岩体所造成的损伤程度及预测爆破损伤范围等方面前人开展了大量研究[44-46]，王智德等[47]、黄佑鹏等[48]通过数值模拟探究了岩体爆破损伤范围，研究成果可为实际工程爆破损伤提供评估参考依据。陈俊桦等[49]改进了 Yang 等提出的爆破损伤模型，并将此本构模型引入数值模拟计算中与现场实测数据进行对比。蒲传金等[50]、杨小林等[51]对爆破损伤细观机理与微观特性进行研究，并建立了相应的损伤模型与断裂准则。张翔宇等[52]通过理论分析和数值模拟对高应力采场在爆破荷载作用下的稳定性进行探究，对爆破荷载损伤影响范围进行估计，并给出了安全距离建议值。杨二朋等[53]利用三轴试验装置对距爆源不同距离的位置处的损伤砂岩试件的力学性能开展试验研究，结果表明：爆破荷载会降低砂岩的抗压强度、弹性模量等力学参数，且距离爆心越近，试件损伤程度越高。朱和玲等[54]首次采用核磁共振技术定量研究爆破岩体损伤范围，并建立了核磁共振特征与岩石强度之间的关系模型。杨小林等[55]对爆破损伤大理岩开展力学性能试验研究，对不同损伤程度岩体细观裂纹扩展规律及力学损伤特性进行研究。闫长斌[56]引入声速变化规律揭示岩体爆破累积损伤演化模型。地质雷达基于所探测介质的电性差异，可以对物体内部不同介质的分界面进行判别，雷达回波信号经处理可反映电磁波传播过程中穿越裂隙、破碎带等形式的结构面。研究结果表明：爆破振动影响下围岩的损伤演化受其完整性影响大，多次循环爆破作用的围岩完整性差，新生裂缝多数出现在距爆源较近区域[57-58]。随着数字图像技术(DIC)的发展，高速摄影和 DIC 相结合可对爆破过程中岩石的微应变进行观测[59]，对岩石表面拉伸强度和剪切损伤程度进行定量评估，发现损伤最初在裂纹尖端处成核，裂纹尖端处岩石具有相对较高的拉伸强度和剪切损伤强度[60]。CT(电子计算机断层扫描)和三维重建技术可获得损伤试样内部裂纹的空间分布规律，进而评价其损伤程度[61]。

上述研究表明：爆破损伤范围和程度可以通过 DIC 技术、CT 扫描等获得；在高应力环境下爆破后，小范围的破裂区造成岩体卸压损伤，同时围压作用大小和方向、岩石性质均会影响爆破损伤破裂。目前缺乏高应力(围压)作用对岩石爆破损伤演化的影响规律，而这是岩体裂隙扩展、贯穿以及岩层破断的基础。

1.2.2.2 数值计算方面

以 LS-DYNA、ABAQUS 为代表的数值模拟软件广泛用于爆破破岩研究。三维加载作用下的岩体爆破损伤计算结果表明:随着加载压力的增大,拉伸破坏区域范围减小[62],爆破后产生的应力卸载会对岩体造成一定的损伤破坏[63],初始地应力场的压应力作用不利于爆生裂纹的萌生与扩展[64],破裂区半径不足浅部或露天爆破的一半[65];地应力在应力波作用阶段对初始裂纹扩展方向具有导向作用,而垂直于裂纹面的地应力分量在爆生气体阶段会抑制裂纹长度增长,地应力越大,其影响越显著[66]。由于对深部高应力环境下爆破后形成的损伤岩体物理力学性能方面的研究的不足,其本构模型不断完善,如霍克-布朗(Hoek-Brown)弹塑性损伤模型[67]、岩石动态断裂过程的连续体损伤-嵌入不连续模型[68]、JHR 模型[69]等均用于深部岩体爆破损伤演化机制研究。由上述研究可知:深部高应力环境下的爆破损伤破裂范围缩小、形态受高应力影响和岩层岩性差异变化,这为高应力环境下复合岩层深孔爆破损伤区研究提供了很好的参考。由于试验装置、测试手段的不足,缺乏对高应力环境下爆破损伤破裂试验结果的验证,这不利于深部高应力环境下超前深孔爆破的设计与施工。

1.2.3 高应力(围压)作用下的岩石动力学特性

随着资源开采深度的增加,学者们逐渐认识到深部地层的高应力对爆破效果的不利影响,开始研究高应力(围压)作用下的岩石动态响应,以分离式霍普金森压杆(split Hopkinson pressure bar,SHPB)冲击和爆破为主要动力加载手段。

金解放等[70]开展了三维动态压缩试验研究不同大小动荷载与地应力对岩石动态强度和变形特性的影响,研究结果表明:红砂岩的平均应变率随着轴向静应力的增大先减小后增大,随着冲击速度的增大呈幂函数增长;轴向应力的约束作用在增大到一定程度后形成的卸载也会造成岩体损伤。不同加载状态下砂岩的裂纹密度随着应变率的增大均呈现递增趋势,轴压、围压的施加限制了裂纹的产生和增长速率,围压相比轴压对裂纹产生和扩展的限制程度更高[71-72]。李清等[73]的不同单向静压下柱状炮孔端部爆生裂纹动态断裂试验结果表明:端部裂纹平均扩展长度与单向静压呈负相关关系,与前期扩展速度呈正相关关系。单向静压越大,应力强度因子随时间下降越明显,止裂时间越早;爆破加载阶段的应变率随初始的应力的升高而升高[74],主应力方向是爆生裂纹扩展的主要方向[75-76]。何成龙等[77]研究动静组合加载条件下岩石内部应变场和表面裂纹扩展过程发现:裂纹特征参数随着围压的增大而显著减小。单向围压作用下切缝药包爆破爆生主裂纹的动态力学行为有限元软件分析表明:裂纹的扩展方向和延伸长度取决于切缝角度和压力的共同作用,初始围压静加载在环向形成压缩或拉伸预应力可以削弱或增强爆炸荷载的冲击致裂能力[78]。随着地应力水平的提高,岩石爆破破碎区的范围缩小,裂纹扩展速度降低,炸药爆炸能量转化为地震波能量增强[79]。上述研究表明围压作用下 SHPB 加载与爆破加载在使岩体损伤、破裂方面存在差异。单纯以围压下岩石的 SHPB 试验结果推断爆破作用下岩石的应力变形特征值得商榷。高速摄像与 DIC 技术、CT 扫描可以为爆破过程岩石表面的微应变、内部损伤研究提供很好的研究手段。由于深部煤矿环境复杂多变,部分岩体在爆破荷载损伤作用后仍会受到其他种类荷载的加卸扰动,爆破损伤岩体在加卸载扰动下其自身力学特性和破坏模式会不同,且深部矿山岩体常处于围压作用下,在外部荷载作用下岩体产生损伤、变形及破坏的实质是能量之间的相互转化,因此从能量角度去分析三轴循环加卸载作用下爆破损伤岩体力学性能变化更接近本质特征[80]。对于深部矿山岩体在循环加卸载作用下的力学特性及能量耗散变化规律的现有研究成果颇丰,吴再海等[81]对 3 种不同分级循环加卸载模式下花岗岩样能量演化特征进行了试验研究，建立了能量与循环加卸载等级、加卸载次数之间的演化关系方程。刘汉香等[82]通过试验对围压 10 MPa、多级循环加卸载下千枚岩能量耗散变化特征进行了研究，分析了其单位体积耗散能与循环周次之间的变化关系。孟庆彬等[83]对三轴循环加卸载作用下灰岩各能量变化及分配规律进行了研究，并提出一种利用加卸载曲线面积计算岩石能量的方法，研究成果为研究围压岩体在荷载作用下的能量变化及分配规律提供试验依据。苗胜军等[84]通过试验研究了花岗岩在三轴循环加卸载作用下的能量演化及损伤变量，基于破碎耗能所提出的试件损伤变量能够合理描述循环加卸载作用下试件的损伤变化过程。李欣慰等[85]试验研究了砂岩在循环加卸载作用下各能量指标的演化规律，并通过归一化的损伤能量变化表征了砂岩损伤演化规律。徐颖等[86]对循环加卸载作用下泥岩的能量耗散和损伤特征规律进行研究，从能量角度对试件损伤变量进行定义，并预测了不同加载上限时试件的疲劳寿命。

1.2.4 应力路径对岩体残余强度的影响

在实际工程中，岩体多数是带裂缝工作的，深部高应力岩体的破断也是从超前深孔爆破的损伤区开始的，因此围压作用下爆破损伤后岩体的残余强度直接关系岩体内裂纹的演化过程。

1.2.4.1 试验研究方面

岩石的残余强度主要通过三轴试验获得，岩样的残余强度主要由加载时的围压控制，重复加载时的围压较大，岩样在残余阶段的强度特征较明显[87]。高湿度作用下的岩体力学性能劣化，破坏过程加速[88]；随着浸水时间的增加，爆破损伤岩体的抗压强度逐渐减小，水对组合体的损伤也不断增加[89]；在长期的水-岩作用和频发中低强度水库地震作用下，岩体内部的损伤会累积发展[90]。典型岩石的脆性指数随着围压的增大而不断降低[91]；含铜矽卡岩的动态压缩强度、动态变形模量却随着加热温度的升高而减小[92]。Q. B. Meng 等[93]对损伤破裂岩石试件进行了三轴再加载试验，研究结果表明：卸载后再加载试样的体积应变很容易出现剪胀，试样的峰值应力、残余强度和弹性模量降低，而泊松比增大。粗糙标准拉伸节理和研磨平面小节理石灰岩直剪试验表明：残余状态下两个表面之间的失配和接触面积减小导致法向应力增大，残余剪切强度在初始强度损失后变得近似恒定[94]。单排现场侧向爆破试验的声波波速和采空区边界表明：合理的组合装药结构和炮孔排数可以达到控制岩石损伤的效果，最后一排的爆破冲击对剩余岩体的破坏起主导作用[95]。

1.2.4.2 理论模型方面

张慧梅等[96]基于 D-P 破坏准则，定量表述了冻融与荷载的耦合效应对总损伤的影响规律，建立了考虑残余强度特征的冻融受荷岩石损伤本构模型。高损伤破裂度岩样的峰后软化段曲线逐渐平缓，表现出一定的塑性变形特性。随着岩样损伤破裂度的增大，其卸荷之后的体积扩容增大[97]。大量试验拟合残余强度曲线表明：采用物理手段不会显著改变花岗岩岩体的残余强度[98]。G. Walton 等[99]使用引入单个新强度参数的残余强度模型，发现连续失效状态下剩余强度数据与常规剩余强度数据一致。围压对反复爆炸荷载作用下岩石损伤累积的数值模拟表明：围压显著改变了花岗岩试样的破坏模式，爆炸裂纹主要沿最大主应力方向扩展[100]。爆破振动作用下高陡边坡断层破碎带抗剪强度变化规律表明：破碎带峰值抗剪强度随加载时间的增加呈现累积渐进破坏的变化规律，破碎带黏聚力和内摩擦角弱化幅度随着加载强度的增大而增大[101]。

上述研究表明：围压、水、高温、动载等多重因素作用下岩体的细观结构变得疏松，力学强度和变形能力降低。这些为损伤岩体的残余强度特性研究提供了很好的试验和分析方法。由于测试设备和理论的缺失，没有开展爆破后岩体的损伤度与残余强度的试验研究，这不利于不同加载路径下爆破损伤岩体的本构模型和破坏模式等研究。

1.2.5 深部岩层破断机制

深部高应力环境下岩体的力学行为是岩层破断研究的基础，研究深部围岩在不同应力环境下裂纹的演化过程是研究的热点。L. R. Li 等[102]研究室内尺度大理岩破坏的声发射波形，发现其低主频带反映了岩石的微观拉破坏特征，高主频带反映了剪切特征。李晓峰[103]研究了强冲击荷载作用下岩石材料的强度、断裂和破碎特性，提出了劈裂→劈裂＋压裂→非对称压裂→边界失效冲击破碎演变形式。关键岩层的破断模式受关键岩层厚度的影响，随着关键岩层厚度的增加，破断模式由拉伸破断逐渐转变为拉伸混合破断和剪切破断[104]。同时坚硬顶板岩层具有明显的弹脆塑性破坏特征，采用弹脆塑性应变软化本构模型计算煤岩层接触面的力学特性，能够合理反映急倾斜煤岩层顶板的突变塌落破坏特征[105]。随着采深的增加，弯曲下沉带煤岩处原岩的应力不断增大，岩层卸荷幅度随采深的增大而增大，使得弯曲下沉带膨胀量增加[106]；有效的卸压取决于岩体破坏的剪切机制[107]。硬厚基本顶切顶留巷时，切缝不需要完全贯穿基本顶即可切落基本顶；基本顶沿切缝线断裂，采空区顶板垮落时不会对巷道围岩产生挤压影响[3]。可见，无论是深孔顶板预裂爆破还是顶板定向水压致裂，都以破坏顶板完整性使其不具备积聚弹性变形能为目的，通过人为制造裂隙缺陷并最终利用矿山压力促使顶板按照预想位置有序破断为手段，进而实现对冲击地压的防控[5]。目前已经形成了顶板爆破预裂、巷道两帮煤体爆破卸压和巷道底板爆破三种控制技术[6]。该部分研究表明：深部岩层破断与否、破断形式受关键岩层厚度、岩性、原岩应力、人工缺陷等因素影响。而对于爆破致裂和水压致裂形成的人工缺陷如何演化缺乏足够的研究，现有的研究成果为高应力和边界特性耦合作用下爆破损伤岩体的损伤演化、岩层破断研究提供了很好的试验和分析方法。同时爆破损伤岩体本构模型的建立将为损伤岩体裂纹的演化过程研究提供基础。

1.2.6 小结

综上所述，地应力和边界特性控制着岩石的爆生裂隙和损伤区，改变了损伤岩体的残余强度和变形特性，势必影响损伤岩体内的裂纹演变和破断机理。损伤岩体的残余强度及其内部裂纹的演变机理是深部高应力环境下超前深孔爆破岩层控制、卸压的科学问题。目前研究集中在围压、水作用下岩体的残余强度和深部岩层宏观破断方面。关于深部高地应力环境下超前深孔爆破损伤岩体的残余强度及裂纹演化规律鲜有研究。现有的研究成果为深部高应力环境下爆破后损伤岩体的损伤演化和岩层破断研究提供了很好的试验和分析方法。

1.3 研究内容及技术路线

1.3.1 研究内容

(1) 砂岩爆破损伤区分布

选取深地环境下典型砂岩制备试件，开展砂岩室内爆破试验，测试爆破过程中试件表面微应变、爆破前后试件的纵波波速、细观结构和孔隙率，分析试件应力场的分布、应变能吸收和耗散特征、波阻抗、晶粒结构的微裂纹及错位等；选择合适参量表征损伤度，确定不同围压状态时试件的损伤度和范围，构建深部岩体爆破损伤度与围压状态的关系模型；结合数值计算结果，获得高应力环境下典型砂岩岩层深孔爆破后损伤区的分布特征。

(2) 爆破损伤后砂岩的残余强度

利用损伤岩体物理力学性质的劣化机理，基于爆破损伤区的分布特征，开展不同损伤度砂岩试件的物理力学性能测试试验，获得了不同试验条件下损伤试件的力学强度(单轴和常规三轴压缩强度、抗拉强度)、泊松比、弹性模量、剪切模量等物理力学参数和破坏形态，研究损伤度、加载路径对损伤试件残余强度的影响规律，得到了损伤度与残余强度、泊松比、弹性模量等参数之间的关系；结合损伤岩石孔隙率测试结果，研究不同加载路径时损伤岩石的破坏模式，揭示损伤度对岩石试件裂纹形成、扩展的影响规律。

(3) 围压作用下损伤岩石破断机理

制作含有不同数量损伤区的岩石试件，利用围压加载装置开展不同加载条件下损伤试件的微应变测试，研究加载时岩石破断全过程中的应变场演化特征；结合数值计算，建立含损伤区岩石力学模型，讨论深部地层采动条件下含损伤区坚硬顶板内的应力场变化特征，反演损伤区之间岩石裂隙形成、扩展和贯穿全过程。

1.3.2 技术路线

采用理论分析、数值计算和试验相结合的研究方法，技术路线如图 1-6 所示。

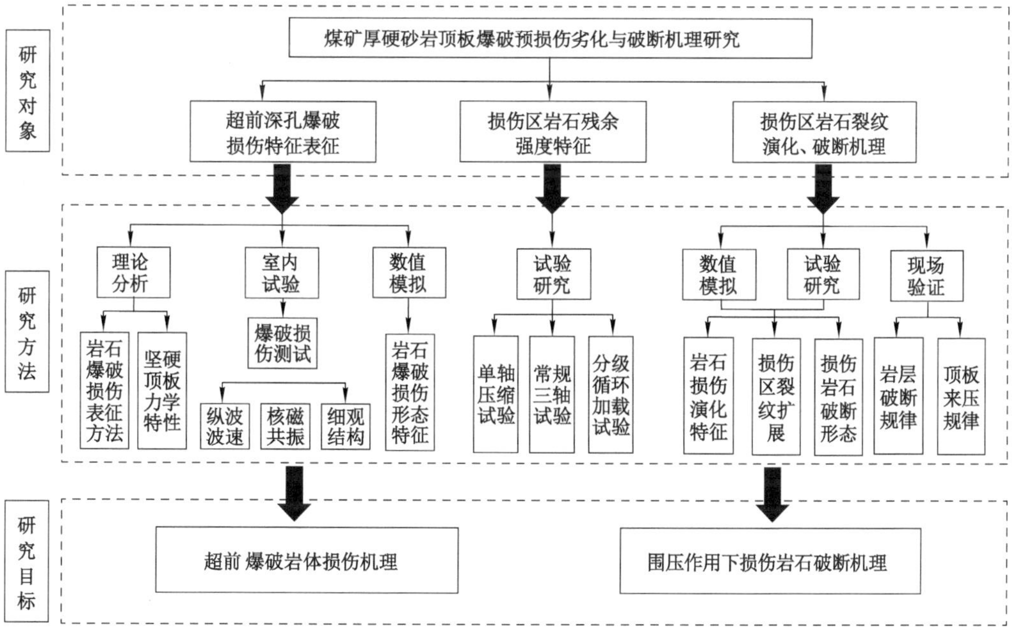

图 1-6 研究技术路线

2 损伤砂岩的残余强度研究

2.1 损伤砂岩的单轴抗压强度试验

2.1.1 试验方案

深部地下工程超前深孔爆破后，岩体处于地层内部或垮落充填采空区，无法获取现场爆破后的损伤岩石。经综合比选，研究采用室内爆破试验对岩石施加损伤。试验选用取自深部煤矿工作面顶板的大块砂岩，依据国际岩石力学学会的要求[108]，将岩石加工成 ϕ50 mm×25 mm 及 ϕ50 mm×100 mm 的标准圆柱体试样进行未损伤压缩和劈裂试验，部分岩样如图 2-1 所示。爆破器材采用导爆索和普通 8 号电雷管，如图 2-2 所示。

图 2-1 试验选用的部分砂岩试样

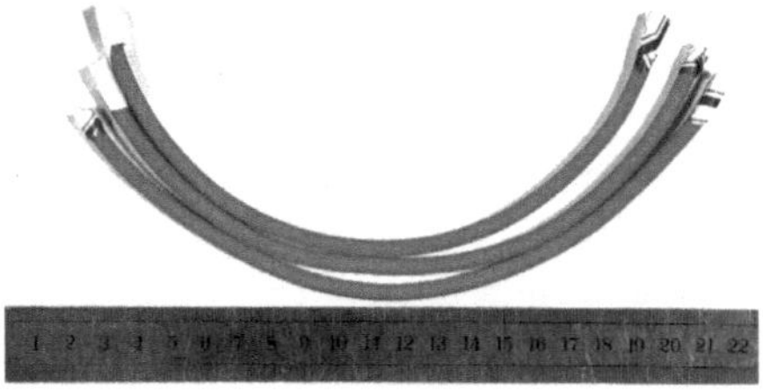

(a) 导爆索

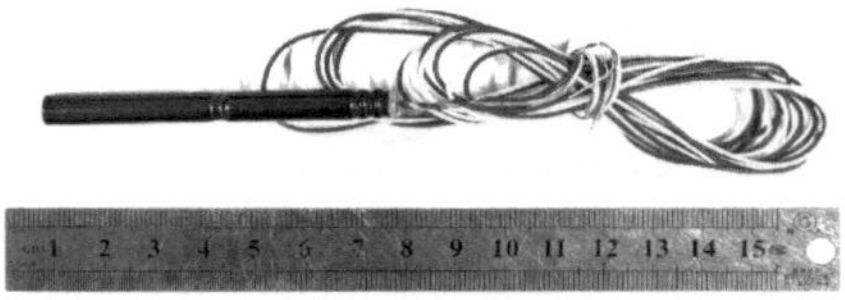

(b) 电雷管

图 2-2 试验爆破器材

预损伤试验初始采用 ϕ50 mm×100 mm 的圆柱体试样进行，导爆索固定在试样端面，如图 2-3 所示。由于试样尺寸小，自由面效应明显，爆破后如图 2-4 所示。

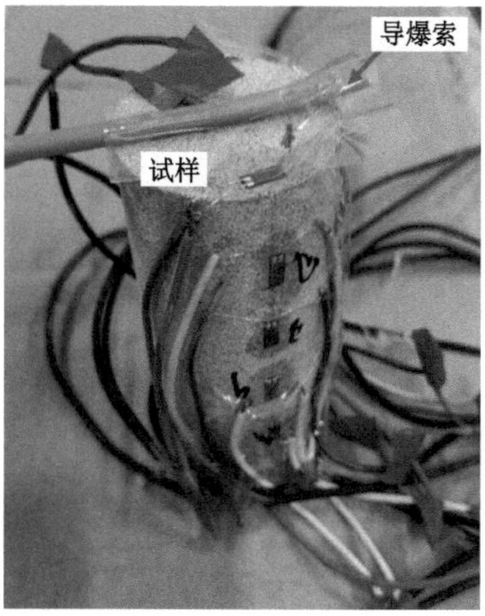

图 2-3 圆柱体试样损伤试验

图 2-4 圆柱体试样爆破效果

采用 400 mm×400 mm×100 mm 的砂岩板材，在砂岩板材表面粘贴导爆索，导爆索端部连接电雷管用来引爆导爆索；导爆索和电雷管布置如图 2-5 所示。

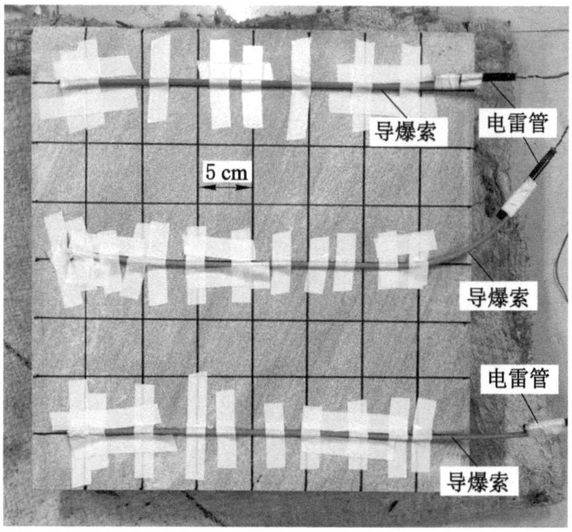

图 2-5 导爆索和电雷管布置

在导爆索爆炸荷载作用后，试件不同部位受到的损伤程度不同，根据导爆索直接作用和爆破振动作用，分为爆破损伤带和爆破振动区，如图 2-6 所示。对不同损伤区域的岩石进行取芯处理，部分取芯试样如图 2-7 所示。

为探究爆破荷载作用后损伤试件在轴压作用下的力学性能变化情况，对未损伤试件、振动损伤试件及爆破损伤试件进行单轴压缩试验和常规三轴压缩试验（$\sigma_2=\sigma_3$），分析爆炸荷载损伤下试件的力学性能变化规律。试验选用 ZTCR-2000 型岩石三轴试验系统装置进

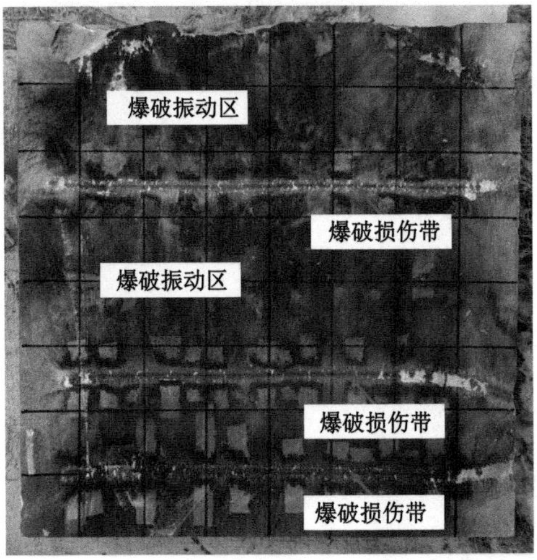

图 2-6　爆破荷载作用后试件损伤区划

图 2-7　取芯后不同损伤程度的砂岩试件

行，最大轴力为 2 000 kN；围压利用液压泵进行施加，最大轴压为 40 MPa。该系统可采用位移加载和力加载的方式对试件进行轴压加载，在加载过程中两种加载方式也可以随意切换，并附加位移传感装置，可实时对试件轴向、径向两个方向位移进行监测。单轴压缩试验装置如图 2-8 所示。试验过程中每组选取 3 个平行试样进行单轴压缩试验，分析爆破荷载对试件力学性能的影响规律。

2.1.2　损伤砂岩抗压强度变化规律

为更加直观地观测轴向荷载作用下砂岩试件的变形特征，采用位移加载的方式对试件施加荷载，加载速率为 0.06 mm/min，不同损伤程度的试件在轴向荷载作用下的试验结果见表 2-1，试件轴向应力-应变关系曲线如图 2-9 所示。

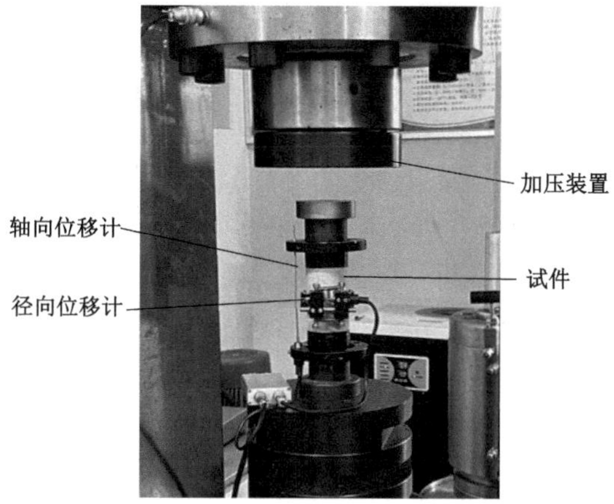

图 2-8 损伤砂岩试件单轴压缩试验装置图

表 2-1 不同损伤程度的试件的单轴压缩力学性能参数

试件编号	峰值应力/MPa		D_σ	弹性模量/GPa		轴向应变/%	径向应变/%
	测试值	平均值		测试值	平均值		
SY-1	88.48	91.71	—	19.13	18.72	0.69	−0.10
SY-2	91.77		—	18.21		0.67	−0.11
SY-3	94.88		—	18.81		0.67	−0.13
ZSY-1	85.44	84.29	6.84	20.25	20.86	0.56	−0.22
ZSY-2	84.04		8.36	22.29		0.53	−0.21
ZSY-3	83.38		9.08	20.03		0.57	−0.19
BSY-1	70.67	73.34	22.94	18.53	21.18	0.44	−0.09
BSY-2	72.56		20.88	22.65		0.41	−0.07
BSY-3	76.79		16.27	22.36		0.46	−0.15

注：SY-1，SY 表示未损伤砂岩试件，1 为试件编号；ZSY-1，ZSY 表示振动损伤砂岩试件，1 为试件编号；BSY-1，BSY 表示爆破损伤砂岩试件，1 为试件编号。D_σ 为基于试件强度变化定义其自身损伤程度，无量纲，下同。

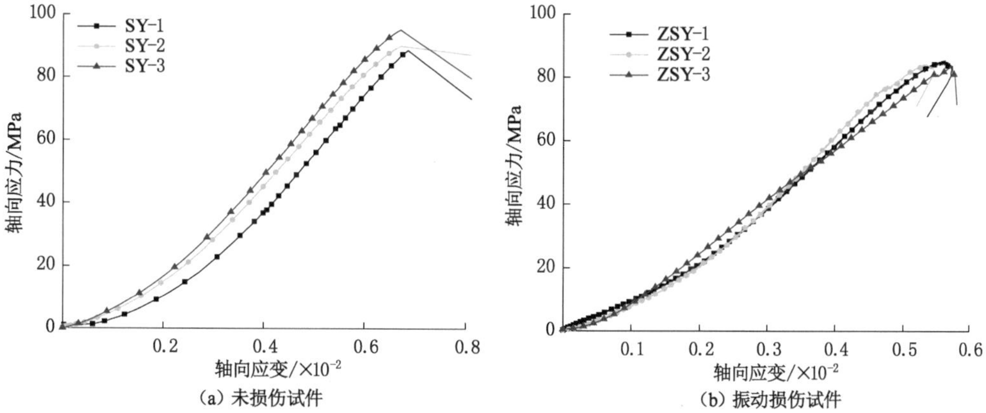

图 2-9 损伤砂岩试件轴向应力-应变关系曲线

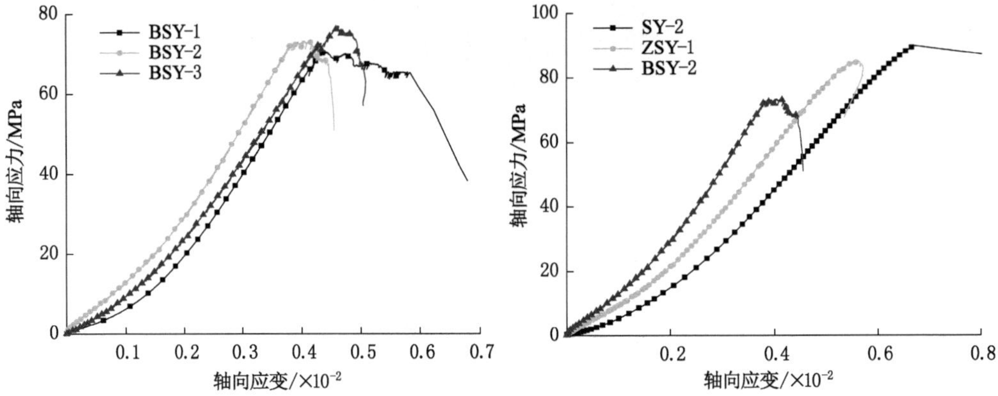

(c) 爆破损伤试件　　(d) 三种不同试件

图 2-9 （续）

由表 2-1 和图 2-9 可知：爆破荷载作用对砂岩试件物理力学性能具有显著影响。轴向荷载作用下三种试件应力-应变关系曲线既有相似之处又存在着不同，三种试件的应力-应变关系曲线均存在孔隙压密阶段、弹性变形阶段、塑性变形阶段及破坏阶段[109]，而未损伤试件在荷载作用过程中应力-应变关系曲线相对平滑，且对应的峰值应力、峰值应变较大，而振动、爆破损伤试件在荷载作用下应力-应变关系曲线产生抖动，爆破损伤试件在达到峰值应力后表现出一定的延展性。这是由于爆破荷载作用对试件造成一定的损伤，在微观层面表现为裂纹孔隙的增加，损伤试件在轴向荷载作用过程中损伤区会形成孔隙压密、裂纹扩展及岩石黏结颗粒间的分离，宏观表现为应力-应变关系曲线的抖动，且损伤试件的峰值应力、峰值应变均低于未损伤试件的，其自身抵抗外荷载的能力降低，更容易破坏。

不同损伤程度试件的弹性模量变化规律如图 2-10 所示。

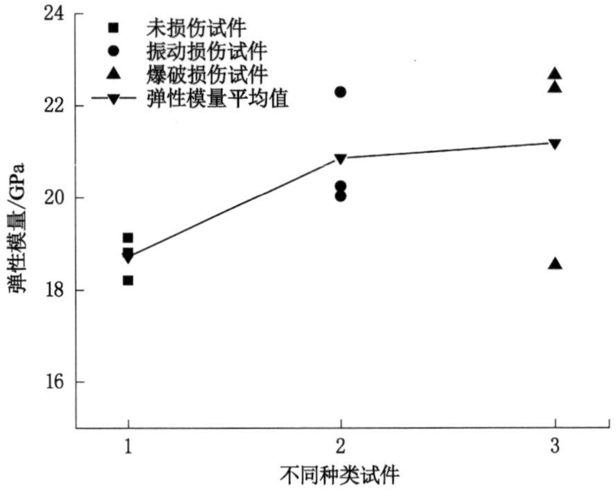

图 2-10　损伤砂岩试件弹性模量变化规律

由图 2-10 可以看出爆破荷载损伤后损伤试件的弹性模量有所增大，结合图 2-9(d)可以看出损伤试件在荷载作用前期轴向变形量减小，其应力增幅增大，因此损伤试件的弹性模量有所增大。由核磁共振试验结果分析可知：尽管爆破荷载作用下损伤试件的孔隙率有所增大，但内部原生裂纹的扩展及新生裂隙的增加降低了试件抵抗外荷载作用下的变形能力，在同等荷载作用下试件所能产生的弹性变形量减小，试件将更快地达到破坏荷载，因此其轴向变形量也随之降低，弹性模量有所增大。

2.1.3　损伤砂岩径向应力-应变关系曲线

对试验过程中的试件变形程度进行分析，不同损伤程度的砂岩试件径向应力-应变关系曲线如图 2-11 所示。

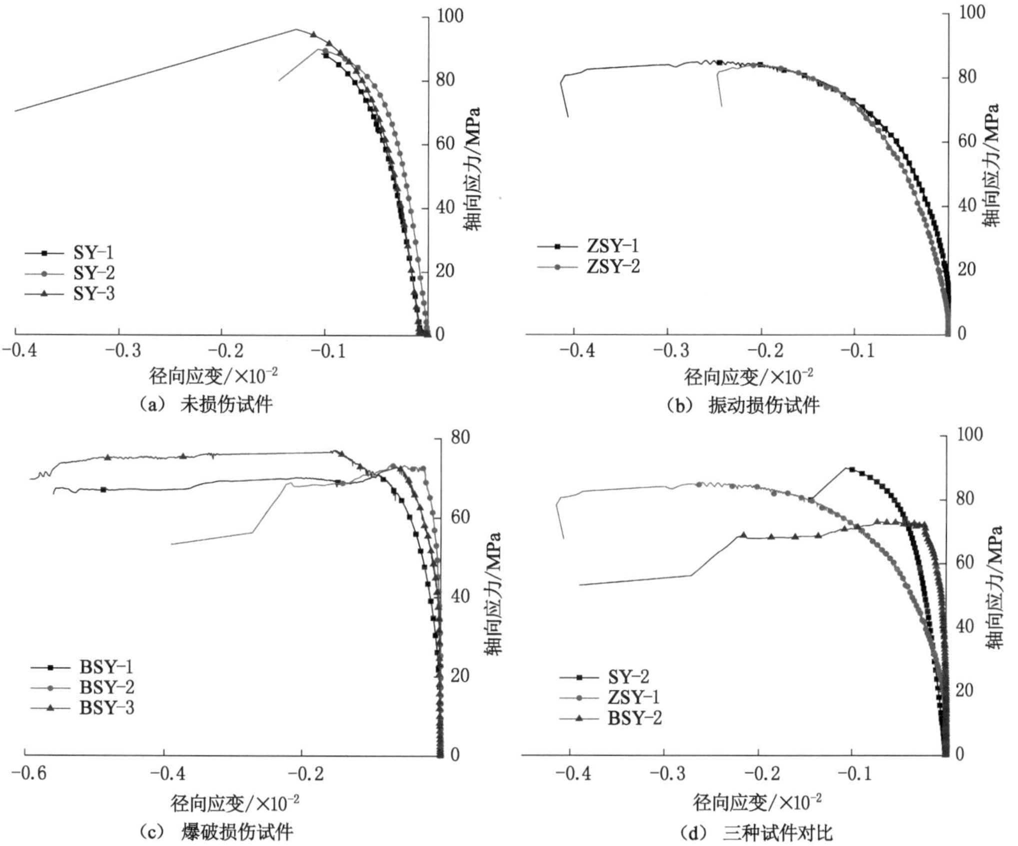

图 2-11　损伤砂岩试件径向应力-应变关系曲线

由图 2-11 可知：不同损伤程度的试件径向应力-应变关系曲线形式基本一致，砂岩试件在轴向应力作用下产生变形时其与轴向相垂直方向也会产生一定的延伸变形，此过程为泊松现象。在轴向荷载作用下压缩过程中试件沿径向产生膨胀，荷载作用时间越长，试件的径向变形量越大。三种不同试件的径向变形量在 0.07～0.22 之间，相比轴向变形量，砂岩自身径向变形程度较低，说明此岩石在荷载作用下的变形程度较低。

2.1.4　损伤砂岩能量演化特征

自然界中的岩石在外荷载作用下变形破坏的过程实际上是岩石内部能量集聚、变化及耗散的过程，从能量角度去分析试件变形破坏的过程更能从本质上了解岩石在外荷载作用下的变化过程。单轴荷载作用下爆破损伤砂岩试件各能量之间的关系式如下[110-111]。

$$U = \int_0^{\varepsilon} \sigma \mathrm{d}\varepsilon \tag{2-1}$$

$$U^{\mathrm{e}} = \frac{1}{2}\sigma\varepsilon^{\mathrm{e}} = \frac{1}{2E_{\mathrm{u}}}\sigma^2 \tag{2-2}$$

$$U^{\mathrm{d}} = U - U^{\mathrm{e}} \tag{2-3}$$

式中，U 为外力对试件所做的总功，J；U^{e} 为砂岩所存储的弹性变形能，J；U^{d} 为荷载作用过程中用于砂岩损伤并产生塑性变形所耗能量，J；σ 为荷载作用下试件所产生的应力，MPa；ε 为试件所产生的应变，无量纲；E_{u} 为试件的弹性模量，GPa。

在实验室内加载过程中，试样在试验机施加荷载作用下产生变形，这是一个热力学过程。通常在损伤岩体变形过程中，若试样的温度未发生变化，也就是说，在这个过程中没有发生热量的增加或减少，则这个过程一般称为绝热过程。在外界荷载作用下，设爆破损伤岩体发生变形的动能为 E，应变能为 U，则在有限时间 Δt 内，岩体从一种状态过渡到另一种状态时，根据热力学第一定律，总能量变化为：

$$\Delta E + \Delta U = \Delta W + \Delta Q \tag{2-4}$$

式中，ΔW 为作用于岩体上的体力和面力所做的功；ΔQ 为岩体由其周围介质所吸收(或向外发散)的热量，并以等量的功度量。

假定岩体弹性变形过程是绝热的，则对于静力平衡问题有：

$$\begin{cases} \Delta E = 0 \\ \Delta Q = 0 \end{cases} \tag{2-5}$$

将式(2-5)代入式(2-4)可得：

$$\Delta U = \Delta W \tag{2-6}$$

以爆破损伤砂岩为研究对象，当外界荷载对其所做的功、输入的能量流及物质流达到一定阈值时，RVE 内部就开始自发组织，形成新的有序结构(耗散结构)，这个过程就是岩体 RVE 的自组织耗散。Prigogine 从热力学观点出发，依据是在一个平衡系统中熵的减小意味着有序度的增大，一个非平衡系统若要形成有序结构，那么其熵应该是减小的。因此，只有当该系统与外界进行物质、能量交换产生负熵流时，这种耗散结构才存在。若以 S 表示熵值，η 表示单位质量的熵密度，那么熵可以表示为：

$$S = \int_V \rho\eta \mathrm{d}V \tag{2-7}$$

爆破损伤岩体在不同围压的加载过程中，熵的变化包括两个部分：一部分是由爆破损伤岩体内部的不可逆耗散产生的，称为熵产生项，用 $\mathrm{d}S_{\mathrm{i}}$ 表示；另一部分是由外界荷载做功和热量输入过程产生的，称为熵流项，用 $\mathrm{d}S_{\mathrm{e}}$ 表示，故有：

$$\mathrm{d}S = \mathrm{d}S_{\mathrm{i}} + \mathrm{d}S_{\mathrm{e}} \tag{2-8}$$

对于平衡态爆破损伤岩体内的自发运动(分子无规则热运动)，只能使该系统的熵增大，即

$$\mathrm{d}S_{\mathrm{i}} \geqslant 0 \tag{2-9}$$

式中，$>$表示不可逆变化；$=$表示可逆变化。

通常 $\mathrm{d}S_{\mathrm{e}}$ 的符号不确定，即可正、可负、可为 0，由系统和外界环境之间的物质、能量交

换过程决定。对于一个孤立系统来说，系统和环境之间不进行任何物质、能量交换，因此也就没有熵的交换，即

$$dS_e = 0 \tag{2-10}$$

故有：

$$dS = dS_i \geqslant 0 \tag{2-11}$$

式(2-11)即热力学第二定律中经常使用的数学表达式，也就是熵增原理。应该注意到式(2-11)只适用于孤立系统，对于开放系统和封闭系统，虽然式(2-9)仍然成立，但是由于 dS_e 的符号不确定，因此 dS 的符号也就不确定。故热力学第二定律最普通的数学表达式应为式(2-9)，而不是式(2-11)。$dS_i \geqslant 0$ 说明系统存在不可逆的耗散过程，因此只有当 $dS_e/dt<0$，即外界提供给系统一个负熵流时，系统才有可能成为有序的。由于外界荷载做功和热量的输入，将熵流项定义为：

$$dS_e = \frac{dQ}{T} \tag{2-12}$$

式中，dQ 为系统从外界吸收的微能量；T 为外界热源的绝对温度。

代入式(2-8)中，有：

$$TdS = TdS_e + TdS_i \geqslant dQ \tag{2-13}$$

基于能量变化过程，试件在轴向压缩荷载作用下各能量之间的关系及爆破损伤荷载作用下试件各能量变化情况如图 2-12 所示。

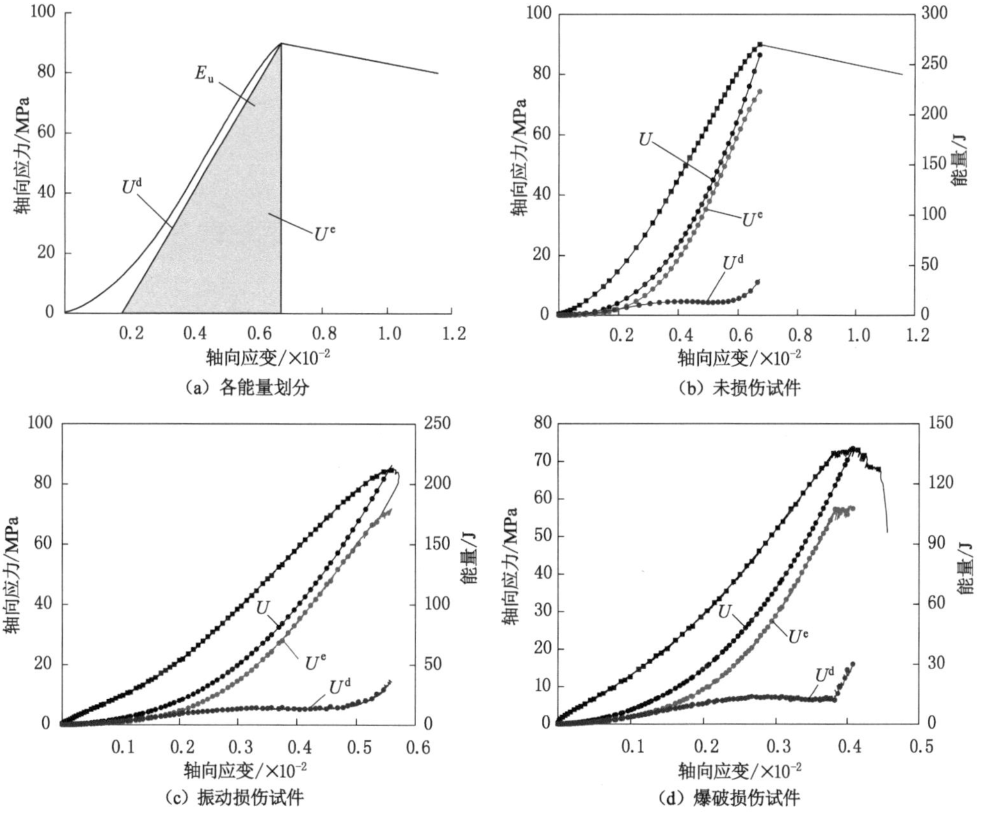

图 2-12　损伤砂岩试件各能量变化曲线

轴向荷载作用下试件产生屈服损伤的过程实际上是其内部微观结构产生变化过程中对能量的消耗。耗散能的变化过程反映了不同试件在破坏前自身的损伤程度和吸能效果。为了更直观地描述不同损伤试件的吸能效果，引入机械损伤 T（耗散能与总能量的比值）[112-113]，定义为：

$$T = \frac{U^{\mathrm{d}}}{U} \times 100\% \tag{2-14}$$

计算得到不同损伤试件各能量大小及机械损伤，如图 2-13 所示。

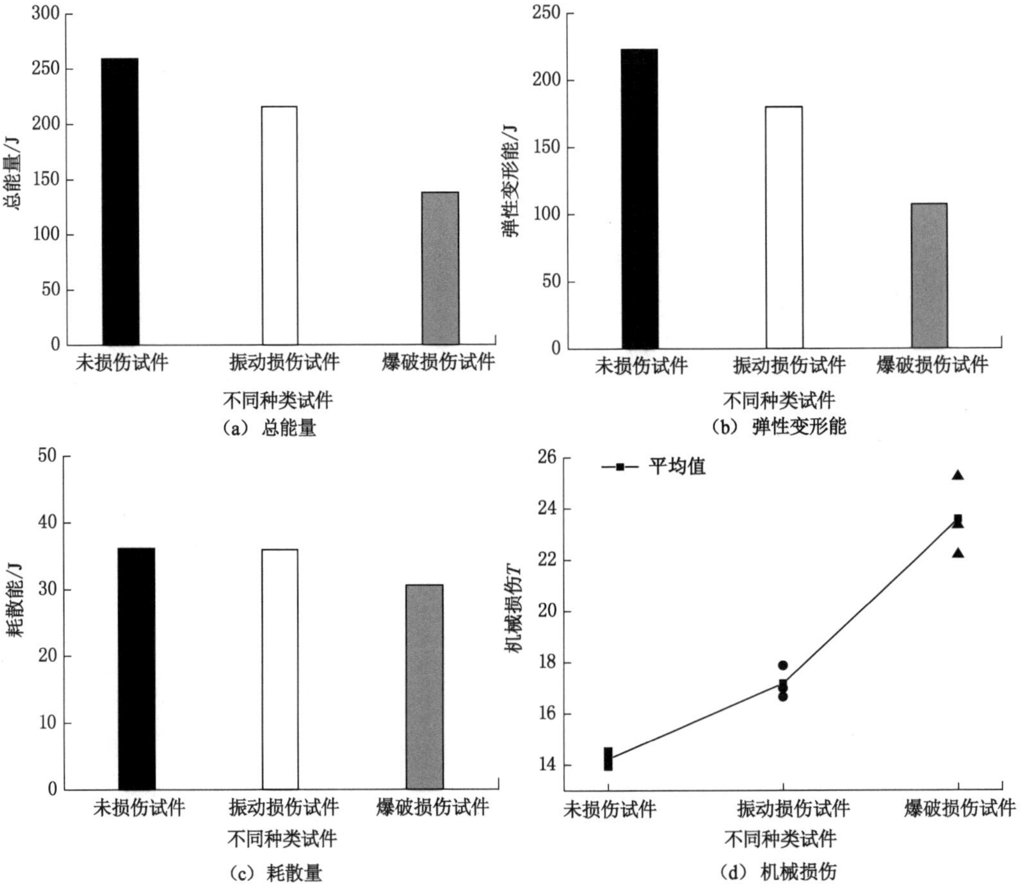

图 2-13　试件各能量大小及机械损伤

由图 2-12 可知：轴向荷载作用下试件总能量不断增大，荷载作用前期试件耗散能增幅较大，而弹性变形能增幅较小。随着荷载作用时间的增加，试件弹性变形能迅速增大，而耗散能增幅显著降低，当试件达到塑性变形阶段后其耗散能又产生了一个明显的增幅。这与荷载作用下试件变形阶段一一对应，荷载作用初期试件处于孔隙压密阶段，试件变形量较大，此时外界输入能量使试件压缩变形；当孔隙压密期结束后试件进入弹性变形阶段，外部输入能量以弹性能的方式储存于试件内部，此时试件作为一个“储能体”，能量不断积聚；当达到一定值后试件内部部分薄弱区域首先产生塑性变形，裂纹产生与扩展，随着外部输入能量的继续增加及试件自身损伤的累积；当外部能量达到试件所能承受极限后能量会突然释放，此时试件弹性变形能急剧下降而塑性变形能剧增，宏观表现为应力的突降、裂纹的迅速扩展延伸及试件不能维持自身完整性而破坏，试件进入破坏阶段。

由图 2-13 可知：爆破荷载损伤后试件总能量、弹性变形能及耗散能均降低，相比未损伤试件，振动损伤试件的总能量、弹性变形能及耗散能的降幅分别为 16.73%、19.34%、0.58%，爆破损伤试件的总能量、弹性变形能及耗散能的降幅分别为 46.84%、51.93%、15.41%，爆破荷载损伤会降低砂岩试件的吸能、储能效果，且对爆破损伤区影响的程度高于振动损伤区的。对比三种试件的机械损伤度可知三者由高到低的顺序为爆破损伤试件、振动损伤试件、未损伤试件，说明荷载作用过程中爆破损伤试件的耗能效果最高。这是由于爆破荷载对试件产生损伤，试件内部裂隙数量及孔隙率增大，在轴向荷载作用过程中更多能量用于对试件孔隙的压密，且损伤作用降低了试件的储能效果。试件在荷载作用期间总能量与弹性变形能均显著降低，且爆破损伤试件在进入塑性变形阶段后变形程度明显高于未损伤试件的（未损伤试件发生明显的脆性破坏），试件延展性增强，试件在破坏前机械损伤程度提高。

2.1.5　损伤砂岩破裂破碎特征

不同损伤程度的试件在单轴压缩荷载作用下的破裂破碎形态如图 2-14 所示。

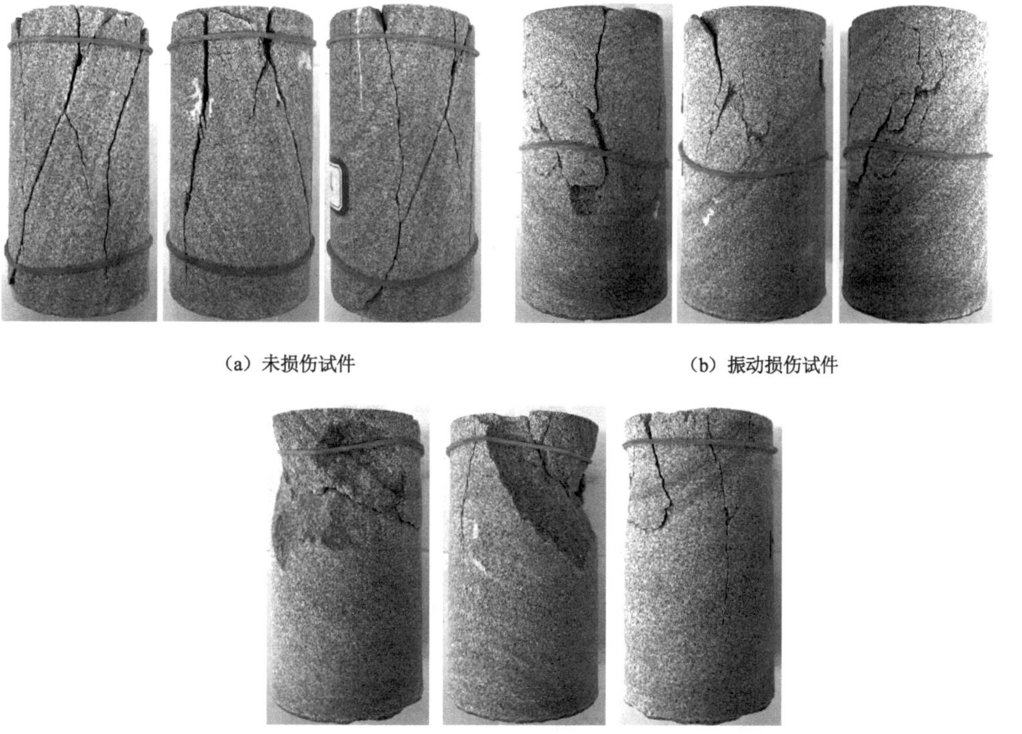

图 2-14　单轴压缩荷载作用下不同损伤程度试件的破裂破碎形态

由图 2-14 可知：单轴压缩荷载作用下不同爆破损伤程度的试件破裂破碎形态存在差

异，未损伤试件整体破裂破碎程度较高，试件环面出现多道贯穿斜裂缝，且伴随着众多细裂纹的扩展延伸，试件呈现典型的剪切破坏模式[114]。结合其应力-应变关系曲线可知在达到峰值应力后试件强度降幅较大且未出现延展性，且试件自身强度较大；在进入破坏阶段时自身集聚弹性变形能较高，当试件达到承载极限后能量得到突然释放，试件在能量释放的瞬间产生较大的塑性变形，微观结构上是在试件软弱结构面上裂纹迅速扩展延伸，矿物颗粒之间相互分离，表现为贯穿裂缝的产生、应力的迅速下降、弹性变形能的释放和塑性变形能的骤增。振动损伤试件在单轴压缩荷载作用下上半段破裂程度较高，形成两道主裂纹并伴生大量细裂纹，表现出明显的拉伸破坏模式，试件下半段并未出现明显的裂纹裂缝，说明试件首先上半段破坏，这是由于爆破荷载作用于试件上表面，上端所承受爆破损伤程度更高，上端承载能力较低，因此在轴压作用下试件首先沿上表面破坏，且试件脆性破坏程度明显降低，一方面是由于损伤试件本身积能效果降低，破坏时所释放的弹性变形能减少，另一方面振动损伤造成试件上端面产生更多裂纹，在达到峰值应力时更多内部裂纹的扩展分担了总能量，使试件破坏呈现多裂纹、延性增强的状态。爆破损伤荷载作用下试件上端面破碎程度最高，上端周围岩体破碎剥落并伴随着大量微裂纹的产生，而试件下端仍能保持完整性，试件呈现剪切、拉伸破坏模式与压碎破坏模式共存。这是由于爆破荷载的直接作用造成试件上端面极大的损伤量，而下端面损伤程度较低而仍保持自身的高强度，在轴压荷载作用下试件首先沿上端面破坏而下端面未达到破坏荷载仍保持自身完整性。结合爆破损伤试件应力-应变关系曲线可知在达到峰值应力后试件曲线表现出一定的延展性。结合核磁共振和微观结构可知爆破损伤试件上端内部孔隙率较高且伴生大量裂隙，在轴压作用下众多裂隙的同时扩展消耗了大量能量，使部分弹性变形能转变为塑性变形能，因此试件并未产生明显的弹性变形。

2.2 损伤砂岩的常规三轴加载试验

2.2.1 试验方案

为模拟爆破荷载作用后深部矿井顶板砂岩在围压作用下的力学性能变化情况，采用常规三轴压力系统对爆破损伤砂岩开展不同围压作用下的轴向压缩试验。常规三轴加载试验利用低温岩石三轴试验系统装置进行加载，围压系统采用输入油压的形式进行加载。为防止试件被硅油侵蚀，三轴试验加载前用乳胶膜及绝缘热缩管将试件密封，密封完成后将试件固定于装置中心位置处，并利用油压密封装置将试件置于加压系统中，利用计算机控制系统对试件施加围压和轴压。试件的组装及加载控制系统如图 2-15 所示。

在常规三轴加载试验中，结合现场工程顶板砂岩所处深度的不同，选取 0 MPa、5 MPa、10 MPa、15 MPa、20 MPa 5 种围压。加载过程中由于施加围压的同时会产生一个同一应力水平的轴压，为更准确地获取施加荷载过程中的试件变形曲线，先利用力加载的形式将试件加载至预定围压，加载速率为 0.4 MPa/min，围压加载至预定值后采用位移加载形式继续对试件进行轴向加载直至试件破坏，最终获取未损伤试件、振动损伤试件及爆破损伤试件的偏应力-应变关系曲线。

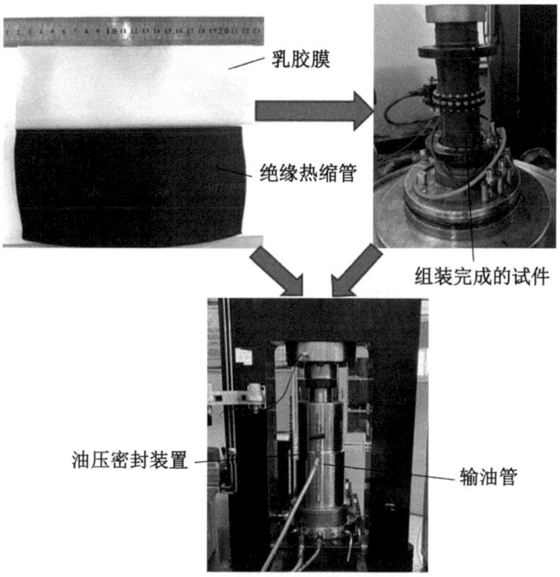

(a) 试件的组装

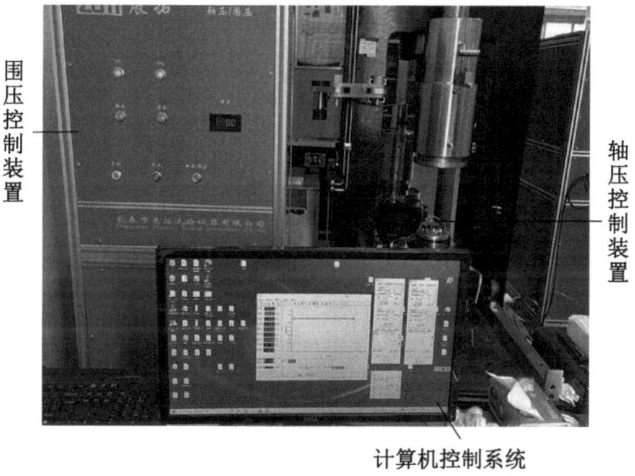

(b) 加载控制系统

图 2-15 试件的组装及加载控制系统

2.2.2 损伤砂岩轴向偏应力-应变关系曲线变化规律

试验过程中每组选取 3 个平行试样，不同损伤程度的试件的常规三轴压缩试验结果见表 2-2，不同围压下试件轴向偏应力-应变关系曲线如图 2-16 所示。

表 2-2 不同损伤程度的试件的常规三轴压缩试验结果

试件编号	峰值应力/MPa		偏应力/MPa	D_σ	弹性模量/GPa		轴向应变/%	径向应变/%
	测试值	平均值			测试值	平均值		
SYS-5-1	136.53		131.53	—	21.10		0.826	−0.200
SYS-5-2	129.26	132.09	124.26	—	20.54	20.76	0.812	−0.178
SYS-5-3	130.54		125.54	—	20.64		0.795	−0.184

表 2-2(续)

试件编号	峰值应力/MPa		偏应力/MPa	D_σ	弹性模量/GPa		轴向应变/%	径向应变/%
	测试值	平均值			测试值	平均值		
SYS-10-1	161.15	163.85		—	21.96	21.88	0.897	−0.224
SYS-10-2	161.71		151.71	—	21.56		0.914	−0.114
SYS-10-3	168.69		158.69	—	22.11		0.910	−0.205
SYS-15-1	194.88	196.63	179.88	—	26.08	24.28	1.012	−0.226
SYS-15-2	199.55		184.55	—	23.49		1.018	−0.234
SYS-15-3	195.46		180.46	—	23.26		0.977	−0.414
SYS-20-1	225.06	221.54	205.06	—	24.83	24.80	1.112	−0.230
SYS-20-2	218.47		198.47	—	25.58		1.106	−0.237
SYS-20-3	221.09		201.09	—	23.99		1.089	−0.251
ZSYS-5-1	128.21	131.40	123.21	2.94	32.40	32.07	0.460	−0.086
ZSYS-5-2	132.52		127.52	−0.33	32.36		0.536	−0.089
ZSYS-5-3	133.56		128.56	−1.11	31.46		0.511	−0.092
ZSYS-10-1	160.66	160.51	150.66	2.04	32.40	33.78	0.547	−0.134
ZSYS-10-2	158.42		148.42	3.31	35.56		0.551	−0.102
ZSYS-10-3	162.45		152.45	0.85	33.38		0.560	−0.129
ZSYS-15-1	185.24	188.50	170.24	5.79	34.87	35.73	0.532	−0.106
ZSYS-15-2	190.66		175.66	3.04	36.56		0.648	−0.107
ZSYS-15-3	189.60		174.60	3.58	35.75		0.655	−0.113
ZSYS-20-1	205.85	206.44	185.85	7.08	36.38	36.59	0.589	−0.129
ZSYS-20-2	206.89		186.89	10.41	36.83		0.596	−0.130
ZSYS-20-3	206.58		186.58	9.23	36.55		0.604	−0.135
BSYS-5-1	129.04	130.21	124.04	2.31	28.95	28.49	0.568	−0.122
BSYS-5-2	126.26		121.26	4.41	27.95		0.512	−0.045
BSYS-5-3	135.33		130.33	−2.45	28.57		0.559	−0.082
BSYS-10-1	151.62	155.46	141.62	7.46	31.28	29.96	0.569	−0.101
BSYS-10-2	156.51		146.51	4.48	28.72		0.607	−0.107
BSYS-10-3	158.25		148.25	3.42	29.89		0.589	−0.112
BSYS-15-1	187.83	185.43	172.83	4.48	30.90	31.54	0.668	−0.116
BSYS-15-2	179.57		164.57	8.68	31.62		0.579	−0.094
BSYS-15-3	188.89		173.89	3.94	32.10		0.605	−0.110
BSYS-20-1	198.83	200.02	180.02	10.25	36.45	35.26	0.619	−0.132
BSYS-20-2	199.91		179.91	9.76	36.85		0.583	−0.128
BSYS-20-3	201.32		181.32	9.13	32.48		0.599	−0.139

注:SYS-5-1,SYS 表示三轴压缩下未损伤砂岩试件,5 表示围压为 5 MPa,1 表示试件编号为 1;ZSYS-5-1,ZSYS 表示三轴压缩下振动损伤砂岩试件,5 表示围压为 5 MPa,1 表示试件编号为 1;BSYS-5-1,BSYS 表示三轴压缩下爆破损伤砂岩试件,5 表示围压为 5 MPa,1 表示试件编号为 1。

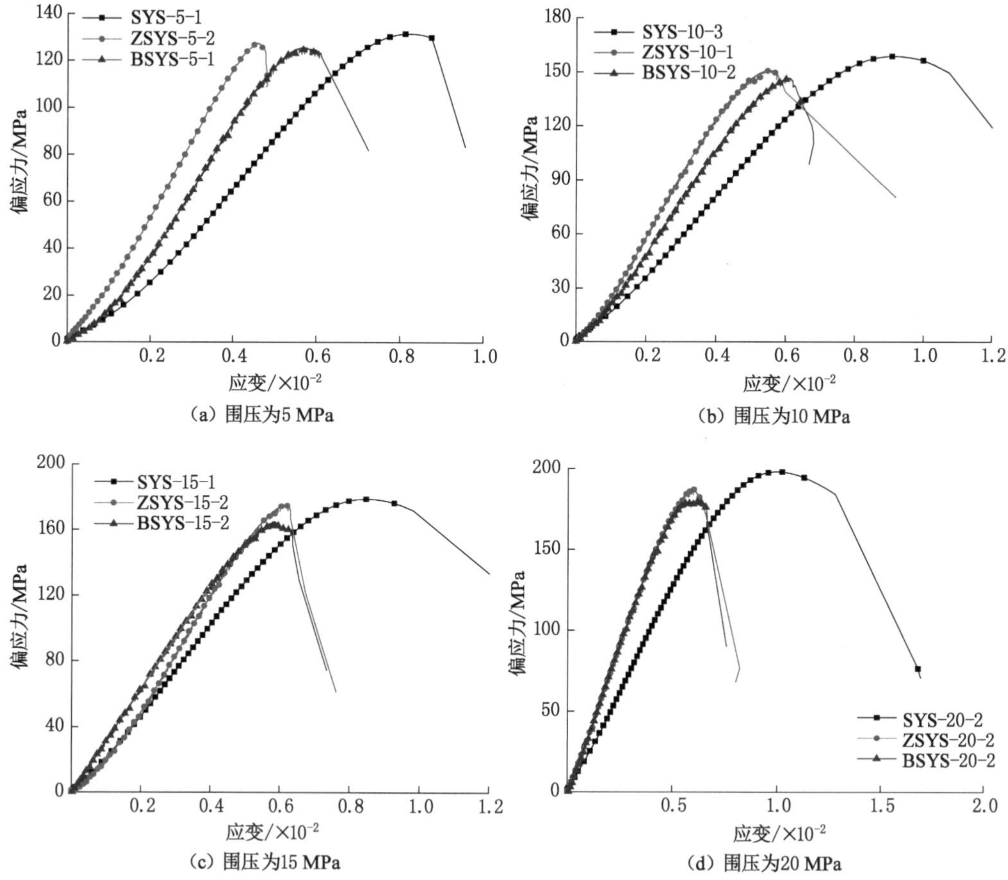

(a) 围压为5 MPa (b) 围压为10 MPa (c) 围压为15 MPa (d) 围压为20 MPa

图 2-16 不同围压下试件的轴向偏应力-应变关系曲线

由图 2-16 可知：爆破损伤试件在围压为 5 MPa、10 MPa、15 MPa 时的偏应力-应变关系曲线包括孔隙压密阶段、弹性变形阶段、塑性变形阶段、破坏阶段，且随着围压的增大，试件孔隙压密阶段曲线范围显著减小；当围压为 20 MPa 时，试件偏应力-应变关系曲线中孔隙压密阶段已经不存在，曲线直接进入弹性变形阶段，这是由于试件在受围压加载的同时轴向会受到一个强度相等的荷载，在此荷载作用下试件内部裂隙不断被压密，且围压越大轴压越大，试件被压缩程度越高，试件孔隙压密阶段基本已经结束，进入弹性变形阶段。对比 3 种不同损伤程度的试件在 5 种围压下的应力-应变关系曲线可知围压的增大使得试件的峰值应力得到提升，且围压越大试件峰值应力增幅越大。不同围压下未损伤试件的峰值应力及峰值应变均大于振动损伤试件的，大于爆破损伤试件的，围压为 5 MPa 时未损伤试件的峰值应力平均值是振动损伤试件、爆破损伤试件的 1.005 倍、1.014 倍，围压为 10 MPa 时未损伤试件的峰值应力平均值是振动损伤试件、爆破损伤试件的 1.021 倍、1.054 倍，围压为 15 MPa 时未损伤试件的峰值应力平均值是振动损伤试件、爆破损伤试件的 1.043 倍、1.061 倍，围压为 20 MPa 时未损伤试件的峰值应力平均值是振动损伤试件、爆破损伤试件的 1.073 倍、1.108 倍。围压的增大使得不同试件的峰值应力变化幅度更大。

爆破损伤对不同围压下试件的力学性能同样存在显著影响，不同围压下试件的峰值应力变化规律如图 2-17 所示。

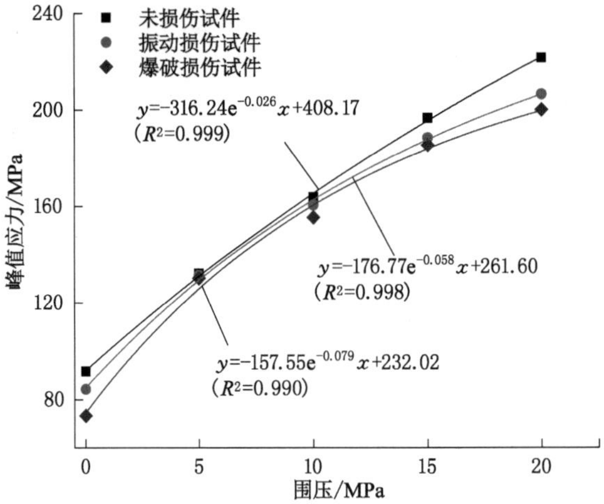

图 2-17 不同围压下试件的峰值应力

由图 2-17 可知：不同围压下未损伤试件的峰值应力大于振动损伤试件的，大于爆破损伤试件的。随着围压的增大，不同损伤试件的峰值应力均随之增大，相比围压为 0 MPa，未损伤试件在 5 MPa、10 MPa、15 MPa、20 MPa 下平均应力增幅分别为 44.03%、78.66%、114.40%、141.57%，爆破损伤试件在 5 MPa、10 MPa、15 MPa、20 MPa 下平均应力增幅分别为 77.54%、111.97%、152.84%、172.73%，损伤试件在围压下的应力增幅更大。一方面围压会使试件内部原生裂隙被压缩，且围压越大试件的压密程度越高，从而试件的密实度及整体性提升，同时围压的增大使得试件内部颗粒间的摩擦力和滑移力均增大，荷载作用下其自身更难发生裂纹的新生与扩展。另一方面，砂岩试件径向位移被限制，在轴压作用下膨胀率降低，相同轴压下试件内部的裂纹扩展程度降低，且围压越大，对试件本身的约束限制能力越强，试件发生膨胀变形的程度越低，其承载能力随之提高，因此试件峰值应力均随着围压的增大而增大。

2.2.3 损伤砂岩径向偏应力-应变关系曲线变化规律

不同试验条件下砂岩的径向偏应力-应变关系曲线如图 2-18 所示。

围压对试件的弹性模量的影响规律如图 2-19 所示。

由图 2-18 可知：不同围压下三种不同损伤试件在轴压作用下径向偏应力-应变关系曲线呈现相同发展趋势，随着轴向应力的增大，试件径向变形程度不断提高；荷载加载前期试件应变增幅较小，当应力达到一定值后其径向应变增幅显著增大；当试件应力接近峰值时，在轴向荷载的继续作用下应力增幅显著降低而径向应变增幅迅速增大，直至试件不能保持自身完整性而断裂破坏。分析原因：在外部轴压初始作用阶段试件处于孔隙压密及弹性变形阶段，试件内部孔隙被压密且裂纹的扩展与新生程度较低，试件径向、轴向变形均呈现线性增加且增幅较小，而应力增幅较大，试件处于“储能”阶段；当试件进入塑性变形阶段时内部部分区域由于外部轴压超过自身所能抵抗的荷载而产生拉伸、剪切及压碎破坏，试件内部裂纹迅速扩展且伴随着新生裂隙的产生岩体颗粒间的相对滑移使其产生较大的膨胀变

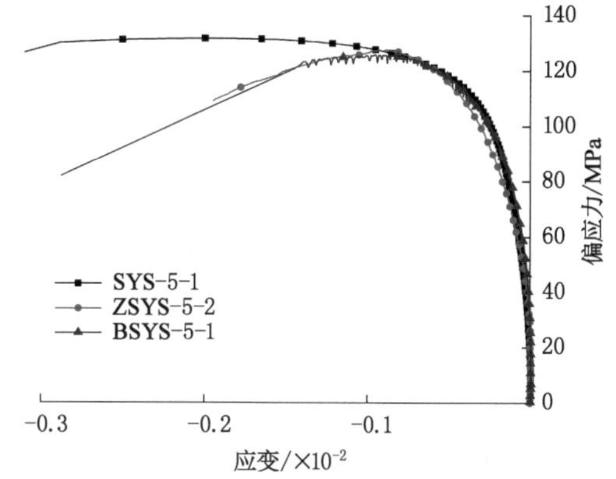

(a) 围压为5 MPa

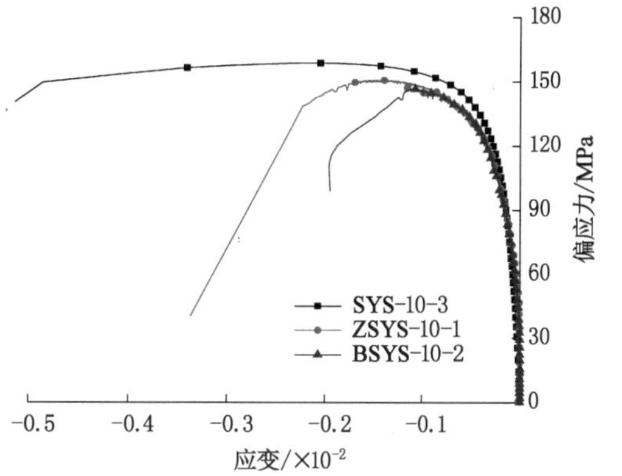

(b) 围压为10 MPa

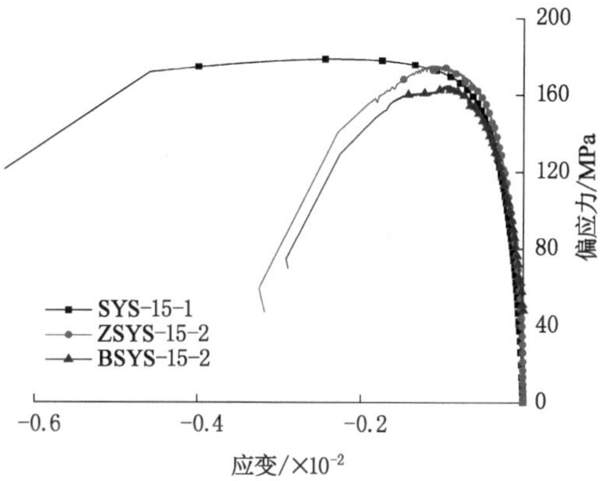

(c) 围压为15 MPa

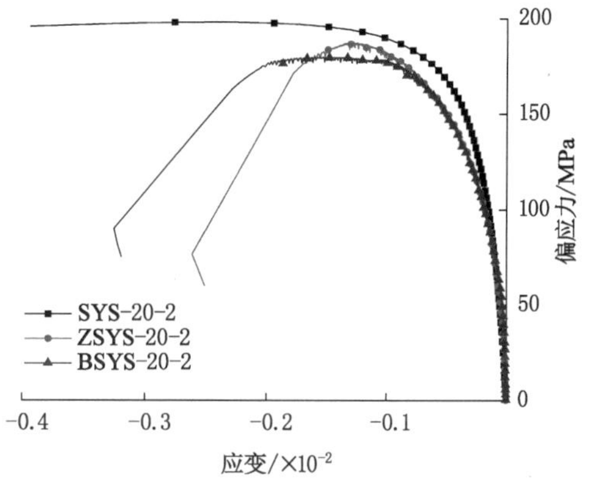

(d) 围压为20 MPa

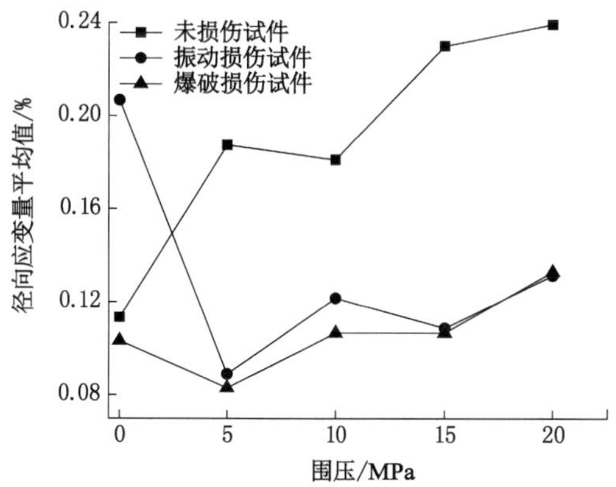

(e) 不同围压下试件径向应变量平均值

图 2-18 不同围压下试件的径向偏应力-应变关系曲线

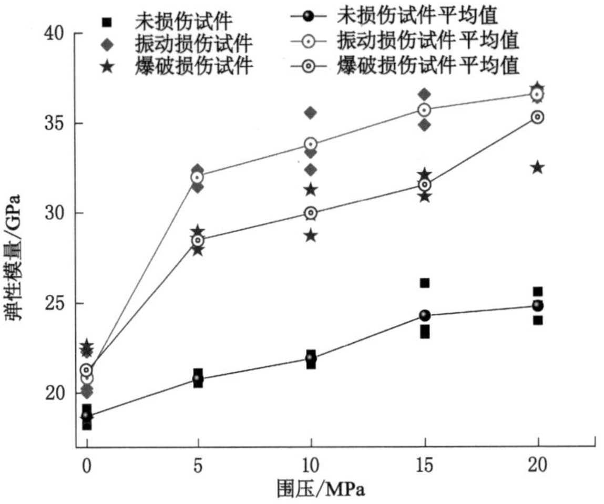

图 2-19　不同围压下试件的弹性模量变化规律

形，且此时试件自身的弹性储能已经达到极限，外部后续输入能量以塑性能量的形式扩散流失，宏观表现为应变量的增大、裂纹的扩展及试件的破裂破碎。图 2-18(e)中随着围压的增大，试件在达到破坏应力时径向应变量整体呈增大趋势。图 2-19 中试件的弹性模量也随着围压的增大而增大，围压一方面使试件的致密性增强，降低了外荷载作用下试件的变形量，另一方面提高了试件内部颗粒间的黏结度及抗滑移力，从而提高其承载能力，试件自身弹性模量随着围压的增大显著增大。尽管轴压限制了试件的径向变形量，但也极大提高了试件的抗压强度。随着轴压的不断增大，试件变形量不断增大，当达到低围压径向变形量时高围压作用会使试件能够继续维持自身的完整性来承担荷载，因此围压的增大使得试件破坏变形程度提高。

2.2.4　三轴荷载作用下损伤砂岩能量耗散变化规律

岩石在外荷载作用下变形破坏的过程实际上是能量相互转化的过程。假设单元岩体处于完全封闭的状态，荷载作用过程中不存在与外界的热交换和碎块飞溅所造成的能量损失，外界对岩石所输入的总能量 U 均转化为岩石可集聚释放的弹性能 U^{e} 与耗散能 U^{d}[115-116]。当岩石处于三向应力加载状态时，其各能量计算公式为：

$$U = U^{d} + U^{e} \tag{2-15}$$

$$U = \int_{0}^{\varepsilon_1} \sigma_1 \mathrm{d}\varepsilon_1 + \int_{0}^{\varepsilon_2} \sigma_2 \mathrm{d}\varepsilon_2 + \int_{0}^{\varepsilon_3} \sigma_3 \mathrm{d}\varepsilon_3 \tag{2-16}$$

$$U^{e} = \frac{1}{2}\sigma_1 \varepsilon_1^{e} + \frac{1}{2}\sigma_2 \varepsilon_2^{e} + \frac{1}{2}\sigma_3 \varepsilon_3^{e} \tag{2-17}$$

$$\varepsilon_i^{e} = \frac{1}{E_i}[\sigma_i - \nu_i(\sigma_j + \sigma_k)] \tag{2-18}$$

$$U^{e} = \frac{1}{2E_u}[\sigma_1^2 + \sigma_2^2 + \sigma_3^2 - 2\nu(\sigma_1\sigma_2 + \sigma_2\sigma_3 + \sigma_3\sigma_1)] \tag{2-19}$$

式中，σ_i 为三个方向的主应力，MPa；ε_i^{e} 为三个应力方向的弹性应变，无量纲；ν_i 为三个方向的泊松比，无量纲；E_u 为试件的弹性模量，GPa。

常规三轴压缩荷载作用下第二主应力、第三主应力相等，此时岩石的能量计算公式可简化如下：

$$U=\int_0^{\varepsilon_1}\sigma_1\,\mathrm{d}\varepsilon_1+2\int_0^{\varepsilon_3}\sigma_3\,\mathrm{d}\varepsilon_3 \tag{2-20}$$

根据岩石的泊松效应可求得：

$$\nu=-\frac{\varepsilon_3}{\varepsilon_1} \tag{2-21}$$

$$U=\int_0^{\varepsilon_1}(\sigma_1-2\nu\sigma_3)\,\mathrm{d}\varepsilon_1 \tag{2-22}$$

$$U^{\mathrm{e}}=\frac{1}{2E_{\mathrm{u}}}[\sigma_1^2+2\sigma_3^2-2\nu(2\sigma_1\sigma_3+\sigma_3^2)] \tag{2-23}$$

很多学者提出了基于能量耗散与能量释放原理的岩体破坏强度准则，认为岩体单元变形破坏是能量耗散与能量释放的综合结果。能量耗散使砂岩试件产生不可逆损伤，并导致试件劣化和强度丧失；而能量释放是岩体单元突然破坏的内在原因。在不同围压作用下，岩体体积单元的变形可以分为两部分：一部分应力导致岩体的变形，这部分占主要地位，另一部分是岩石的变形，从而把弹性力学中的 Hooke 定律推广到包含热应力和热应变在内。假设不同围压的作用只会引起主应变大小的变化，并不会引起主应变方向的变化，因此主应变可表示为：

$$\varepsilon_{i(\mathrm{C+R})}^{\mathrm{e}}=\frac{1}{E_{i(\mathrm{C})}}[\sigma_i-\nu_{(\mathrm{C})}(\sigma_j+\sigma_k)]+\frac{1}{E_{i(\mathrm{R})}}[\sigma_i-\nu_{(\mathrm{R})}(\sigma_j+\sigma_k)]\quad(i=1,2,3) \tag{2-24}$$

式中，$\varepsilon_{i(\mathrm{C+R})}^{\mathrm{e}}$ 为岩体三个主应力方向相应的弹性应变；$E_{i(\mathrm{C})}$ 和 $E_{i(\mathrm{R})}$ 分别为爆破损伤岩体和未损伤岩体的卸载弹性模量；σ_i 为岩体三个方向的主应力；$\nu_{(\mathrm{C})}$ 和 $\nu_{(\mathrm{R})}$ 分别为爆破损伤和未损伤岩样的泊松比。

因此，不同围压作用下岩体单元的能量满足以下关系式：

$$U^{\mathrm{d}}+U^{\mathrm{p}}=U-U^{\mathrm{e}} \tag{2-25}$$

式中，U^{p} 为爆破损伤岩体的塑性功；U^{d} 为爆破损伤岩体的损伤功；U 为主应力在主应变方向上做的总功；U^{e} 为爆破损伤岩体单元体内储存的可释放弹性能。

由弹性力学理论得：

$$U=\int_0^{\varepsilon_1}\sigma_1\,\mathrm{d}\varepsilon_1+\int_0^{\varepsilon_2}\sigma_2\,\mathrm{d}\varepsilon_2+\int_0^{\varepsilon_3}\sigma_3\,\mathrm{d}\varepsilon_3 \tag{2-26}$$

$$U^{\mathrm{e}}=\frac{1}{2}\sigma_1(\varepsilon_{1(\mathrm{C})}^{\mathrm{e}}+\varepsilon_{1(\mathrm{R})}^{\mathrm{e}})+\frac{1}{2}\sigma_2(\varepsilon_{2(\mathrm{C})}^{\mathrm{e}}+\varepsilon_{2(\mathrm{R})}^{\mathrm{e}})+\frac{1}{2}\sigma_3(\varepsilon_{3(\mathrm{C})}^{\mathrm{e}}+\varepsilon_{3(\mathrm{R})}^{\mathrm{e}}) \tag{2-27}$$

假设塑性功和损伤功都是不可逆的，属于耗散能量，定义爆破损伤岩体各单元的能量损伤量为：

$$D=\frac{U^{\mathrm{p}}+U^{\mathrm{d}}}{U^{\mathrm{c}}} \tag{2-28}$$

式中，D 为损伤量；U^{c} 为爆破损伤岩体单元强度丧失时的临界能量耗散值，可通过爆破损伤岩体单拉、单压与纯剪试验来确定。

为了简便起见，假设 $D=1$ 时材料强度丧失，即

$$D=\frac{U^{\mathrm{p}}+U^{\mathrm{d}}}{U^{\mathrm{c}}}=1 \tag{2-29}$$

代入式(2-25)至式(2-27),并采用 Einstein 求和约定,化简后有:

$$\int_0^{\varepsilon_{i(C)}+\varepsilon_{i(R)}} \sigma_i \mathrm{d}\varepsilon_i - \left[\frac{1}{2}\sigma_i(\varepsilon_{i(C)}^{e}+\varepsilon_{i(R)}^{e})\right] = U^{c} \tag{2-30}$$

该式即基于能量耗散的爆破损伤岩体单元强度丧失准则。

把式(2-24)代入式(2-27),考虑爆破损伤岩体单元的各向异性,并假设爆破损伤岩体无损伤,则:

$$U^{e} = \frac{1}{2}\left\{\frac{\sigma_1^2}{E_{1(C)}}+\frac{\sigma_2^2}{E_{2(C)}}+\frac{\sigma_3^2}{E_{3(C)}}-\nu_{(C)}\left[\left(\frac{1}{E_{1(C)}}+\frac{1}{E_{2(C)}}\right)\sigma_1\sigma_2+\left(\frac{1}{E_{2(C)}}+\frac{1}{E_{3(C)}}\right)\sigma_2\sigma_3+\left(\frac{1}{E_{1(C)}}+\frac{1}{E_{3(C)}}\right)\sigma_1\sigma_3\right]\right\}+$$
$$\frac{1}{2}\left\{\frac{\sigma_1^2}{E_{1(R)}}+\frac{\sigma_2^2}{E_{2(R)}}+\frac{\sigma_3^2}{E_{3(R)}}-\nu_{(R)}\left[\left(\frac{1}{E_{1(R)}}+\frac{1}{E_{2(R)}}\right)\sigma_1\sigma_2+\left(\frac{1}{E_{2(R)}}+\frac{1}{E_{3(R)}}\right)\sigma_2\sigma_3+\left(\frac{1}{E_{1(R)}}+\frac{1}{E_{3(R)}}\right)\sigma_1\sigma_3\right]\right\} \tag{2-31}$$

对于爆破损伤岩体,引入损伤变量 D_i 来考虑损伤对爆破损伤岩体卸载模量 E_i 的影响,$E_i=(1-D_i)E_0$,式中 E_0 为爆破损伤岩体单元无损伤时的初始弹性模量。假设泊松比 ν 不受损伤影响。将 E_i 代入式(2-31)得:

$$U^{e} = \frac{1}{2E_{0(C)}}\left\{\frac{\sigma_1^2}{1-D_{1(C)}}+\frac{\sigma_2^2}{1-D_{2(C)}}+\frac{\sigma_3^2}{1-D_{3(C)}}-\nu\left[\left(\frac{1}{1-D_{1(C)}}+\frac{1}{1-D_{2(C)}}\right)\sigma_1\sigma_2+\right.\right.$$
$$\left.\left.\left(\frac{1}{1-D_{2(C)}}+\frac{1}{1-D_{3(C)}}\right)\sigma_2\sigma_3+\left(\frac{1}{1-D_{1(C)}}+\frac{1}{1-D_{3(C)}}\right)\sigma_1\sigma_3\right]\right\}+$$
$$\frac{1}{2E_{0(R)}}\left\{\frac{\sigma_1^2}{1-D_{1(R)}}+\frac{\sigma_2^2}{1-D_{2(R)}}+\frac{\sigma_3^2}{1-D_{3(R)}}-\nu\left[\left(\frac{1}{1-D_{1(R)}}+\frac{1}{1-D_{2(R)}}\right)\sigma_1\sigma_2+\right.\right.$$
$$\left.\left.\left(\frac{1}{1-D_{2(R)}}+\frac{1}{1-D_{3(R)}}\right)\sigma_2\sigma_3+\left(\frac{1}{1-D_{1(R)}}+\frac{1}{1-D_{3(R)}}\right)\sigma_1\sigma_3\right]\right\} \tag{2-32}$$

如果假设荷载引起各个方向的损伤都相同,即 $D_1=D_2=D_3=D_\sigma$,则可释放弹性应变能为:

$$U^{e} = \frac{1}{2E_{0(C)}(1-D_{(C)})}\left[\sigma_1^2+\sigma_2^2+\sigma_3^2-2\nu_{(C)}(\sigma_1\sigma_2+\sigma_2\sigma_3+\sigma_1\sigma_3)\right]+$$
$$\frac{1}{2E_{0(R)}(1-D_{(R)})}\left[\sigma_1^2+\sigma_2^2+\sigma_3^2-2\nu_{(R)}(\sigma_1\sigma_2+\sigma_2\sigma_3+\sigma_1\sigma_3)\right] \tag{2-33}$$

式(2-33)为不同围压作用下爆破损伤岩体体积单元可释放的应变能的计算公式,D 可以通过测量加卸载试验中的卸载弹性模量 E_i 的变化来确定。基于上述研究,同样可以给出不同围压作用下爆破损伤岩体的整体破坏准则。外力对爆破损伤岩体所做的功和外部输入的热量一部分转化为介质内的耗散能,使爆破损伤岩体强度逐渐丧失;另一部分转化为逐渐增加的可释放应变能。当可释放应变能储存并达到爆破损伤岩体单元某种表面能 U_0 时,应变能 U^e 释放使爆破损伤岩体单元产生整体破坏。下面分别给出爆破损伤岩体单元受压的整体破坏准则。

深部矿井工程爆破损伤岩体大多数属于三向受压应力状态。假设可释放应变能 U^e 在三个主应力方向按主应力差进行分配,定义此类整体破坏单元在主应力 σ_i 方向的能量释放率 G_i 为:

$$G_i = K_i(\sigma_i-\sigma_j)U^{e} \quad (i,j=1,2,3) \tag{2-34}$$

式中,K_i 为沿主应力方向的应变能分配系数。

当沿主应力方向的能量释放率 G_i 达到相应的主应力方向的最大能量释放率 G_{ci},即认为岩石体积单元发生整体破坏。

$$G_i = K_i(\sigma_i - \sigma_j)U^e = G_{ci} \tag{2-35}$$

由于该准则适于任何条件，因此可通过室温下的单轴试验来确定各个主方向的临界破坏应力 σ_{ci}，当 $\sigma_i = \sigma_{ci}$，$\sigma_j = \sigma_k = 0$ 时，由式(2-33)得：

$$U^e = \frac{\sigma_{ci}^2}{2E_{0(C)}(1 - D_{(C)})} + \frac{\sigma_{ci}^2}{2E_{0(R)}(1 - D_{(R)})} \tag{2-36}$$

代入式(2-35)，即可确定各个主应力方向的最大能量释放率。

$$G_i = K_i\left[\frac{\sigma_{ci}^2}{2E_{0(C)}(1 - D_{(C)})} + \frac{\sigma_{ci}^2}{2E_{0(R)}(1 - D_{(R)})}\right] \tag{2-37}$$

代入式(2-35)，即可得到爆破损伤岩体三向受压时的整体破坏准则。

$$(\sigma_i - \sigma_j)U^e = \frac{\sigma_{ci}^3}{2E_{0(C)}(1 - D_{(C)})} + \frac{\sigma_{ci}^3}{2E_{0(R)}(1 - D_{(R)})} \quad (i,j = 1,2,3 \text{ 且 } i \neq j) \tag{2-38}$$

将式(2-33)代入，得：

$$(\sigma_i - \sigma_j)[2(\sigma_1^2 + \sigma_2^2 + \sigma_3^2) - 2(\nu_{(C)} + \nu_{(R)})(\sigma_1\sigma_2 + \sigma_2\sigma_3 + \sigma_1\sigma_3)] = \sigma_{ci}^3 \tag{2-39}$$

该式即不同围压作用下爆破损伤岩体在受压情况时的整体破裂准则。

根据上述公式可求出三种不同损伤程度试件在不同围压下各能量变化规律，各能量变化情况见表 2-3，三种不同试件在不同围压下的能量变化情况如图 2-20 所示。

表 2-3 不同损伤程度的试件常规三轴压缩各能量变化情况

试件编号	总能量/J		弹性变形能/J		耗散能/J		机械损伤 T	
	计算值	平均值	计算值	平均值	计算值	平均值	计算值	平均值
SYS-5-1	544.87	528.34	419.28	412.39	125.59	115.95	23.05	21.94
SYS-5-2	525.96		420.23		105.73		20.10	
SYS-5-3	514.19		397.65		116.54		22.66	
SYS-10-1	928.51	846.67	681.06	610.81	247.45	235.86	26.65	27.94
SYS-10-2	841.15		606.97		234.18		27.84	
SYS-10-3	770.34		544.39		225.95		29.33	
SYS-15-1	834.41	793.24	577.99	555.00	256.42	238.24	30.73	30.01
SYS-15-2	789.34		554.43		234.91		29.76	
SYS-15-3	755.98		532.59		223.39		29.55	
SYS-20-1	1 144.27	1 075.52	752.82	704.52	391.45	371.00	34.21	34.53
SYS-20-2	1 085.07		718.03		367.04		33.83	
SYS-20-3	997.22		642.71		354.51		35.55	
ZSYS-5-1(舍)	325.24	309.50	242.40	265.98	82.84	43.53	25.47	13.99
ZSYS-5-2	282.23		245.16		37.07		13.13	
ZSYS-5-3	336.77		286.79		49.98		14.84	
ZSYS-10-1e	424.72	464.63	342.55	377.69	82.17	86.94	19.35	18.74
ZSYS-10-2	510.21		416.74		93.47		18.32	
ZSYS-10-3	458.95		373.77		85.18		18.56	

表 2-3(续)

试件编号	总能量/J		弹性变形能/J		耗散能/J		机械损伤 T	
	计算值	平均值	计算值	平均值	计算值	平均值	计算值	平均值
ZSYS-15-1	621.20	549.34	498.33	430.56	122.87	118.78	19.78	21.75
ZSYS-15-2	509.30		397.20		112.10		22.01	
ZSYS-15-3	517.52		396.16		121.36		23.45	
ZSYS-20-1	685.32	645.97	517.07	499.85	168.25	146.12	24.55	22.59
ZSYS-20-2	574.04		446.29		127.75		22.25	
ZSYS-20-3	678.55		536.19		142.36		20.98	
BSYS-5-1(舍)	334.49	316.82	248.22	276.15	86.28	40.67	25.79	12.85
BSYS-5-2	325.76		285.24		40.52		12.44	
BSYS-5-3	307.88		267.06		40.82		13.26	
BSYS-10-1	421.24	435.11	353.46	362.25	67.78	72.87	16.09	16.74
BSYS-10-2	439.56		364.22		75.34		17.14	
BSYS-10-3	444.54		369.06		75.48		16.98	
BSYS-15-1	467.85	482.23	382.65	397.66	85.20	84.57	18.21	17.55
BSYS-15-2	489.86		404.67		85.19		17.39	
BSYS-15-3	488.98		405.66		83.32		17.04	
BSYS-20-1	512.12	509.28	413.74	410.95	98.38	98.32	19.21	19.29
BSYS-20-2	494.73		402.39		92.34		18.66	
BSYS-20-3	520.98		416.73		104.25		20.01	

注:1. SYS-5-1,SYS 表示三轴压缩下未损伤砂岩试件,5 表示围压为 5 MPa,1 表示试件编号为 1;ZSYS-5-1,ZSYS 表示三轴压缩下振动损伤砂岩试件,5 表示围压为 5 MPa,1 表示试件编号为 1;BSYS-5-1,BSYS 表示三轴压缩下爆破损伤砂岩试件,5 表示围压为 5 MPa,1 表示试件编号为 1。

2. 表中"(舍)"表示舍去,下同。

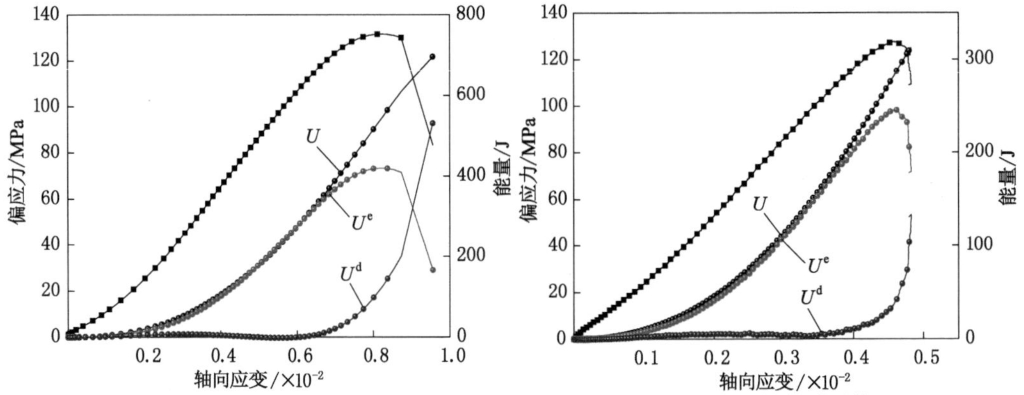

(a) 5 MPa未损伤试件　(b) 5 MPa振动损伤试件

图 2-20　不同围压下试件能量变化曲线

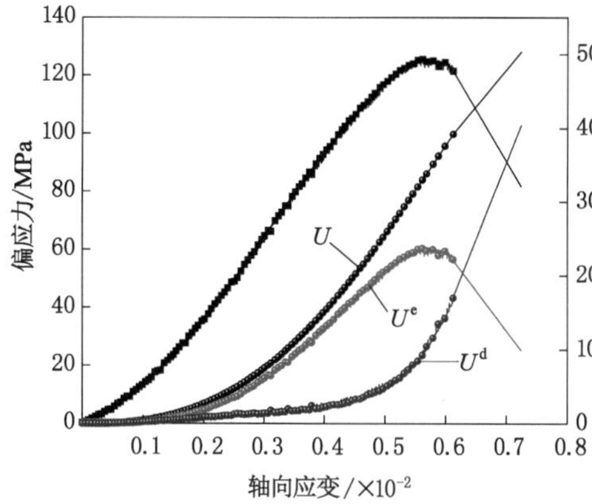

（c）5 MPa爆破损伤试件

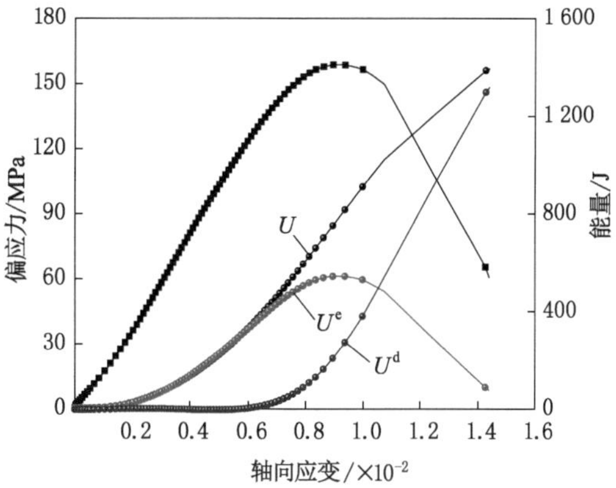

（d）10 MPa未损伤试件

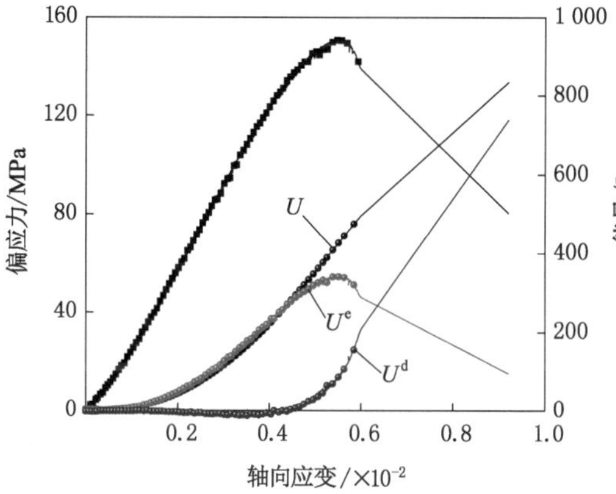

（e）10 MPa振动损伤试件

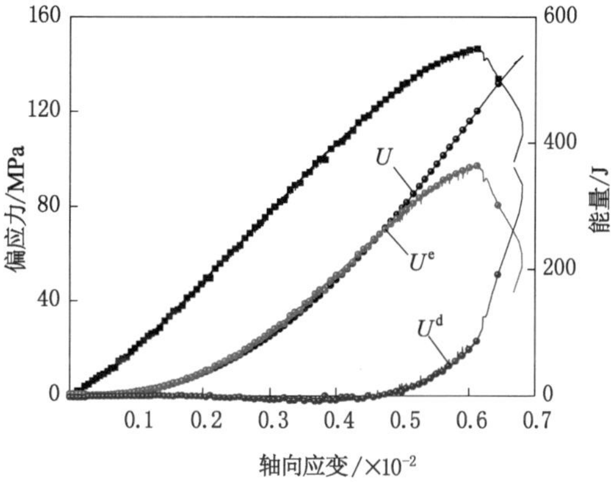

（f）10 MPa爆破损伤试件

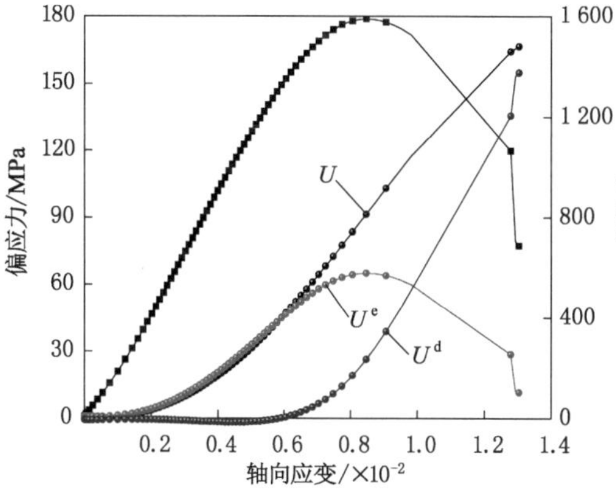

（g）15 MPa未损伤试件

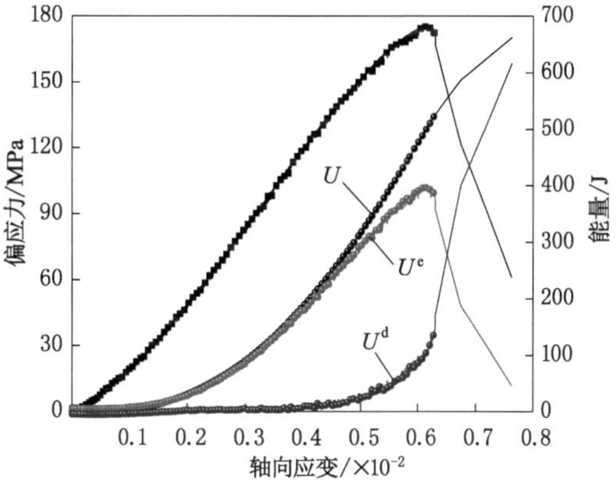

（h）15 MPa振动损伤试件

图 2-20 （续）

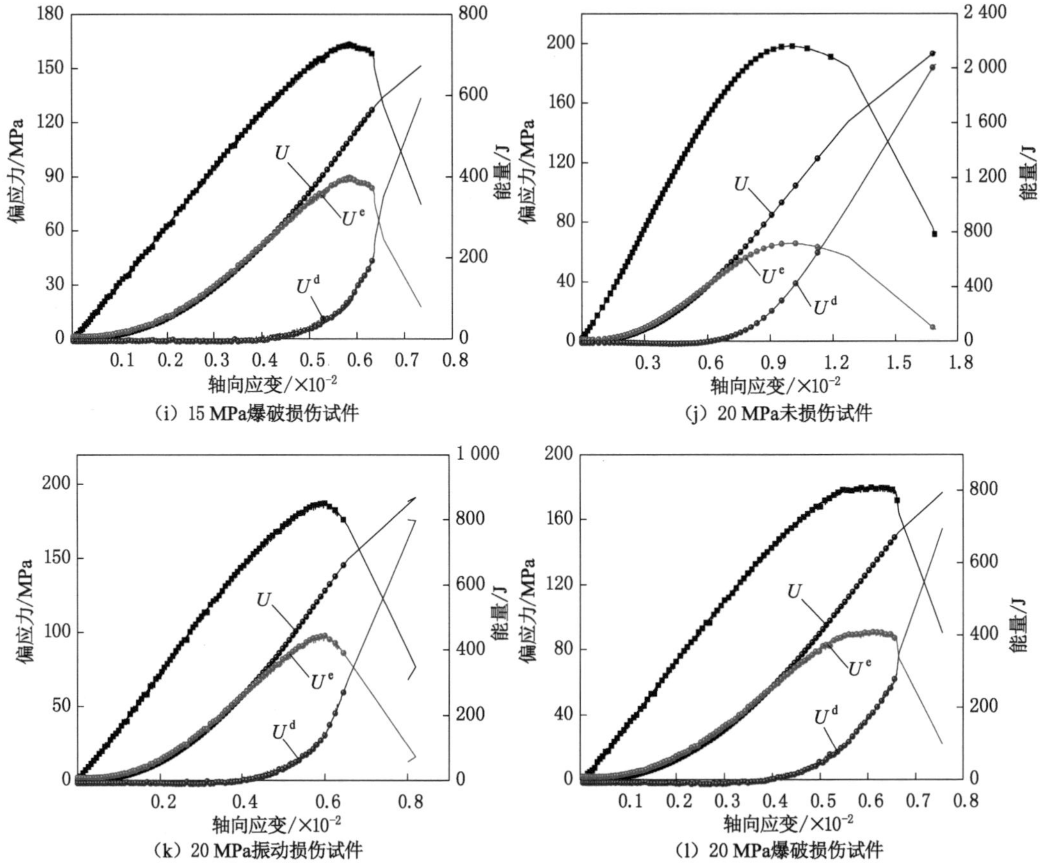

(i) 15 MPa爆破损伤试件

(j) 20 MPa未损伤试件

(k) 20 MPa振动损伤试件

(l) 20 MPa爆破损伤试件

图 2-20 （续）

由图 2-20 可知：不同围压下试件能量曲线变化表现出一致性，随着荷载作用时间的增加各能量均呈现增长趋势，且荷载作用前期试件弹性变形能增幅较大，总能量增长趋势与弹性变形能基本保持一致；随着荷载作用时间的增加，耗散能开始增加且弹性变形能增幅降低，当试件达到峰值应力时试件弹性变形能迅速降低而耗散能增大。荷载作用下试件变形过程可分为孔隙压密阶段、弹性变形阶段、塑性变形阶段及破坏阶段，初始围压使试件孔隙压密阶段区间范围减小，对比 5 种不同围压作用试件耗散能前期变化情况可以看出，围压为 0 时荷载作用前期耗散能有所增加，随着围压的增大荷载作用前期试件耗散能增幅降低，当加载围压达到 10 MPa 时试件前期耗散能将不再增加，这是由于当围压达到10 MPa 后试件孔隙压密阶段基本已经结束，结合试件应力-应变关系曲线可以看出此时荷载作用下试件已直接进入弹性变形阶段，而孔隙压密阶段伴随着孔隙结构的变化及部分裂隙的新生延展，外部部分输入能量在此过程中被消耗，因此试件耗散能增大。对比不同围压下试件能量变化情况可知围压的增大使得试件各能量均增加，且爆破损伤作用对不同围压下试件的能量变化情况也存在影响。

进一步得到不同围压下试件总能量、弹性变形能、耗散能及机械损伤变化规律如图 2-21 所示。

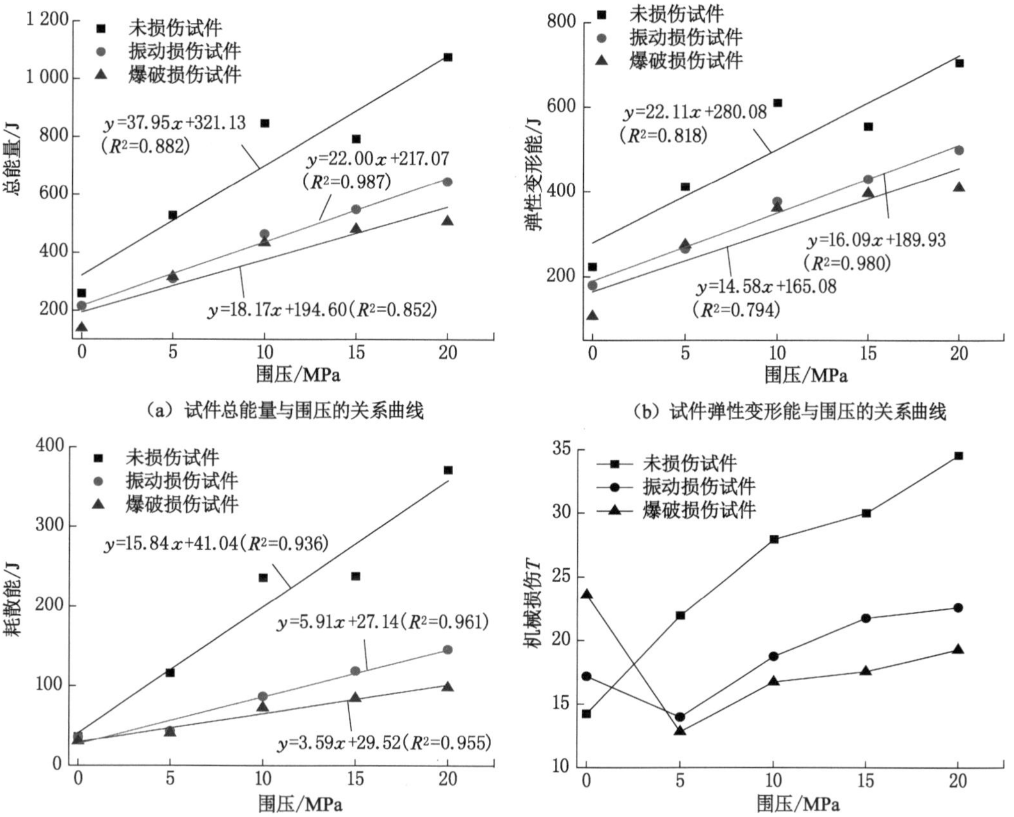

(a) 试件总能量与围压的关系曲线　(b) 试件弹性变形能与围压的关系曲线

(c) 试件耗散能与围压的关系曲线　(d) 试件机械损伤与围压的关系曲线

图 2-21　围压与各能量及机械损伤之间的关系曲线

由图 2-21 可知：随着围压的增大，试件总能量、弹性变形能及耗散能均随着围压的增大而增大，总能量、弹性变形能及耗散能与围压之间均呈线性正相关。围压作用下试件内部孔隙被压缩，颗粒与颗粒之间的黏结作用、抗滑移及抗剪切作用均存在提升，在轴向荷载作用下其抵抗外荷载作用下的变形破坏能力更强，因此需要从外部输入更多的能量试件才能够破坏。对比三种不同损伤试件各能量增幅可知：随着围压的增大，三种不同能量的增幅从大到小顺序均是未损伤试件、振动损伤试件、爆破损伤试件。爆破荷载损伤作用对岩体产生不可逆的损伤破坏，降低了其自身吸收外部荷载的能力，因此在不同围压作用下试件爆破损伤岩体的耗散能、弹性变形储能及对总能量的吸收均降低，且外部围压越大，试件吸能效果降幅越大。对比不同围压下三种不同程度损伤试件机械损伤与围压之间的关系可知未损伤试件的机械损伤整体上大于振动损伤试件的，大于爆破损伤试件的，说明荷载作用下未损伤试件自身耗能效果更加显著。未损伤试件机械损伤随着围压的增大而增加，而振动损伤试件、爆破损伤试件机械损伤随着围压的增大先减小后增大，在围压为 0 MPa 时振动损伤试件、爆破损伤试件的机械损伤大于未损伤试件的，而围压的存在使得未损伤试件的机械损伤大于后两者的。分析原因：爆破损伤作用会造成试件孔隙率的增大和试件内部节理、裂隙及断层的新生与扩展，在围压为 0 MPa 时轴压作用前期部分能量会以压缩试件内部孔隙、断层及改变试件内部微观结构的形式被消耗，因此试件耗散能在总能量中的占比提高，而在围压作用下前期围压的加载会使试件内部孔隙被压密，当轴压作用时试件孔隙压密阶段减短甚至已经结束（围压 10 MPa），试件很快进入弹性变形阶段，因此孔隙压密阶段的耗散能随之降低，试件耗散能在总能量中的占比减小。

2.2.5 不同围压作用下损伤砂岩破裂破碎形态

不同条件下试件的破裂破碎形态如图 2-22 至图 2-24 所示。

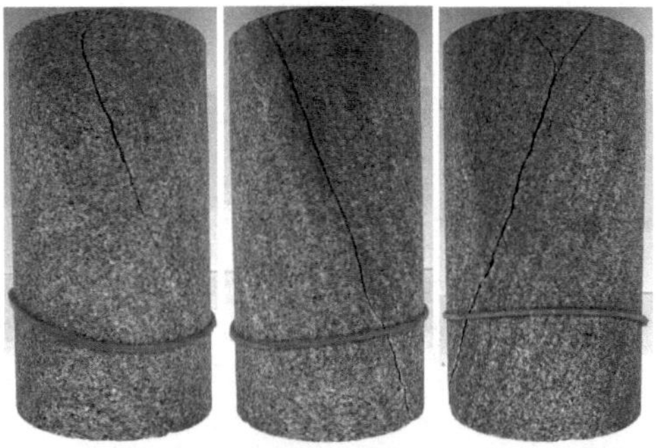

(a) 5 MPa未损伤试件

(b) 10 MPa未损伤试件

(c) 15 MPa未损伤试件

(d) 20 MPa未损伤试件

图 2-22 未损伤试件在不同围压作用下的破裂破碎形态

(a) 5 MPa振动损伤试件

(b) 10 MPa振动损伤试件

图 2-23 振动损伤试件在不同围压作用下的破裂破碎形态

（c）15 MPa振动损伤试件　　（d）20 MPa振动损伤试件

图 2-23 （续）

（a）5 MPa爆破损伤试件　　（b）10 MPa爆破损伤试件

（c）15 MPa爆破损伤试件　　（d）20 MPa爆破损伤试件

图 2-24　爆破损伤试件在不同围压作用下的破裂破碎形态

对比不同围压下爆破损伤试件裂纹扩展形式及破裂破碎形态，由图 2-22 可知：未损伤试件在不同围压下试件裂纹扩展及破裂形态存在一定的相似性，在轴向压缩荷载作用下试件伴随着主裂纹的轴向贯通和微裂纹的扩展，在 5 MPa、15 MPa 及 20 MPa 围压作用下试件伴随着环向裂纹的扩展，呈现典型剪切破坏模式并伴随着众多拉伸裂纹的产生。随着围压的增大，试件所产生的主裂纹扩展程度及试件破裂程度呈增大趋势，20 MPa 围压作用下试件直接沿剪切面断裂，形成两个单独碎块，且剪切裂纹宽度较大，这是由于围压的增大提高了试件抵抗外荷载的能力，在外荷载作用下试件自身所能积聚存储的能量变大，在试件产生破坏时其自身存储的弹性变形能增加，试件破坏瞬间所要释放的能量升高，尽管围压的升高在一定程度上会降低试件的变形程度，但高弹性能释放的瞬间试件所产生的破裂破碎程度更高，试件宏观表现形式为裂纹扩展长度及宽度的增大及破裂破碎程度的提高。结合图 2-23、图 2-24 所示振动损伤及爆破损伤试件在不同围压下的破裂破碎形态可知：围压的增大使试件破裂破碎程度不断提高，且试件破坏形态以轴向剪切破坏为主，裂纹沿轴向在试件表面贯通，并同时伴随着径向、环向拉伸裂纹、微裂纹等多种破裂破碎形态的共存。对比三种不同损伤程度试件破裂破碎形态可以看出：未损伤试件破裂破碎程度高于振动损伤试件的，高于爆破损伤试件的，这是由于未损伤试件自身均值性好、强度高、脆性强，在轴向压缩荷载作用下达到其破坏强度前所存储的弹性变形能远高于损伤试件的，在达到峰值强度时试件弹性变形能得到突然释放，释放能量转化为塑性变形能、热能、动能等多种能量，试件产生“岩爆”现象并伴随着较大的破碎断裂声，而损伤试件自身已存在大量原生裂纹，爆破荷载所产生的损伤使得试件所能积聚的弹性变形能减小，塑性增强，因此在达到破坏荷载时试件产生破裂声及破裂破碎程度低于未损伤试件的。对比三种试件在无围压及围压下其破裂破碎程度可知围压作用下试件破裂破碎程度显著降低，说明围压作用能够有效降低试件的变形破坏程度。围压作用限制了试件裂纹的扩展和试件自身径向的变形，一方面增强了岩体抵抗外荷载的能力，另一方面限制了其在荷载作用下的变形量，对岩体力学性能具有极大的提升效果。

2.3 损伤砂岩分级循环加卸载试验

2.3.1 试验方案

在深部矿井煤层开采过程中煤层顶板会受到采动荷载的作用，在持续的采动荷载作用下岩石内部损伤会累积从而产生疲劳破坏，极大影响砂岩顶板的承载能力和力学性能。为进一步探究爆破荷载损伤后砂岩顶板在扰动荷载的反复影响下其力学性能的变化规律，对不同损伤程度的砂岩试件开展分级循环加卸载试验，从而探究循环加卸载对爆破损伤顶板砂岩性能的影响规律。

根据之前轴向压缩试验获取未损伤试件、振动损伤试件及爆破损伤试件在不同围压（0 MPa、5 MPa、10 MPa、15 MPa、20 MPa）作用下的峰值强度平均值 σ，对应循环加卸载节点为 0.45σ、0.55σ、0.65σ、0.75σ，采用荷载加载方式进行加载，以 0.15 MPa/s 加载速率进行加载，加载至 0.45σ 之后在 $0.45\sigma \sim 0.55\sigma$、$0.55\sigma \sim 0.65\sigma$、$0.65\sigma \sim 0.75\sigma$ 等加载区间进行循环加卸载，每组加卸载 12 次，加卸载结束后对试件继续持续加载直至破坏，不同损伤试件在不同围压作用下对应的加载值见表 2-4，部分试件分级循环加卸载曲线如图 2-25 所示。

表 2-4 不同围压作用下不同损伤试件对应的加载值

试件编号	围压/MPa	循环加卸载对应荷载值/MPa				循环周期/次
		0.45σ	0.55σ	0.65σ	0.75σ	
XSYS-0	0	41.27	50.44	59.61	68.78	12
XSYS-5	5	59.44	72.65	85.86	99.07	12
XSYS-10	10	73.73	90.12	106.50	122.89	12
XSYS-15	15	88.48	108.15	127.81	147.47	12
XSYS-20	20	99.69	121.85	144.00	166.16	12
XZSYS-0	0	37.93	46.36	57.79	63.22	12
XZSYS-5	5	59.13	72.27	85.41	98.55	12
XZSYS-10	10	72.23	88.28	104.33	120.38	12
XZSYS-15	15	84.83	103.68	122.53	141.38	12
XZSYS-20	20	92.90	113.54	134.19	154.83	12
XBSYS-0	0	33.00	40.34	47.67	55.01	12
XBSYS-5	5	58.59	71.62	84.64	97.66	12
XBSYS-10	10	69.96	85.50	101.05	116.60	12
XBSYS-15	15	83.44	101.99	120.53	139.07	12
XBSYS-20	20	90.01	110.01	130.01	150.02	12

注：XSYS-5，XSYS 表示分级循环加卸载下未损伤砂岩试件，5 表示试件围压为 5 MPa；XZSYS-5，XZSYS 表示分级循环加卸载下振动损伤砂岩试件，5 表示试件围压为 5 MPa；XBSYS-5，XBSYS 表示分级循环加卸载下爆破损伤砂岩试件，5 表示试件围压为 5 MPa。

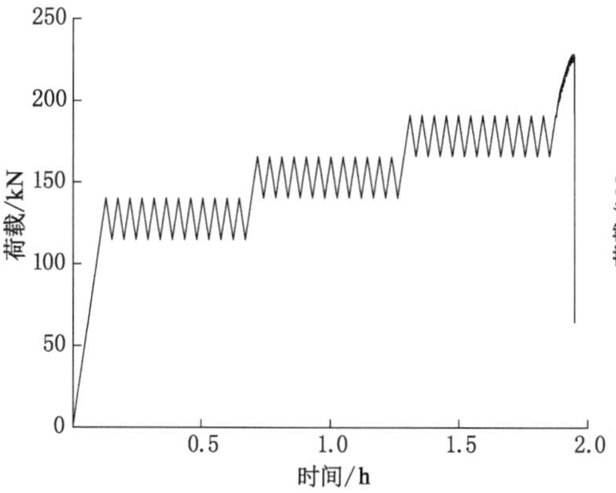

(a) 围压5 MPa时爆破损伤试件

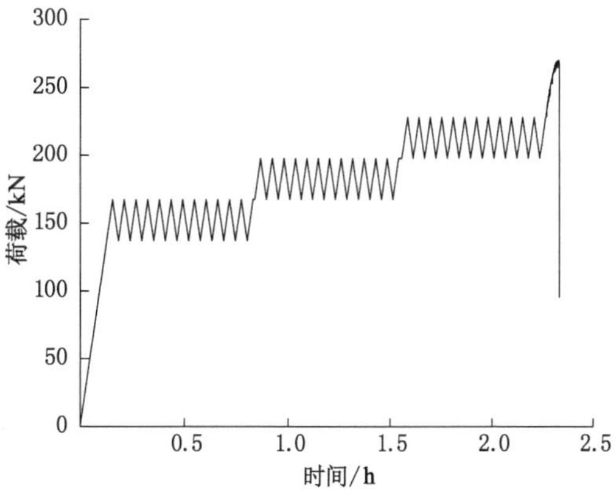

(b) 围压10 MPa时爆破损伤试件

图 2-25 部分试件分级循环加卸载曲线

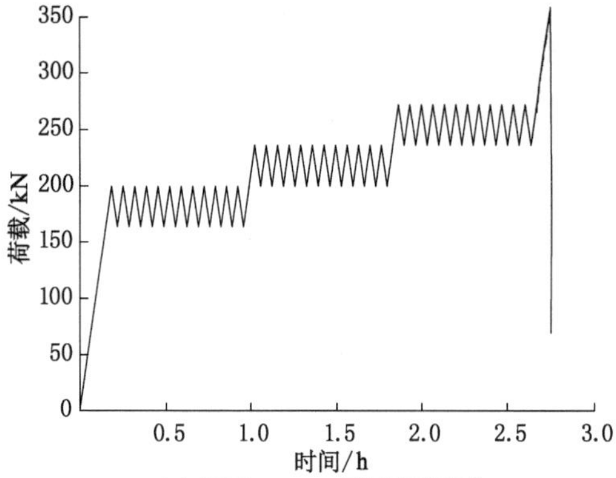

(c) 围压15 MPa时爆破损伤试件

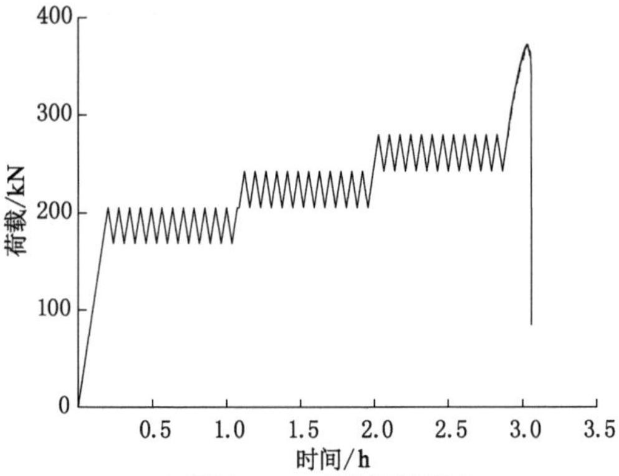

(d) 围压20 MPa时爆破损伤试件

图 2-25 (续)

2.3.2 分级循环加卸载作用下损伤砂岩轴向偏应力-应变关系曲线变化规律

分级循环加卸载作用下不同损伤程度的砂岩试件的力学性能变化见表 2-5，部分试件的轴向偏应力-应变关系曲线如图 2-26 所示。

表 2-5 循环加卸载作用下不同损伤程度的砂岩试件的力学性能变化

试件编号	峰值应力/MPa		偏应力/MPa	D_σ	轴向应变/%	径向应变/%
	测试值	平均值				
XSYS-0-1	85.27	85.87	85.27	7.02	0.678	−0.156
XSYS-0-2	86.93		86.93	5.21	0.650	−0.094
XSYS-0-3	85.42		85.42	6.86	0.636	−0.078
XSYS-5-1	125.93	126.49	120.93	4.66	0.830	−0.180
XSYS-5-2	124.87		119.87	5.47	0.847	−0.206
XSYS-5-3	128.66		123.66	2.60	0.821	−0.183
XSYS-10-1	155.15	161.85	145.15	5.31	0.944	−0.209
XSYS-10-2	161.71		151.71	1.31	0.936	−0.220
XSYS-10-3	168.69		158.69	−2.95	0.943	−0.213
XSYS-15-1	189.52	186.87	174.52	3.62	1.009	−0.206
XSYS-15-2	186.20		171.20	5.30	1.022	−0.215
XSYS-15-3	184.88		169.88	5.98	1.022	−0.208
XSYS-20-1	205.68	207.17	185.68	7.16	1.052	−0.176
XSYS-20-2(舍)	230.78		210.78	−4.17	1.108	−0.220
XSYS-20-3	208.65		188.65	5.82	1.122	−0.229

表 2-5(续)

试件编号	峰值应力/MPa		偏应力/MPa	D_σ	轴向应变/%	径向应变/%
	测试值	平均值				
XZSYS-0-1	82.34	82.03	82.34	2.31	0.380	−0.139
XZSYS-0-2	85.89		85.89	−1.90	0.516	−0.165
XZSYS-0-3	77.86		77.86	7.63	0.503	−0.125
XZSYS-5-1	129.13	124.99	124.13	1.73	0.571	−0.069
XZSYS-5-2	120.85		115.85	8.03	0.580	−0.101
XZSYS-5-3(舍)	140.87		135.87	−7.21	0.645	−0.121
XZSYS-10-1	158.22	156.22	148.22	1.43	0.564	−0.071
XZSYS-10-2(舍)	168.44		158.44	−4.94	0.575	−0.132
XZSYS-10-3	154.21		144.21	3.92	0.602	−0.125
XZSYS-15-1	179.53	182.46	164.53	4.76	0.676	−0.157
XZSYS-15-2	182.30		167.30	3.29	0.656	−0.156
XZSYS-15-3	185.56		170.56	1.56	0.681	−1.625
XZSYS-20-1	204.56	201.41	184.56	0.91	0.689	−0.169
XZSYS-20-2(舍)	220.34		200.34	−6.73	0.778	−0.213
XZSYS-20-3	198.25		178.25	3.97	0.701	−0.172
XBSYS-0-1	80.44	77.46	80.44	−9.68	0.598	−0.216
XBSYS-0-2	77.64		77.64	−5.86	0.578	−0.176
XBSYS-0-3	74.29		74.29	−1.30	0.466	−0.164
XBSYS-5-1	116.21	121.05	111.21	10.75	0.549	−0.061
XBSYS-5-2	125.89		120.89	3.32	0.600	0.093
XBSYS-5-3(舍)	142.71		137.71	−9.60	0.784	0.091
XBSYS-10-1(舍)	160.75	138.60	150.75	−3.40	0.610	−0.091
XBSYS-10-2	137.31		127.31	11.68	0.569	−0.062
XBSYS-10-3	139.89		129.89	10.02	0.565	−0.074
XBSYS-15-1	180.11	177.17	165.11	2.87	0.756	−0.098
XBSYS-15-2	176.54		161.54	4.79	0.735	−0.124
XBSYS-15-3	174.87		159.87	5.69	0.766	−0.109
XBSYS-20-1	190.03	189.73	170.03	4.99	0.802	−0.110
XBSYS-20-2	189.43		169.43	5.29	0.779	−0.124
XBSYS-20-3(舍)	218.72		198.72	−9.35	0.987	−0.154

注：SYS-5-1，SYS 表示三轴压缩下未损伤砂岩试件，5 表示围压为 5 MPa，1 表示试件编号为 1；ZSYS-5-1，ZSYS 表示三轴压缩下振动损伤砂岩试件，5 表示围压为 5 MPa，1 表示试件编号为 1；BSYS-5-1，BSYS 表示三轴压缩下爆破损伤砂岩试件，5 表示围压为 5 MPa，1 表示试件编号为 1。

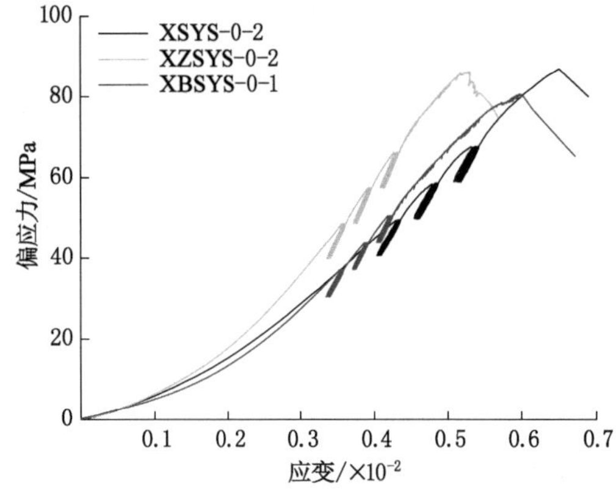

(a) 围压0 MPa时试件的偏应力-应变关系曲线

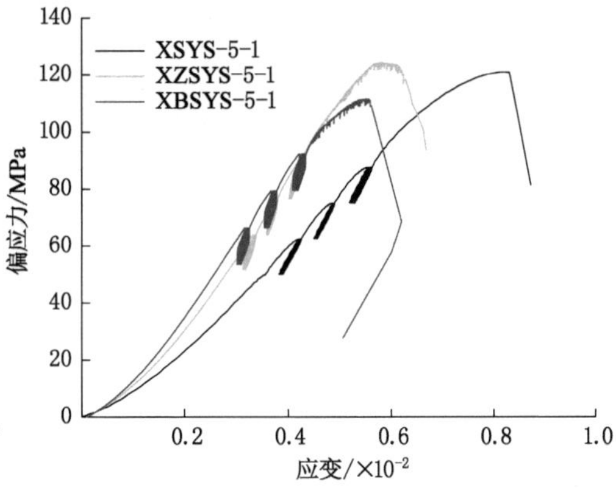

(b) 围压5 MPa时试件的偏应力-应变关系曲线

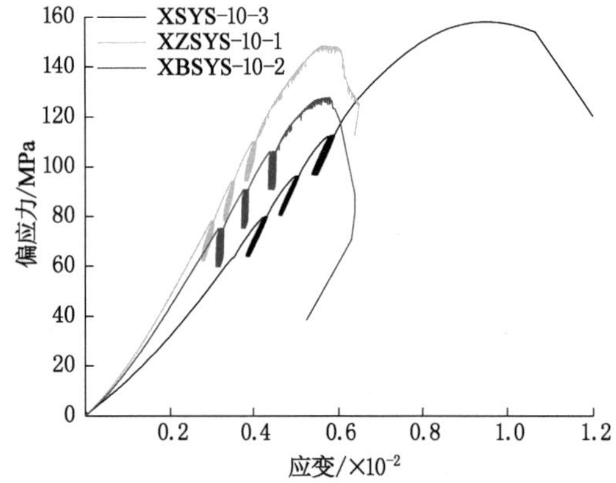

(c) 围压10 MPa时试件的偏应力-应变关系曲线

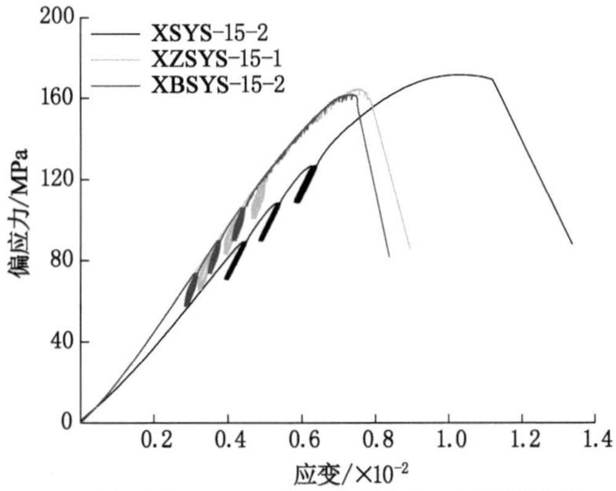

(d) 围压15 MPa时试件的偏应力-应变关系曲线

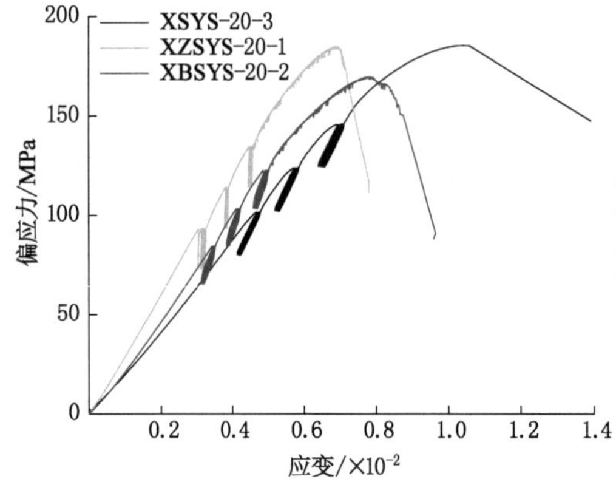

(e) 围压20 MPa时试件的偏应力-应变关系曲线

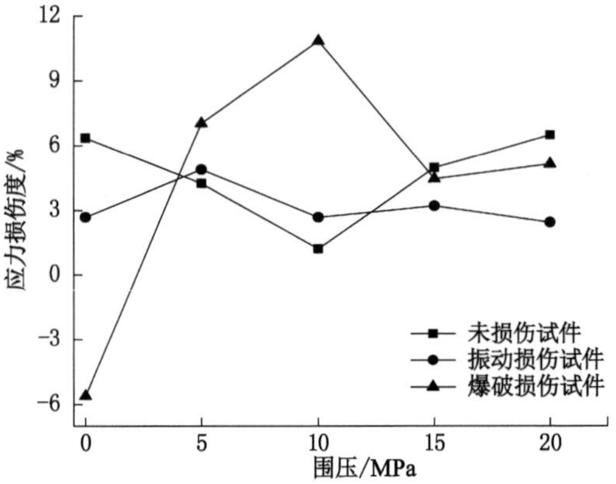

(f) 循环加卸载下试件的应力损伤度

图 2-26 分级循环加卸载作用下试件轴向偏应力-应变关系曲线

由图 2-26 可知：分级循环加卸载作用下试件在不同围压作用下的轴向偏应力-应变关系曲线呈现相同增长趋势；随着围压的增大，试件前期压密阶段逐渐消失，这与常规三轴试验呈现相同的变化规律；循环加卸载过程中会形成应力-应变滞回曲线，由于分级循环加卸载的荷载幅值不一致，且试件损伤程度不同，因此循环加卸载过程中所形成的滞回曲线也会存在差异。对比三种不同损伤程度试件在分级循环加卸载后力学性能变化可知循环荷载作用后峰值应力由大到小顺序为未损伤试件、振动损伤试件、爆破损伤试件，这与单轴压缩试验结果及常规三轴压缩试验结果呈现一致性。由图 2-26(f)可知：除爆破损伤试件围压为 0 MPa 时在循环加卸载作用下应力增强，其余试件峰值强度均存在损伤现象，且应力损伤度在 1.22%～10.85%之间，且三种不同试件的应力损伤度不存在较大差异。分析原因：此次分级循环加卸载分为三个等级，且前两个等级基本处于弹性变形阶段，而最后一个等级处于塑性变形阶段，在弹性变形阶段循环加卸载对试件所造成的损伤量极小，而进入塑性阶段后荷载的反复作用会对试件造成较明显的疲劳破坏，具体表现形式为内部裂纹的新生与扩展，循环加卸载损伤累积对试件强度造成劣化，降低其自身承载能力。对于 0 MPa 作用下爆破损伤试件应力有所增强，这是由于爆破荷载造成试件内部孔隙率的增大及裂隙的扩展，而在循环加卸载过程中一方面会使之形成新生裂隙，对试件造成损伤，另一方面会将试件压密，从而增强试件自身的力学性能，爆破损伤荷载使之劣化程度较高，加卸载过程反而将试件压密，对试件力学性能的增强效果大于循环加卸载过程中的劣化作用，因此试件自身强度获得提升。

2.3.3 分级循环加卸载作用下损伤砂岩应变变化规律

不同围压作用下试件循环加卸载径向偏应力-应变关系曲线如图 2-27 所示。

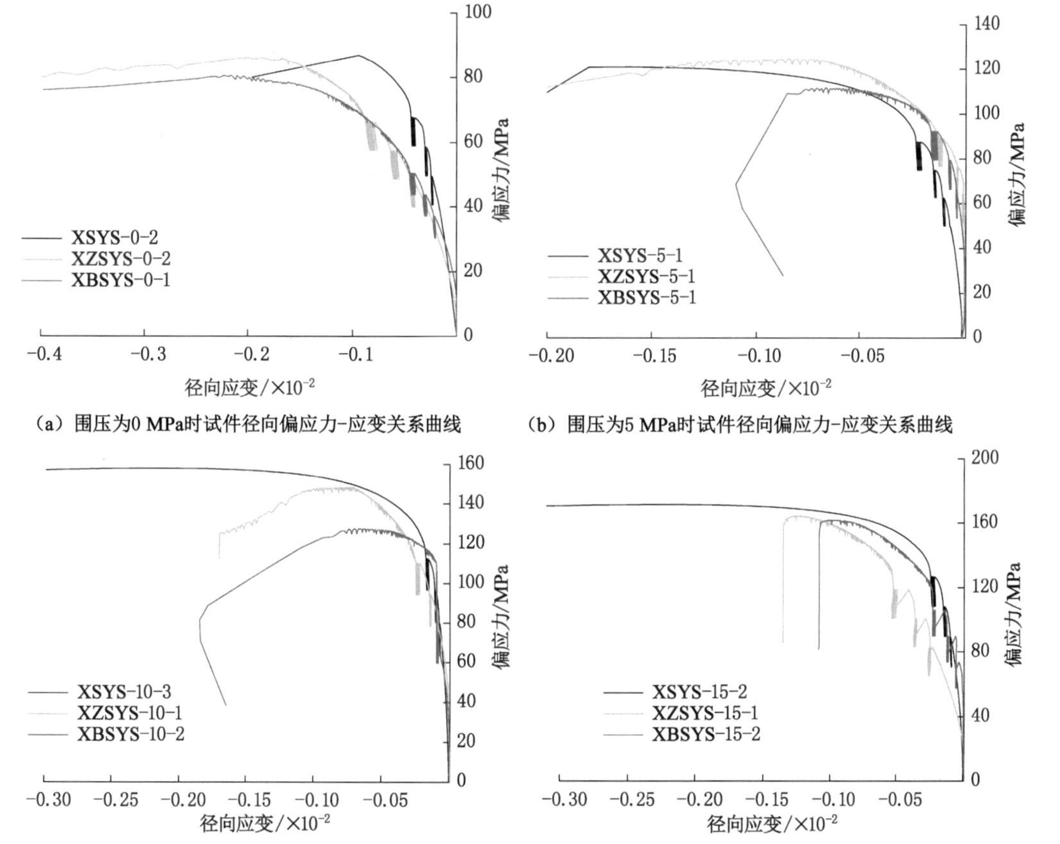

(a) 围压为0 MPa时试件径向偏应力-应变关系曲线

(b) 围压为5 MPa时试件径向偏应力-应变关系曲线

(c) 围压为10 MPa时试件径向偏应力-应变关系曲线

(d) 围压为15 MPa时试件径向偏应力-应变关系曲线

图 2-27 分级循环加卸载作用下试件径向偏应力-应变关系曲线

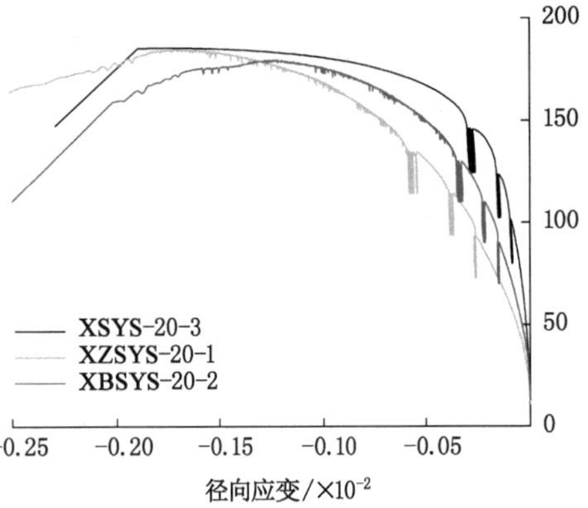

(e) 围压为20 MPa时试件径向偏应力-应变关系曲线

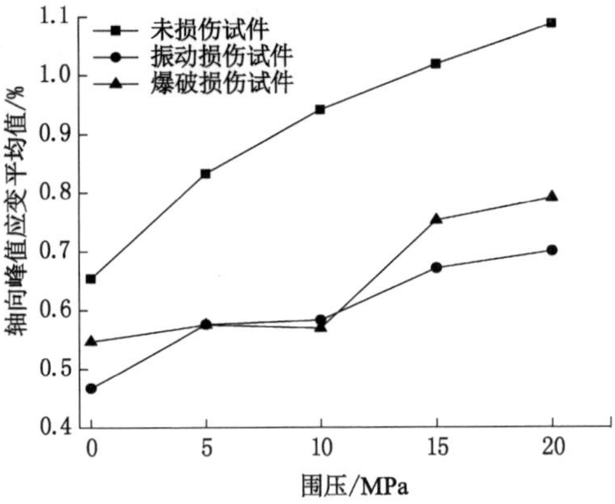

(f) 不同围压作用下试件的轴向峰值应变平均值

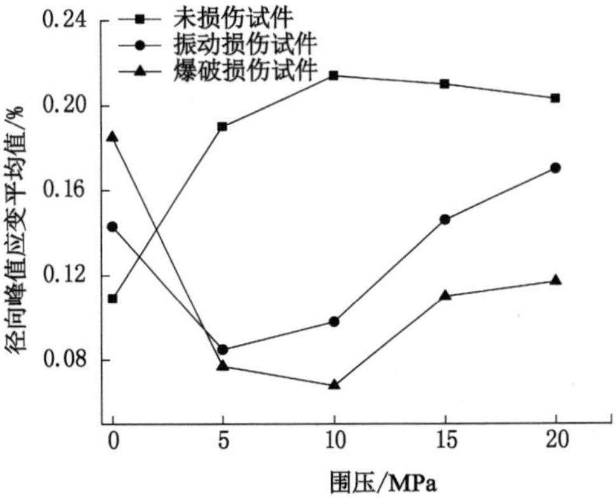

(g) 不同围压作用下试件的径向峰值应变平均值

图 2-27 (续)

由图 2-27 可知:分级循环加卸载作用下试件径向位移随着荷载作用的增大而增加,在循环加卸载作用下试件的径向应变也产生起伏,循环荷载作用下试件产生弹塑性变形,弹性变形过程中试件还能够恢复,而塑性变形过程中试件的变形是不可逆的,使试件径向同样产生永久变形。对比三种不同试件在分级循环加卸载作用下轴向、径向峰值应变变化规律,随着围压的增大,试件轴向变形程度不断提高,这与试件承受荷载能力成正比,试件承受轴向荷载的能力增大,其自身所能承受的轴向变形程度也随之提高,在达到破坏荷载时其峰值应变随之增大。对比三种不同损伤程度的试件的径向应变可知未损伤试件随着围压的增大径向峰值应变增大,而振动损伤试件、爆破损伤试件的峰值应变先增大后减小,这与爆破荷载对试件产生的前期损伤存在相关性。

2.3.4 分级循环加卸载作用下试件的破裂破碎形态

不同围压作用下未损伤试件、振动损伤试件及爆破损伤试件在分级循环加卸载作用下的破裂破碎形态如图 2-28 至图 2-30 所示。

(a) 0 MPa时未损伤试件

(b) 5 MPa时未损伤试件

(c) 10 MPa时未损伤试件

(d) 15 MPa时未损伤试件

(e) 20 MPa时未损伤试件

图 2-28　未损伤试件在不同围压作用下的破裂破碎形态

(a) 0 MPa时振动损伤试件

(b) 5 MPa时振动损伤试件

(c) 10 MPa时振动损伤试件

(d) 15 MPa时振动损伤试件

(e) 20 MPa时振动损伤试件

图 2-29　振动损伤试件在不同围压下的破裂破碎形态

（a）0 MPa时爆破损伤试件

（b）5 MPa时爆破损伤试件

（c）10 MPa时爆破损伤试件

（d）15 MPa时爆破损伤试件

（e）20 MPa时爆破损伤试件

图 2-30　爆破损伤试件在不同围压作用下的破裂破碎形态

由图 2-28 至图 2-30 可知：损伤试件在不同围压分级循环加卸载作用下的破裂破碎形态不同。围压为 0 MPa 时试件破裂破碎程度最高，未损伤试件沿裂纹扩展方向发生剪切破坏，沿剪切面产生分离且上端面处形成碎块剥落，振动损伤试件及爆破损伤试件的破裂破碎程度显著提高，试件裂纹扩展程度、宽度及数量明显高于未损伤试件的，且试件自身形成大量剥落区。围压显著降低了试件的破裂破碎程度，但随着围压的进一步增大，试件的宏观破坏程度随之提高，这与常规三轴荷载作用下试件损伤破坏规律一致。对比三种不同损伤度试件在围压作用下的破坏程度可知三者由大到小的顺序为未损伤试件、振动损伤试件、爆破损伤试件，这与无围压作用下试件的损伤破坏规律不同，说明围压对试件裂纹扩展形式及不同损伤度试件的破裂破碎程度存在极大的影响。

2.3.5 分级循环加卸载作用下试件的能量耗散变化情况

岩石在外荷载作用下的变形破坏过程实际上是能量相互转化的过程。假设单元岩体处于一个完全封闭的状态，荷载作用过程中不存在与外界间的热交换及碎块飞溅所造成的能量损失，外界对岩石所输入的总能量 U 均转化为岩石可集聚释放的弹性能 U^{e} 与总耗散能 U^{d}，其中 U^{d} 可分为塑性变形能 U^{d1} 和耗散能 U^{d2}，当岩石处于三向应力加载状态时，各能量划分如图 2-31 所示。

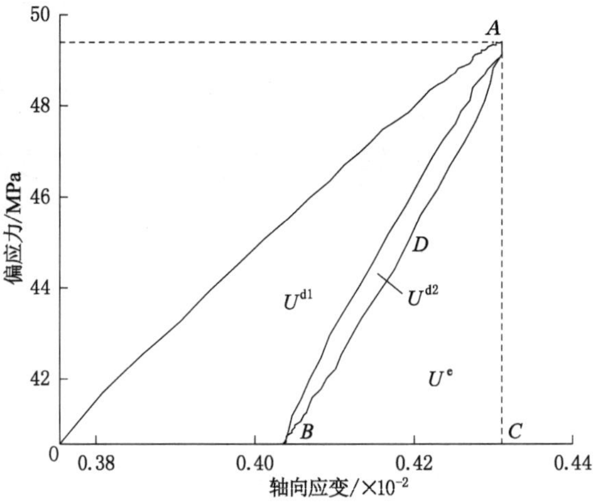

图 2-31 循环加卸载过程中各能量划分

围压为 0 MPa 时未损伤试件在三个不同等级循环加卸载过程中每一次循环加卸载过程中的各能量变化规律如图 2-32 所示。

由图 2-32 可知：试件在不同分级循环加卸载过程中第 1 次循环加卸载时所获取总能量 U 和塑性变形能 U^{d1} 最大，随着循环加卸载的继续作用，试件各能量的变化幅度减小。这是由于在第 1 次循环加卸载作用时试件自身被压缩程度最高，所产生的轴向塑性应变量远大于后续加载时的，塑性变形量的显著增大使得试件获取总能量及塑性变形能增加。加载过程中外部输入能量多数以弹性能形式被储存于试件内部，卸载过程中弹性能得到释放，其余少部分能量以塑性变形和耗散能的方式被试件消耗，且各能量变化由大到小顺序为Ⅲ级循环加卸载、Ⅱ级循环加卸载、Ⅰ级循环加卸载，围压的增大同样使得各级循环加卸载过程

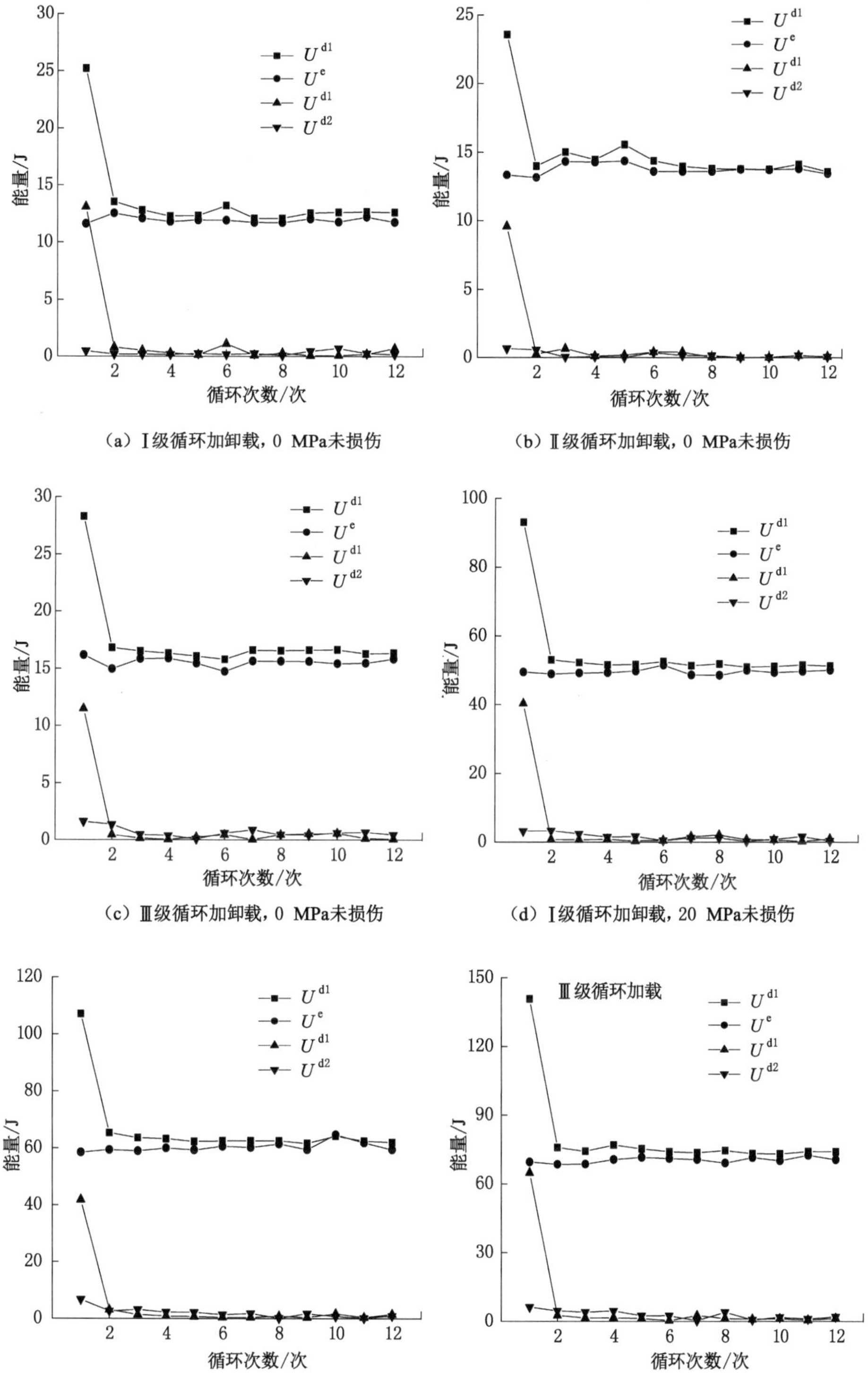

（a）Ⅰ级循环加卸载，0 MPa未损伤

（b）Ⅱ级循环加卸载，0 MPa未损伤

（c）Ⅲ级循环加卸载，0 MPa未损伤

（d）Ⅰ级循环加卸载，20 MPa未损伤

（e）Ⅱ级循环加卸载，20 MPa未损伤

（f）Ⅲ级循环加卸载，20 MPa未损伤

图 2-32　循环加卸载过程中各能量变化规律

中各能量显著增加。围压为 0 MPa 时，Ⅰ、Ⅱ、Ⅲ级每次加卸载过程中试件所获取的弹性能平均值分别为 11.94 J、13.74 J、15.58 J，耗散能平均值分别为 0.28 J、0.19 J、0.68 J，围压为 20 MPa 时弹性能平均值分别为 49.58 J、60.29 J、70.44 J，耗散能平均值分别为 1.49 J、2.04 J、2.91 J，围压及循环加卸载级数的增大使得试件在循环加卸载过程中所获得的能量增加，其余各能量随之增加。

20 MPa 围压作用下循环加卸载过程中试件塑性变形能 U^{d1} 和耗散能 U^{d2} 变化如图 2-33 所示。

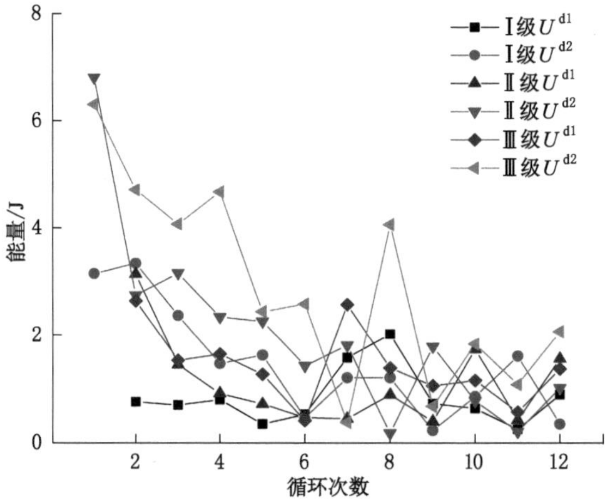

图 2-33　分级循环加卸载过程中耗散能的变化规律

由图 2-33 可知：随着循环加卸载次数的增加试件的 U^{d1} 和 U^{d2} 均呈现减小趋势。结合图 2-26 中试件循环加卸载曲线可知在前期加卸载过程中试件在每一次加卸载过程中自身所产生的塑性应变较大，随着加卸载的继续进行试件所产生的塑性应变逐渐减小，在此过程中试件内部孔隙不断被压缩，自身不断更“密实”，在荷载作用下其产生变形的“难度”增大，塑性变形能随之降低。耗散能 U^{d2} 同样整体呈降低趋势，说明前期循环加卸载对岩体所造成的损伤程度较高，后期岩体自身更加“密实”，荷载对试件造成损伤的难度增大，在每一次循环加卸载过程中试件耗散能降低。

为了进一步定量研究围压作用下爆破损伤试件在分级循环加卸载过程中的损伤发育过程，引入耗能比表示每级循环加卸载过程中总耗散能与总输入能的比值。

$$\eta_i = \frac{U^{d}_{总}}{U_{总输入}} \times 100\% \tag{2-40}$$

三种不同爆破损伤程度试件在不同围压作用下每级循环加卸载过程中的耗能比变化规律如图 2-34 所示，试件在循环加卸载过程中所形成的滞回环如图 2-35 所示。

对比三种损伤度试件在围压作用下耗能比变化情况可知：未损伤试件的耗能比随着围压的增大其变化幅度不大，不同围压作用下试件在Ⅰ级、Ⅱ级、Ⅲ级循环加卸载过程中的耗能比平均值为 12.07%、8.69%、11.56%。结合图 2-35(a)所示未损伤试件在不同围压作用下试件循环加卸载曲线可知未损伤试件在循环加卸载过程中的加载曲线相近，由于试件自身的均质性较好，因此其在不同应力幅值荷载作用期间能量变化程度较低，且耗散能占总

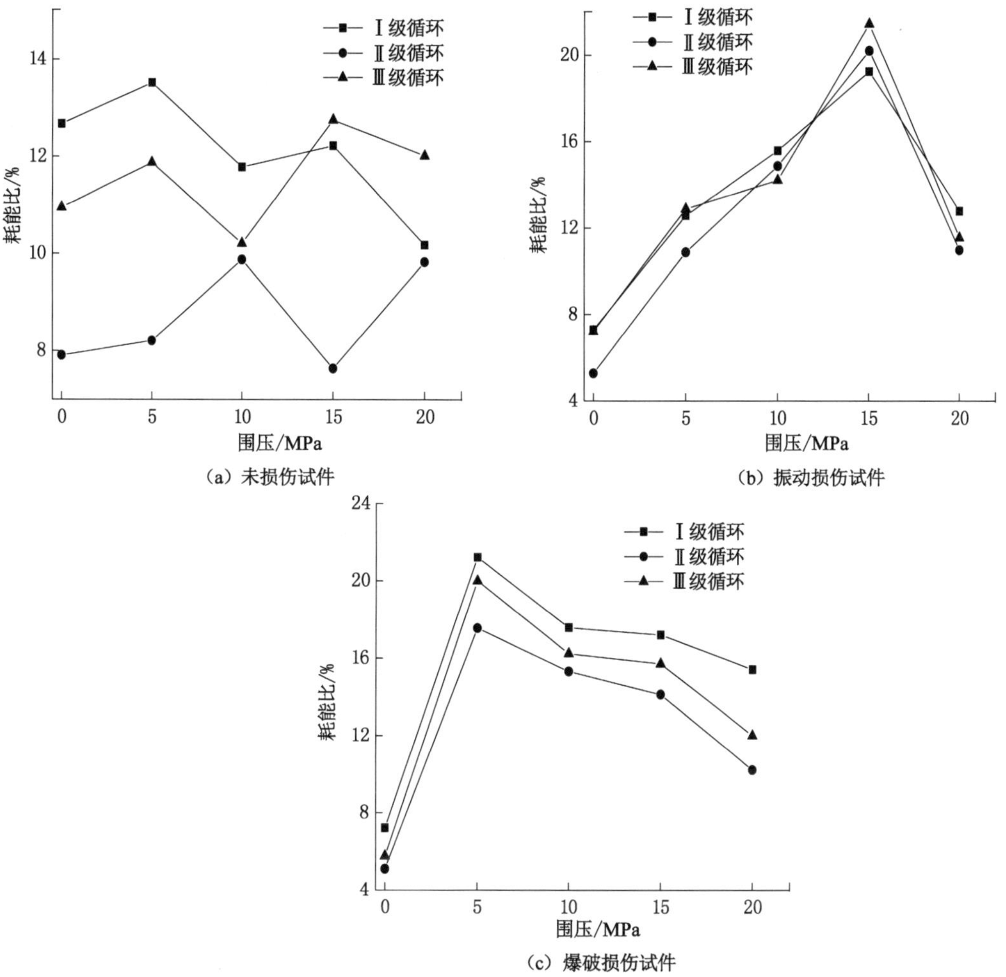

图 2-34　循环加卸载过程中耗能比变化规律

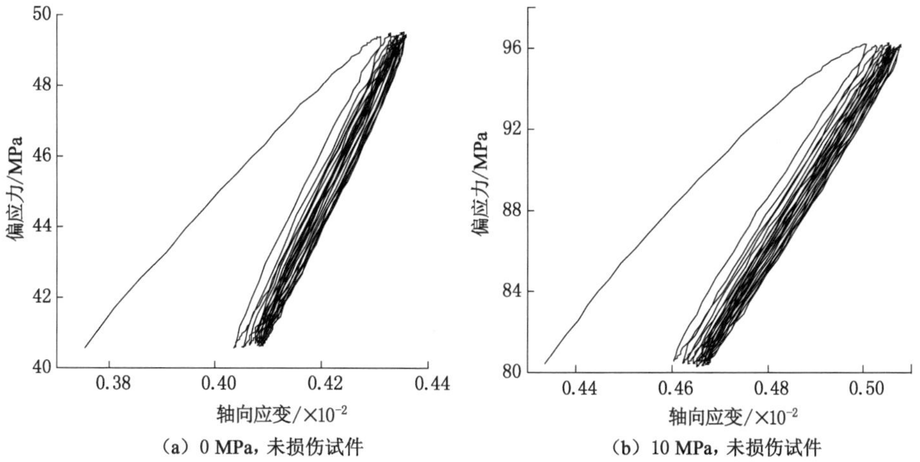

图 2-35　循环加卸载过程中试件的滞回环曲线

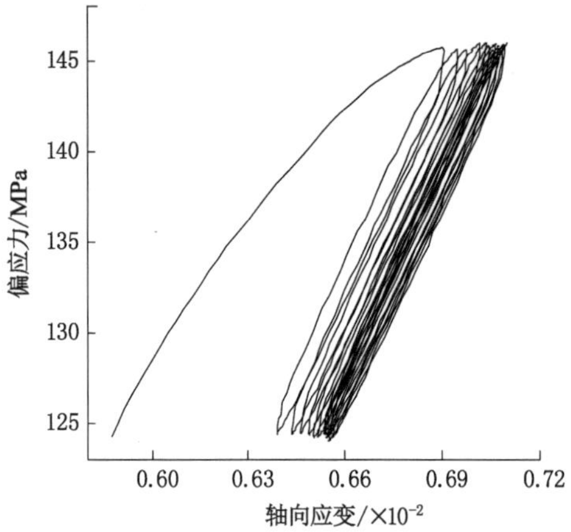

（c）20 MPa，未损伤试件

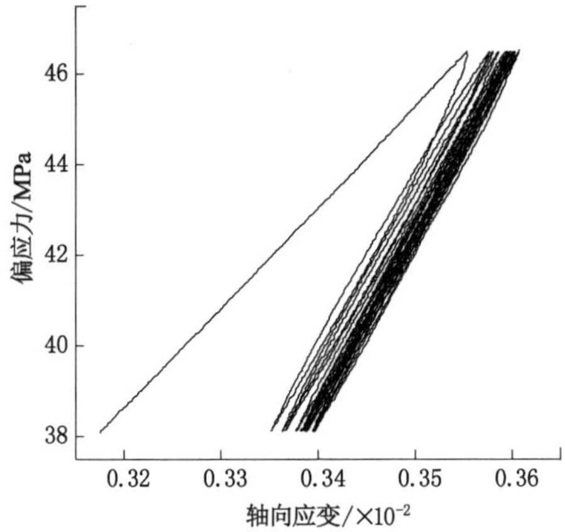

（d）0 MPa，振动损伤试件

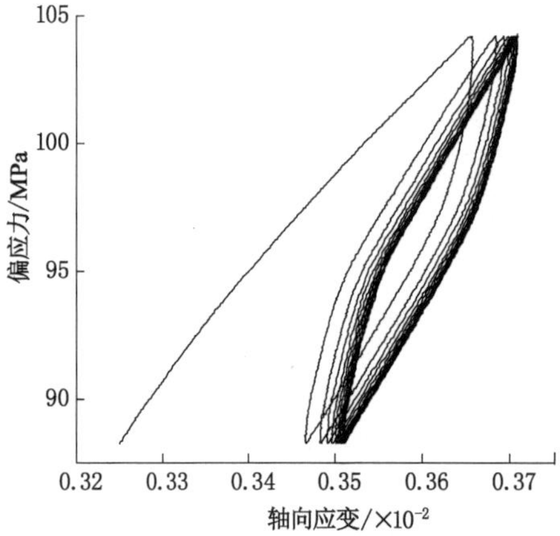

（e）10 MPa，振动损伤试件

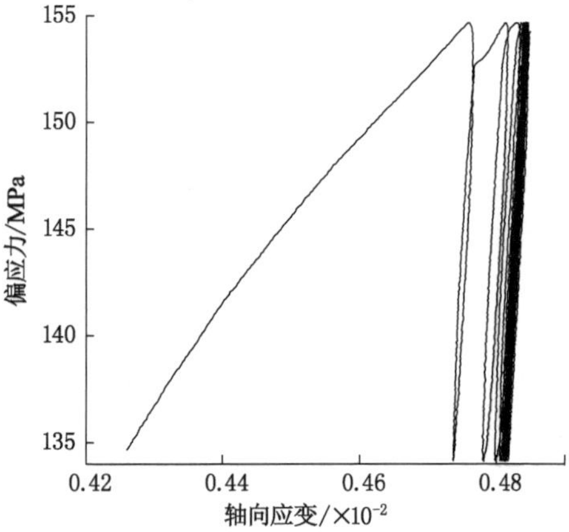

（f）20 MPa，振动损伤试件

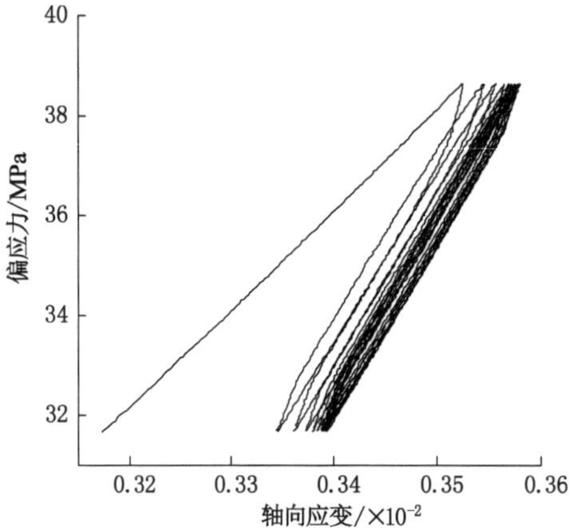

（g）0 MPa，爆破损伤试件

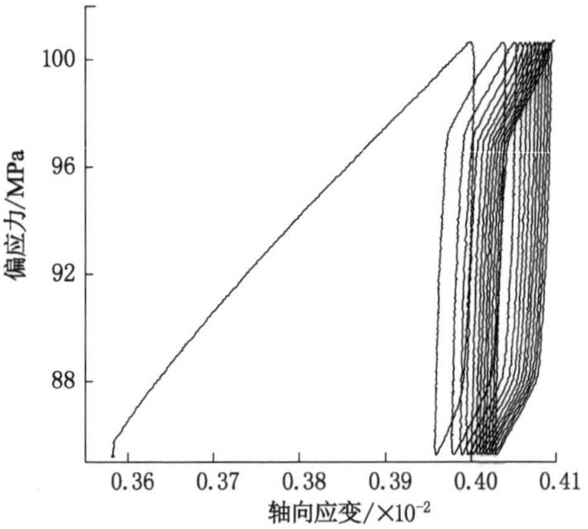

（h）10 MPa，爆破损伤试件

图 2-35 （续）

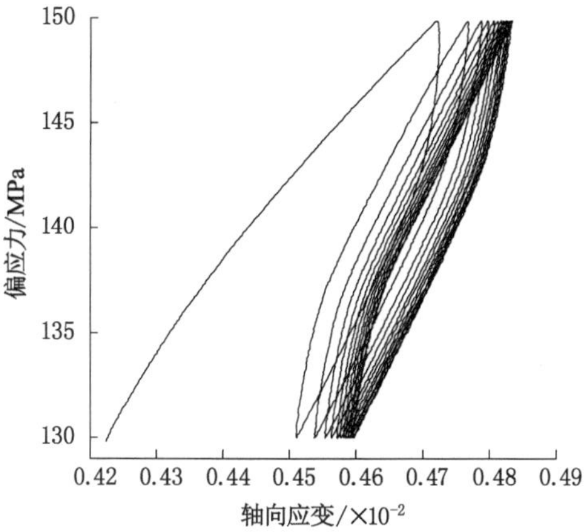

(i) 20 MPa，爆破损伤试件

图 2-35 （续）

输入能量的 10%左右。振动损伤试件、爆破损伤试件的耗能比均随着围压的增大先增大后减小，且振动损伤试件在围压 15 MPa 时耗能比达到峰值，爆破损伤试件在围压 5 MPa 时耗能比达到峰值，峰值耗能比为 20%左右，说明此围压作用下试件在循环加卸载作用下能量耗散程度最高。结合图 2-35 中两种试件在循环加卸载过程中的应力-应变关系曲线可知围压使得损伤试件的滞回环面积显著增大，也表示在此阶段试件的耗散能 U^{d2} 占比较高，振动损伤试件在Ⅰ级、Ⅱ级、Ⅲ级循环加卸载过程中的耗能比平均值为 13.49%、12.44%、13.46%，爆破损伤试件在Ⅰ级、Ⅱ级、Ⅲ级循环加卸载过程中的耗能比平均值为 15.73%、12.47%、13.95%。爆破荷载作用会对岩体内部造成损伤，损伤程度及围压的不同均会对试件在外荷载作用下能量的转换形式产生影响，且损伤试件在循环加卸载过程中的耗能比更高。结合图 2-34、图 2-35 可知未损伤试件的均质性较好，在不同围压循环荷载作用下耗散能多数用于试件自身的塑性变形和内部裂纹的新生、扩展，从而造成岩体的损伤，循环加卸载后试件峰值强度降低。爆破损伤试件由于自身内部结构变化，伴随着更多的节理、断层、裂纹的出现，循环加卸载过程中能量一方面造成岩体内部结构孔隙裂纹的压密和颗粒间的挤压、移动等，另一方面伴随着原生裂隙的扩展及新生裂隙的产生，且围压的增大在提高试件抵抗外荷载能力的同时使耗散能的变化更加显著，试件耗能占比增大。

2.4　本章小结

本章对不同损伤程度的砂岩试件开展单轴压缩试验、常规三轴压缩试验及三轴分级循环加卸载压缩试验，分析了爆破荷载损伤及围压对砂岩试件力学性能的影响规律，主要结论如下：

(1) 振动损伤试件的总能量、弹性变形能及耗散能降幅分别为 16.73%、19.34%、0.58%，爆破损伤试件的总能量、弹性变形能及耗散能降幅分别为 46.84%、51.93%、15.41%，爆破荷载损伤会降低砂岩试件的抵抗外荷载的能力及吸能、储能效果，且对爆破损伤区的影响程度高于振动损伤区的。试件破坏模式为剪切破坏、拉伸破坏及压碎破坏等多种模式，爆破损伤试件的破坏程度较高。

(2) 围压的增大使不同损伤试件的峰值应力和弹性模量均随之增大，试件劣化度均先迅速减小后小幅度增大。围压的增大使试件所产生的主裂纹扩展程度和试件破裂程度呈增大趋势，且未损伤试件破碎程度高于振动损伤试件的，高于爆破损伤试件的。

(3) 试件总能量、弹性变形能及耗散能均随着围压的增大而增大，总能量、弹性变形能及耗散能与围压之间均呈线性正相关。未损伤试件的机械损伤随着围压的增大而提高，而振动损伤试件、爆破损伤试件的机械损伤随着围压的增大先减小后增大，爆破损伤作用会造成试件孔隙率的增大和内部节理、裂隙及断层的新生与扩展，在围压为 0 MPa 时轴压作用前期部分能量会以压缩试件内部孔隙、断层及改变试件内部微观结构的形式被消耗，因此试件耗散能在总能量中的占比提升，而在围压作用下前期围压的加载会使得试件内部孔隙被压密，因此孔隙压密阶段的耗散能随之降低，则试件耗散能在总能量中的占比减小。

(4) 分级循环加卸载会对不同损伤程度的砂岩试件造成二次损伤，其峰值应力劣化，劣化度在 1.22%～10.85%之间。分级循环加卸载过程中会形成应力应变滞回曲线，对试件轴向、径向的变形产生影响。随着围压的增大，试件破裂破碎程度先减小后增大，围压为 0 MPa 时试件破裂破碎程度最高，围压为 5 MPa 时试件破裂破碎程度最低，试件破坏呈拉伸破坏、剪切破坏及压碎破坏多种形式共存的形式。

3　砂岩爆破损伤度表征与分布特征

3.1　岩石爆破损伤评价方法

爆破荷载作用会对周围岩体造成不同程度的损伤，而岩石损伤变量的测定是损伤岩体力学性能研究的基础，岩石损伤理论的进步与完善必定建立在解决岩石损伤检测问题的基础上。当前国内外的岩石损伤量检测方法主要为结构分析法和性能测试法[117]，其中结构分析法是从几何拓扑角度去研究损伤变量的方法，主要通过特别的方式直接测量岩石产生损伤的数目、大小、形状及方位等，根据测定的结果去定量描述岩石的损伤变量。根据所使用测试手段的不同，测试方法可以分为表面形貌分析法和内部结构分析法。

① 表面形貌分析法是指使用包括光学显微镜、扫描电子显微镜（SEM）、激光表面仪等测量设备，通过观察测量岩石表面的外貌形状变化，并采用特定的计算方法得到岩石损伤量，这种测试方法在研究岩石断口破坏形式和裂纹扩展特征时被广泛应用[118-120]。

② 内部结构分析法主要用来分析岩体内部结构变化来表征损伤度，其中测试技术主要包括超声波检测法、声发射技术、核磁共振成像技术及计算机断层扫描（CT）技术，通过测量岩石内部裂隙的变化情况来研究其损伤程度，且属于无损检测，因此被广泛应用于检测岩石损伤[121-127]。

3.2　损伤砂岩的细观结构

岩石是一种结构复杂的非均质材料，其内部复杂的矿物组成、不同矿物颗粒大小、颗粒间的黏结性及各种内部结构缺陷组成使岩石内部细观结构具有多样性。而细观结构的多样性是造成岩体宏观力学性能不同的主要原因，原生裂隙的存在不仅会降低岩石的整体性能，外荷载作用下在其裂隙软弱结构面上还会产生应力集中，从而加快裂隙的扩展和岩石的破坏[128-129]。因此，研究爆破损伤砂岩的内部细观结构更有利于探索爆破荷载对试件损伤程度的影响规律。岩石材料细观结构的尺寸范围为 $10^{-4}\sim10^{-1}$ m[130]。研究岩石内部细观结构的方法有很多，包括 X 射线衍射（XRD）技术、扫描电子显微镜（SEM）、计算机断层扫描（CT）及核磁共振成像（NMR）技术，本节采用放大 1 000 倍的拜斯特电子数码显微镜获取爆破荷载作用前后砂岩试件上表面细观结构图，分析爆破荷载对砂岩损伤细观结构的影响规律。

未损伤区试件的表观面貌及细观结构如图 3-1 所示。

由图 3-1(a)所示试件表观面貌可知未损伤砂岩试件的表面较为光滑平整，不存在明显的孔洞与裂隙，整体性较强。由图 3-1(b)所示试件微观结构可知试件表面整体较为光滑，

(a) 表观面貌

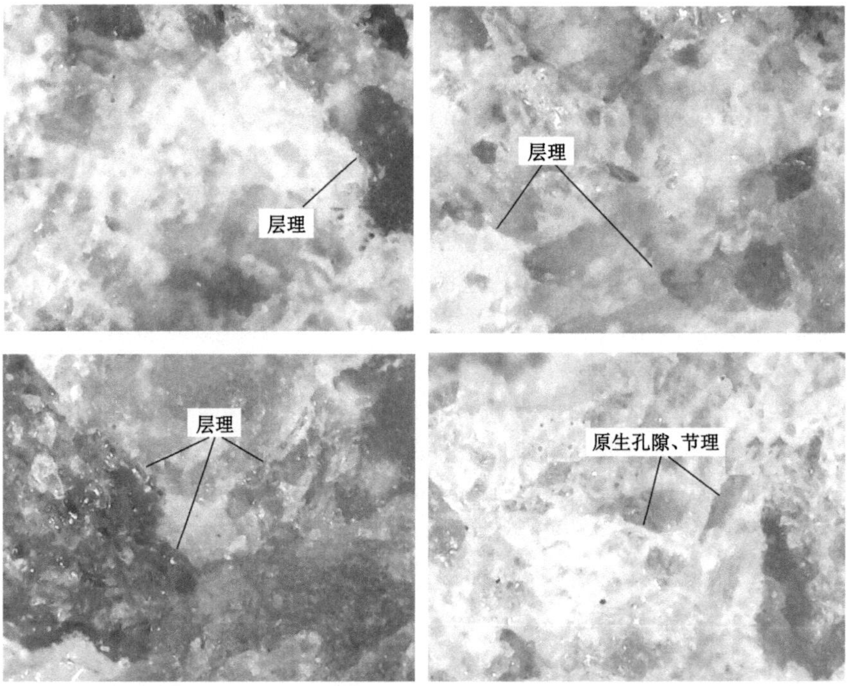

(b) 细观结构

图 3-1　未损伤试件的表观面貌和细观结构

多处位置存在明显的层理面且伴随着部分原生孔隙、节理，且在微观结构上多处晶莹透明。由于沙岩是一种沉积岩，由各种胶结沙粒组合而成，沙粒粒径为 0.05～2 mm，材质主要为石英及长石，因此试件表面存在明显的层理面且微观结构上晶莹透明，结构性能优良且较稳定。

振动损伤区及爆破损伤区试件的表观面貌和细观结构如图 3-2 和图 3-3 所示。

结合图 3-1 至图 3-3 可以看出：爆破荷载作用对砂岩表观面貌及细观结构均产生显著影响。对比三者表观面貌可知未损伤试件的表面光滑平整，不存在明显的孔隙裂纹。振动损伤试件表面残留部分爆炸作用残留物，但未产生明显裂隙，且表面较为光滑，说明振动损伤作用对试件表观面貌的损伤较小，试件仍能保持完整性。爆破损伤试件上表面产生明显炸痕，爆炸痕迹两侧表面残留部分爆炸物，导爆索粘贴位置处产生爆炸，爆破荷载作用下爆破点处试件产生缺失，对试件造成较为直观的损伤，其损伤程度较高，说明距离爆破点越

(a) 表观面貌

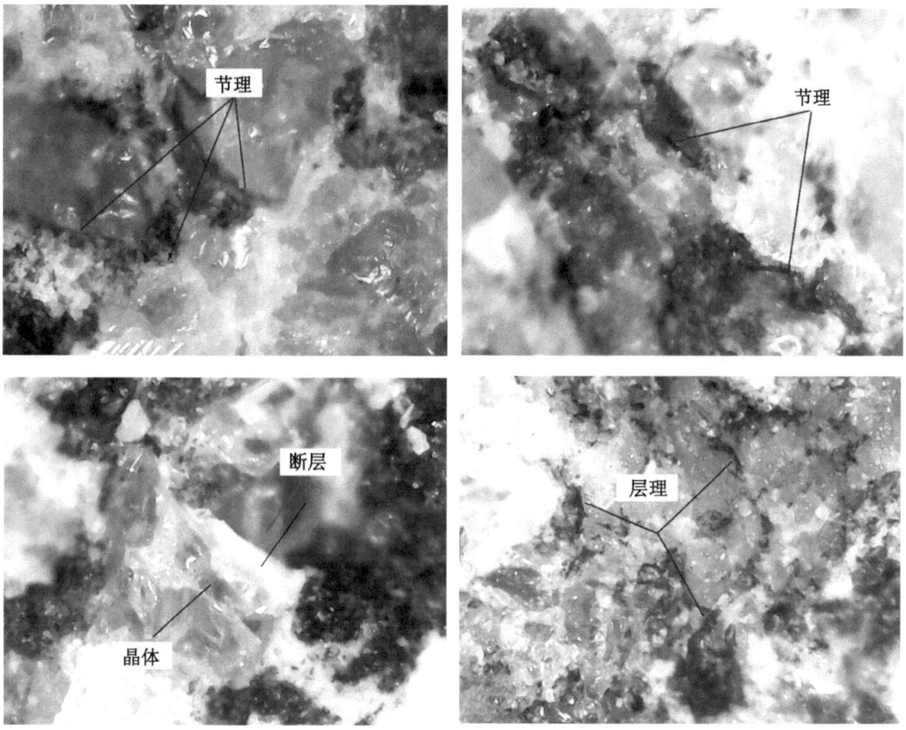

(b) 细观结构

图 3-2　振动损伤试件的表观面貌和细观结构

(a) 表观面貌

图 3-3　爆破损伤试件的表观面貌和细观结构

(b) 细观结构

图 3-3 （续）

近，爆破荷载对试件造成损伤的程度越高。

对比三者微观结构变化可知未损伤试件细观结构整体较为规整，但是岩石表面存在大量层理，且表面较为晶莹剔透，这与砂岩的成形密切相关，砂岩是一种沉积岩，由各种沙粒胶结而成，沙粒之间材质的不同使得试件表面存在显著层理，而沙粒中含有的大量石英与长石使得其细观部分表面晶莹剔透。同时结构构造使试件自身仍存在少量原生孔隙与裂纹，但量较少。振动损伤区试件的表观面貌变化较小，但是在细观结构上试件产生部分节理与断层，尽管爆破荷载没有直接作用于试件振动损伤区，但是爆炸应力波在向周围传播过程中对振动区岩体产生拉伸、剪切及压缩作用。由于岩石自身结构的不均匀性使之存在原生裂隙等结构薄弱面，当应力波产生应力大于试件所能承受的应力时，在结构薄弱面处试件原生裂纹扩展并伴随着新生裂隙的产生，由于应力波所携带能量较少，因此振动损伤区仅存在细观层次上的节理及断层，在宏观结构上现象不明显。爆破损伤区试件表观面貌上产生巨大破坏，沿导爆索下部岩体破坏，结合试件细观结构也可以看出破坏区范围内产生的大量节理、裂纹及断层。爆破损伤区导爆索爆破瞬间产生了大量能量，作用在试件表面。爆破荷载产生的作用力远大于试件自身承载能力。岩体裂纹扩展直至岩体失去承载能力而破坏，并在爆破能量作用下碎屑飞溅，在微观结构上爆破损伤区伴随着大量的新生裂纹、孔隙及断层，试件损伤程度较高。

3.3 砂岩纵波波速及损伤度变化

3.3.1 试验原理与方案

利用超声波检测岩体损伤度是现今使用较为广泛的无损检测方法，其检测过程具有穿透力强、使用方法简单、安全性高等优点，因此在研究岩石的损伤断裂时被众多学者应用。在均质体内声波会沿一个方向向前传播，当材料内部存在裂隙、孔洞、断层等损伤时，材料变为不均质体，波在试件内部传播的过程中会产生反射、折射等现象，从而改变波的传播方式，使波的传播速度发生变化。根据已有的损伤力学理论，通过纵波波速的变化情况能够定量研究试件的损伤度。损伤因子计算公式为[131]：

$$D_b = \left(1 - \frac{v^2}{v_0^2}\right) \times 100\% \tag{3-1}$$

式中，D_b 为纵波波速的损伤因子；v_0 为初始纵波波速；v 为试块受到爆破荷载损伤作用后的纵波波速。

3.3.2 损伤因子变化

利用超声波检测装置对爆破前、爆破后不同损伤度的试样的纵波波速进行测量，并按式(3-1)计算得到相应的损伤因子。不同损伤区域内砂岩的纵波波速及损伤因子 D 见表 3-1。不同损伤度的试件的纵波波速及损伤因子变化情况如图 3-4 所示。

表 3-1 不同损伤度的试件的纵波波速

试件编号	高度/mm	直径/mm	状态	纵波波速/(m/s)	损伤因子 D/%
SY-1	100.21	50.00	未损伤	3 396.95	—
SY-2	100.08	50.02	未损伤	3 392.54	—
SY-3	100.11	50.04	未损伤	3 368.17	—
SY-4	99.89	50.00	未损伤	3 363.30	—
SY-5	100.05	50.12	未损伤	3 382.74	—
ZSY-1	100.27	50.23	振动损伤	3 254.89	7.31
ZSY-2	99.87	49.98	振动损伤	3 308.74	4.21
ZSY-3	99.95	49.86	振动损伤	3 265.47	6.70
ZSY-4	99.88	49.97	振动损伤	3 315.88	3.80
ZSY-5	100.00	50.10	振动损伤	3 224.74	9.02
ZSY-6	100.02	50.00	振动损伤	3 234.66	8.46
ZSY-7	99.96	49.88	振动损伤	3 288.97	5.36
ZSY-8	99.99	49.89	振动损伤	3 199.78	10.42
ZSY-9	100.02	49.97	振动损伤	3 250.24	7.57
ZSY-10	99.87	50.08	振动损伤	3 278.86	5.94
BSY-1	99.96	49.89	爆破损伤	3 189.64	10.99

表 3-1(续)

试件编号	高度/mm	直径/mm	状态	纵波波速/(m/s)	损伤因子 D/%
BSY-2	100.02	50.00	爆破损伤	3 175.24	11.84
BSY-3	100.00	50.00	爆破损伤	3 216.08	9.50
BSY-4	99.79	50.03	爆破损伤	3 047.87	18.72
BSY-5	99.87	49.96	爆破损伤	3 199.52	10.43
BSY-6	99.93	50.04	爆破损伤	3 107.56	15.51
BSY-7	100.06	49.95	爆破损伤	3 150.56	13.15
BSY-8	100.12	50.03	爆破损伤	3 048.88	18.67
BSY-9	99.87	49.98	爆破损伤	3 356.21	1.46
BSY-10	99.96	49.97	爆破损伤	3 269.89	6.45
BSY-11	100.05	50.08	爆破损伤	3 199.25	10.45
BSY-12	99.82	49.91	爆破损伤	3 144.88	13.47
BSY-13	99.91	50.08	爆破损伤	3 164.54	12.38
BSY-14	100.01	49.97	爆破损伤	3 206.78	10.03
BSY-15	99.77	49.88	爆破损伤	3 118.96	14.89

注:SY-1:SY 表示未损伤试件,1 表示试件编号为 1;ZSY-1:ZSY 表示振动损伤砂岩试件,1 表示试件编号为 1;BSY-1:BSY 表示爆破损伤砂岩试件,1 表示试件编号为 1。

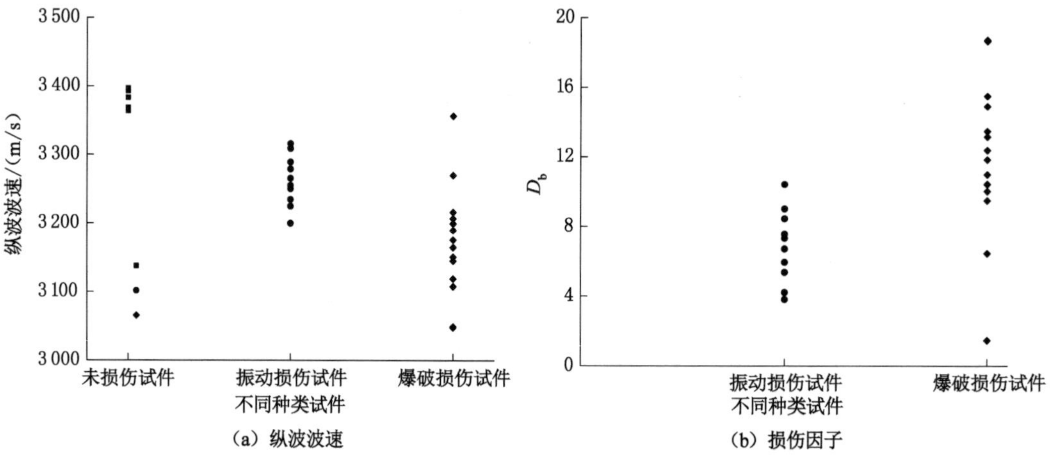

图 3-4　不同损伤度砂岩试件的纵波波速及损伤因子分布规律

结合表 3-1 和图 3-4 可知:爆破荷载作用对砂岩试件产生了明显的损伤作用,且距离爆破源不同距离的不同位置处试件的损伤度存在明显差异。未损伤砂岩试件的纵波波速平均值为 3 380.74 m/s,且此批未损伤试件的波速离散度低于 0.52%,说明砂岩试件的均质性较好。爆破荷载作用后振动损伤区及爆破损伤区的岩体的纵波波速均降低,损伤度增大,振动损伤区岩体的纵波波速在 3 199.78～3 315.88 m/s 之间,纵波波速平均值为 3 262.22 m/s,相比未损伤岩体的降幅为 3.50%,损伤因子在 3.80%～10.42%之间,平均值为 6.88%。爆破损伤区岩体的纵波波速在 3 047.87～3 356.21 m/s 之间，纵波波速平均值为 3 173.06 m/s，相比未损伤岩体的降幅为 6.14%，损伤因子在 1.46%～18.72%之间，平均值为 11.86%，是振动损伤岩体的 1.72 倍，说明爆破对砂岩板材造成损伤，且距离爆破点越近，试件损伤度越高。

由图 2-6 可直观看出：粘贴导爆索位置处的爆破损伤区试件表面出现明显的爆炸痕迹，且痕迹周边岩体因导爆索作用而“变黑”；振动损伤区试件表面无明显爆破损伤，但是在炸药作用下其表面仍“变黑”；未损伤试件整体较为规整。爆破损伤区不仅试件外表面产生破坏，其内部结构也伴随着裂纹的扩展，超声波在均质材料传输过程中会沿直线传播，而当材料内部存在裂隙时波会在孔隙处产生反射、折射，从而改变波的传播路径，增大波的传播距离，波的传播速度随之降低。在振动、爆破损伤区试件内部均会产生损伤，且爆破损伤区岩体的损伤度会高于振动损伤区的，试件内部伴随着原生裂隙的扩展及新生裂纹的产生，裂隙的增多使得波的传递过程更加“曲折”，传播速度随之降低，试件损伤度随之增大，整体性减弱。

3.4 砂岩孔隙率及损伤度变化

3.4.1 试验原理与方案

测量岩石材料内部孔隙结构的方法有很多，核磁共振成像技术能够在无损条件下测量试件内部孔隙结构变化而被广泛应用，其主要应用原理是通过原子核产生磁场磁化，根据射频响应变化规律来获取岩石内部流体分布情况。当外部磁场存在时，原子核受磁场影响使其自转方向与磁场一致，二者相互作用便产生了一个可以测量的信号[132-135]。

砂岩作为多孔介质材料，其内部孔隙结构及在荷载作用下的演化过程是其细观结构研究的一个重要内容，也是影响其宏观力学性能的基础。通过核磁共振技术能够较为准确地获取砂岩的孔隙率和孔径分布规律。在岩石孔隙流体弛豫机制中主要包括表面流体弛豫机制、分子自扩散弛豫机制及自由流体弛豫机制三种，而对于一般流体，多孔岩石流体中自身的弛豫相比表面弛豫较小，可忽略不计，因此只需计算岩石与流体之间接触面的表面弛豫，孔隙中流体的横向弛豫速率 $1/T_2$ 可表示为：

$$\frac{1}{T_2}=\rho\left(\frac{S}{V}\right)_{\text{孔隙}} \tag{3-2}$$

式中，T_2 为横向弛豫时间，ms；ρ 为横向表面弛豫强度，μm/ms；$\frac{S}{V}$为孔隙比面积，μm^{-1}。

岩石的横向弛豫时间由孔隙比面积决定，当岩石内部孔隙能够简化成球状、柱状管道孔隙结构时，式(3-2)中的 T_2 可进一步转化为与孔隙半径之间的关系式：

$$\frac{1}{T_2}=\frac{\rho}{r}F_s \tag{3-3}$$

式中，r 为孔隙半径，μm；F_s 为几何形状因子(球状 $F_s=3$，柱状 $F_s=2$)。

因此，T_2 谱反映了岩样的孔隙大小和孔径分布，孔径与谱峰的位置有关，对应孔径的孔隙数量与峰面积有关。

3.4.2 爆破荷载损伤试件孔隙率变化

为了探究爆破荷载作用下砂岩内部孔隙结构的变化规律，利用核磁共振仪对未损伤试件、振动损伤试件及爆破损伤试件内部孔隙结构进行测试，从而揭示爆破荷载损伤对砂岩试件内部孔隙结构的影响规律。分别选取 3 种不同试件的 5 个试样进行试验，试验前利用真空饱水装置对试件进行饱水处理，装置如图 3-5 所示。将真空饱水箱内的压力调至 0.1 MPa，水箱内液面高于试件 2 cm，真空饱水 24 h 使试件达到完全饱水状态，饱水试验结束后对试件孔隙结构进行测量。

图 3-5 真空饱水装置

采用由苏州纽迈分析仪器股份有限公司生产的 MesoMR23-060V-1 型核磁共振仪，其主要技术指标为：① 探头线圈直径为 25 mm、60 mm；② 磁场类型为永久磁；③ 磁场强度为(0.5±0.08) T；④ 磁体温度为(32±0.01) ℃；⑤ 仪器的主频率为 21.3 MHz，试验装置如图 3-6 所示。

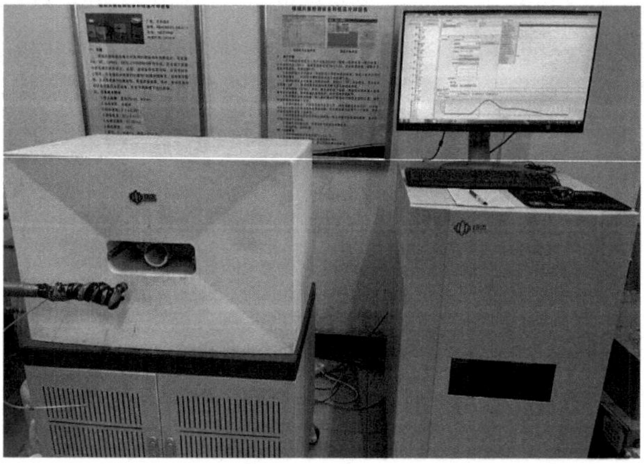

图 3-6 核磁共振检测装置

由于该设备的检测高度仅为 60 mm，所选用试件的高度为 100 mm，且爆破损伤试件上表面所承受的损伤程度高于下表面的，同时为了更好地比较距爆破源不同距离处的试件孔隙结构变化情况，对同一试件进行上下表面两次检测，单个试件检测方法如图 3-7 所示。

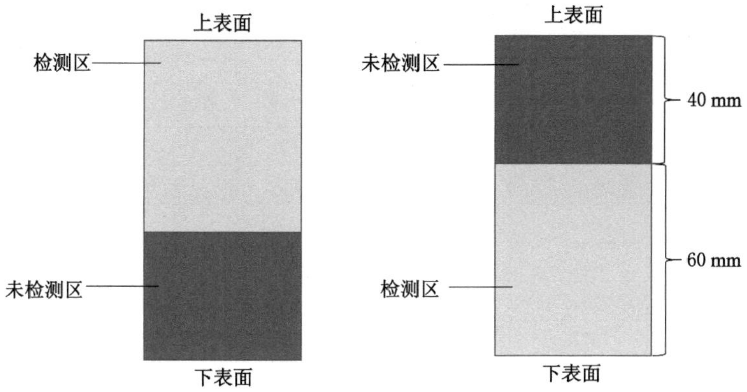

(a) 第一次检测　(b) 第二次检测

图 3-7　试件检测方法

核磁共振检测出的 T_2 谱曲线值代表岩石试件内部存在的孔隙直径和孔隙数量，未损伤试件、振动损伤试件及爆破损伤试件在第一次检测下的 T_2 谱曲线变化规律如图 3-8 所示，不同损伤程度试件的 T_2 谱曲线双峰面积及占比见表 3-2。

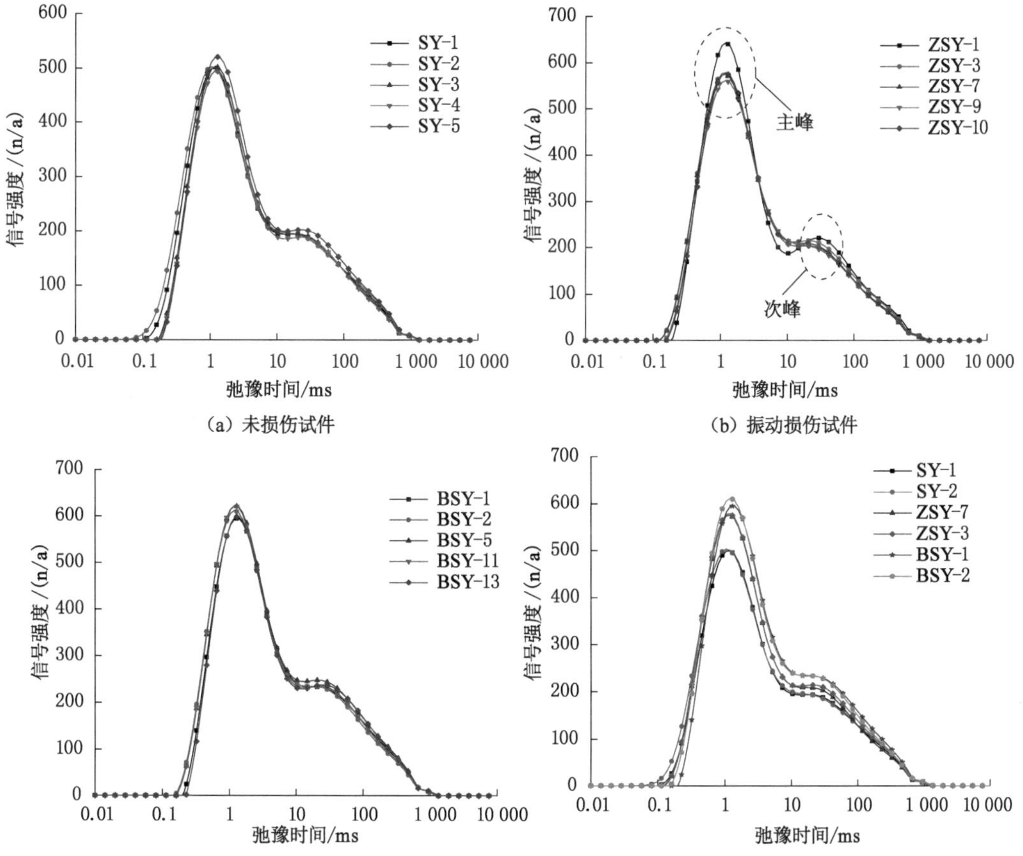

(a) 未损伤试件　(b) 振动损伤试件

(c) 爆破损伤试件　(d) 三种不同试件的比较

图 3-8　试件的 T_2 谱曲线

表 3-2　不同损伤程度试件 T_2 谱曲线双峰面积

试件编号	T_2 谱总面积	主峰			次峰		
		峰值/(n/a)	相对面积	占比/%	峰值/(n/a)	相对面积	占比/%
SY-1	54 924.52	499.32	585.84	73.79	194.57	208.13	26.21
SY-2	56 692.65	502.72	612.60	74.52	196.94	209.47	25.48
SY-3	54 056.35	504.41	574.18	74.04	194.57	201.31	25.96
SY-4	52 808.55	495.76	553.78	73.15	187.78	203.31	26.85
SY-5	61 658.16	521.73	581.24	72.01	203.40	225.98	27.99
ZSY-1	64 072.17	642.56	666.26	73.62	221.25	238.75	26.38
ZSY-3	59 682.27	578.78	672.59	75.19	215.51	221.97	24.81
ZSY-7	54 259.45	575.61	661.22	75.50	208.77	214.52	24.50
ZSY-9	56 758.58	561.54	642.32	75.03	203.82	213.75	24.97
ZSY-10	56 728.86	577.99	651.45	75.71	203.03	208.98	24.29
BSY-1	67 644.46	595.42	663.60	72.26	233.73	254.78	27.74
BSY-2	62 778.28	612.85	698.65	74.00	234.52	245.44	26.00
BSY-5	71 280.69	622.75	707.96	72.40	247.79	269.82	27.60
BSY-11	64 849.74	621.89	692.07	72.70	235.31	259.87	27.30
BSY-13	69 422.66	598.78	632.56	69.49	237.89	277.77	30.51

注：SY-1：SY 表示未损伤试件，1 表示试件编号为 1；ZSY-1：ZSY 表示振动损伤砂岩试件，1 表示试件编号为 1；BSY-1：BSY 表示爆破损伤砂岩试件，1 表示试件编号为 1。

结合表 3-2 和图 3-8 可以看出此批试件 T_2 谱曲线分布情况相近，也说明此批砂岩试件的性质接近，试件的整体离散性较弱。试件 T_2 谱曲线均呈现双峰型，且第 1 峰主峰信号的强度远高于次峰的，且主峰相对面积占比为 75%左右，也显著高于次峰的，说明此弛豫时间段对应的孔隙数量较多。由图 3-8(a)所示 5 个未损伤试件的 T_2 谱曲线可知试件的弛豫时间在 0.062～1 282.54 ms 之间，主峰信号强度在 495.76～521.73 n/a 之间，次峰信号强度在 187.78～203.40 n/a 之间，且曲线的整体相似程度较高，说明不同的未损伤试件之间的差别较小。图 3-8(b)中振动损伤试件的 T_2 谱曲线的弛豫时间在 0.115～1 266.48 ms 之间，主峰信号强度在 561.54～642.56 n/a 之间，峰值强度平均值是未损伤试件的 1.16 倍，次峰信号强度在 203.03～221.25 n/a 之间，峰值强度平均值是未损伤试件的 1.08 倍，说明振动损伤作用对试件产生了破坏，试件内部孔隙数量明显高于未损伤试件的，且试件的 ZSY-1 曲线与其余曲线存在显著差异性，说明振动损伤荷载对爆破周围岩体造成不同程度的损伤。图 3-8(c)中爆破损伤试件 T_2 谱曲线的弛豫时间在 0.153～1 266.48 ms 之间，主峰信号强度在 595.42～622.75 n/a 之间，峰值强度平均值是未损伤试件的 1.21 倍，次峰信号强度在 233.73～247.79 n/a 之间，峰值强度平均值是未损伤试件的 1.22 倍，说明爆破损伤作用对试件孔隙结构变化的影响程度更高，试件内部孔隙数量明显高于未损伤试件及振动损伤试件的，爆破损伤荷载直接作用于岩石表面，在宏观结构上造成岩石表面的缺失与破坏，在细观结构上不仅在试件损伤面上形成大量裂隙与断层，还显著增大了试件内部孔隙数量和孔隙率，在图 3-8(d)中对比三种不同试件曲线能够更直观看出试件信号强度由大到小顺序为爆破损伤试件、振动损伤试件、未损伤试件。

为进一步定量描述爆破荷载对砂岩孔隙率变化的影响规律，对不同损伤试件和不同检测次数时试件的孔隙率进行计算，并结合现有研究成果根据砂岩内部孔隙直径将试件内部孔隙划分为大孔（>10 μm）、中孔（1～10 μm）、小孔（0.1～1.0 μm）和微孔（<0.1 μm），其中不同检测时的试件孔隙率及孔隙结构变化情况见表 3-3。同一试件两次不同检测时其内部孔隙结构变化如图 3-9 所示。

表 3-3 爆破荷载作用下试件孔隙率及孔隙结构变化规律

试件编号	检测次数/次	孔隙率/%	微孔占比/%	小孔占比/%	中孔占比/%	大孔占比/%
SY-1	1	7.46	61.86	24.45	12.99	0.70
	2	7.67	61.37	24.24	13.55	0.84
SY-2	1	7.70	62.79	23.71	12.78	0.72
	2	7.52	60.91	24.40	13.79	0.90
SY-3	1	7.28	60.86	25.35	13.06	0.73
	2	7.25	59.40	26.01	13.83	0.76
SY-4	1	7.12	60.85	25.23	13.20	0.72
	2	7.10	59.51	26.09	13.67	0.73
SY-5	1	7.64	59.59	25.48	14.06	0.87
	2	7.54	59.77	25.56	13.83	0.84
ZSY-1	1	8.33	63.32	22.82	13.03	0.83
	2	8.04	62.89	22.99	13.25	0.87
ZSY-3	1	8.33	62.75	24.06	12.51	0.68
	2	8.04	62.52	24.33	12.46	0.69
ZSY-7	1	8.14	63.55	24.15	11.69	0.61
	2	7.94	63.30	24.43	11.65	0.62
ZSY-9	1	8.00	62.67	24.52	12.07	0.74
	2	7.82	62.78	24.53	11.96	0.73
ZSY-10	1	8.01	63.05	24.14	12.08	0.73
	2	7.67	62.99	24.41	11.88	0.72
BSY-1	1	8.70	59.31	26.12	13.80	0.77
	2	8.40	59.40	26.04	13.75	0.81
BSY-2	1	8.89	61.56	25.19	12.60	0.65
	2	8.62	61.51	25.46	12.39	0.64
BSY-5	1	9.30	59.99	25.54	13.71	0.76
	2	8.60	62.11	24.79	12.44	0.66
BSY-11	1	8.97	61.29	24.99	13.05	0.67
	2	7.33	61.65	24.89	12.78	0.68
BSY-13	1	8.62	58.53	26.10	14.58	0.79
	2	8.24	58.77	26.06	14.36	0.81

注：SY-1：SY 表示未损伤试件，1 表示试件编号为 1；ZSY-1：ZSY 表示振动损伤砂岩试件，1 表示试件编号为 1；BSY-1：BSY 表示爆破损伤砂岩试件，1 表示试件编号为 1。

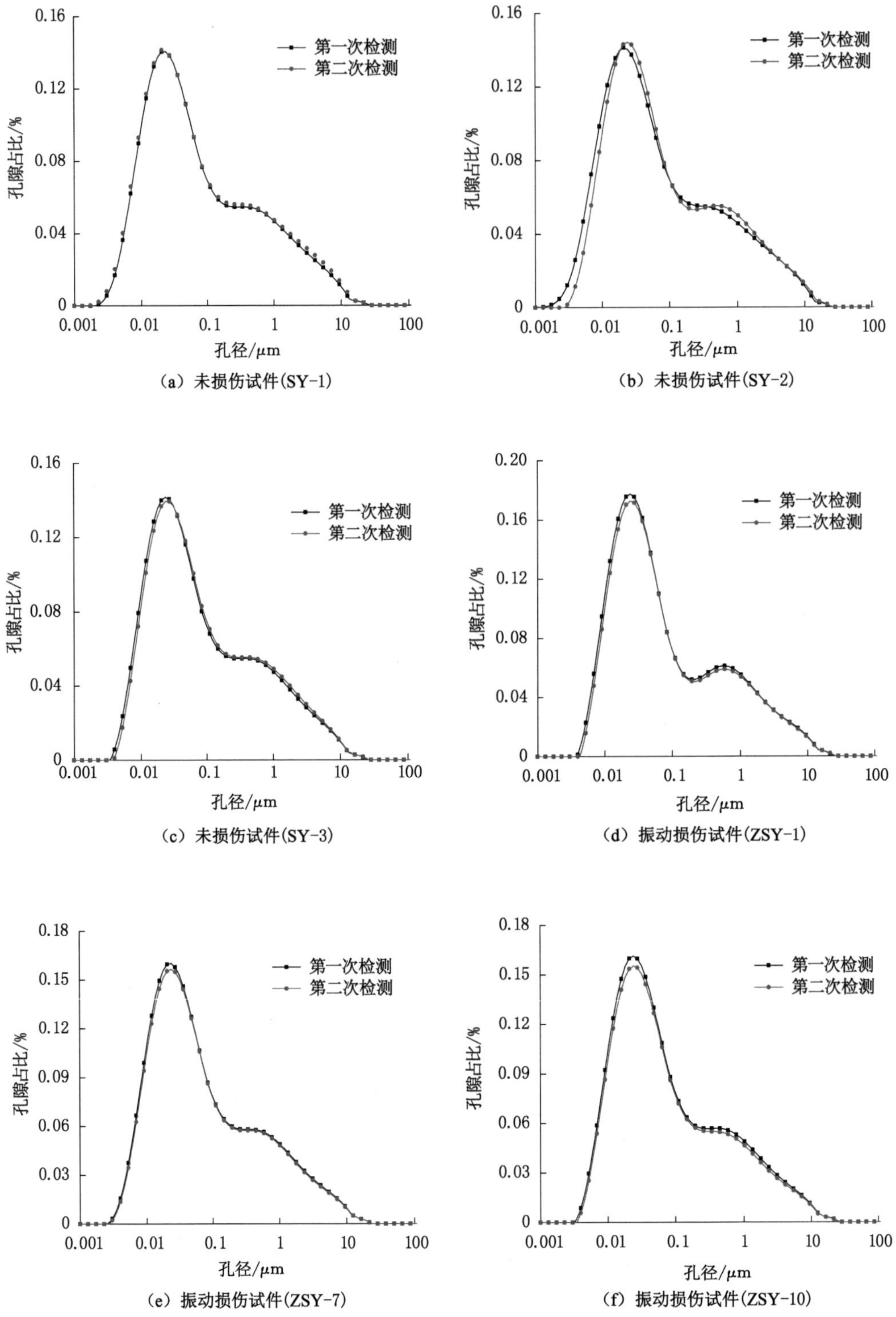

(a) 未损伤试件(SY-1)
(b) 未损伤试件(SY-2)
(c) 未损伤试件(SY-3)
(d) 振动损伤试件(ZSY-1)
(e) 振动损伤试件(ZSY-7)
(f) 振动损伤试件(ZSY-10)

图 3-9　不同损伤试件两次检测时内部孔隙结构

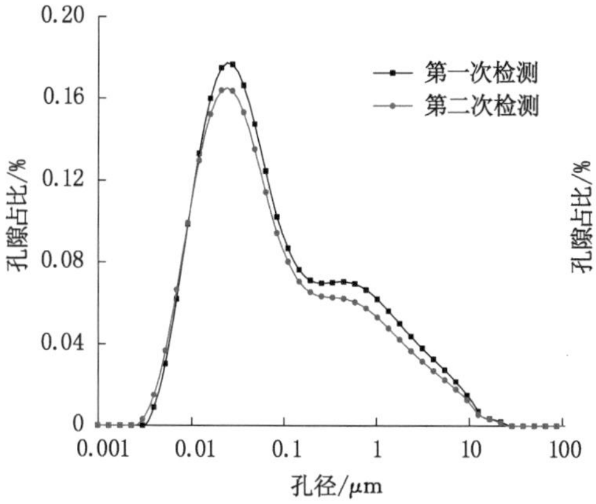

(g) 爆破损伤试件(BSY-1)

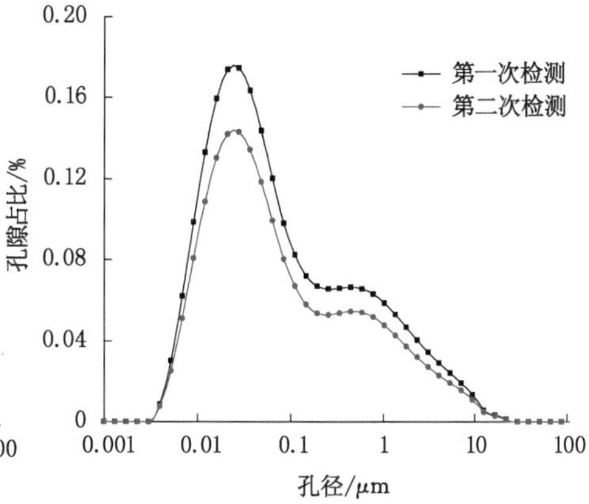

(h) 爆破损伤试件(BSY-11)

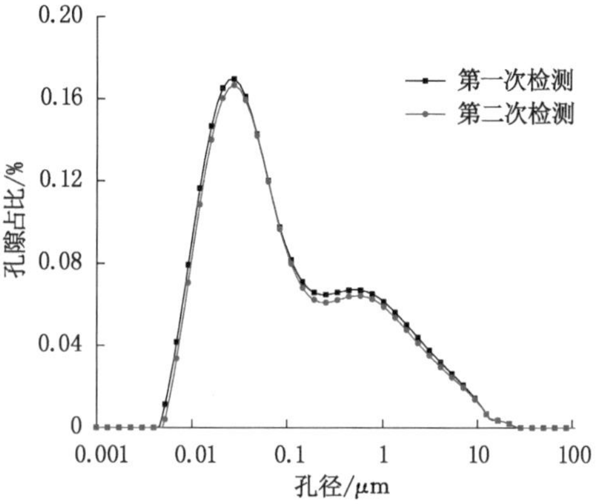

(i) 爆破损伤试件(BSY-3)

图 3-9 (续)

结合表 3-3 和图 3-9 可知:同一未损伤试件在两次核磁共振检测结果中其孔隙率差幅极小,SY-1～SY-5 试件中两次检测孔隙率最大差幅为 0.21%,且两次检测中试件内部孔隙结构相似,说明此批岩样试件的均质性较好,内部孔隙结构变化幅度较小,这也极大地降低了试件离散性给试验结果带来误差的影响。振动损伤试件在两次检测中两端孔隙率差值显著增大,最大差幅为 0.34%,且在距爆破荷载作用近端孔隙率大于远端的,尽管爆破荷载并没有直接作用于振动损伤试件表面,但爆炸应力波在试件内部传输过程中仍对试件内部结构造成损伤,其细观结构上表现为孔隙率的增大,且随着应力波传播距离的增大,应力波对试件造成损伤的程度也随之降低,孔隙率增幅降低。爆破损伤试件在两次检测中孔隙率差值最大,5 组试件中孔隙率的最大差值为 1.64%,平均差值为 0.66%,在爆破荷载作用近端区域试件孔径分布曲线明显高于远端的,结合试件宏观破坏图可知爆破荷载直接作用区内不仅会造成试件表面岩体的飞溅与缺失,还对损伤端内部孔隙结构同样存在巨大影响,其微观结构层面表现为孔隙率和孔径的增大,随着距爆破源距离的增大,爆破损伤作用对试件孔隙结构的影响程度显著降低。对比三种不同损伤程度时的孔隙率可知:在第一次检测情况下未损伤试件、振动损伤试件及爆破损伤试件的平均孔隙率分别为 7.44%、8.16%、8.90%,第二次检测时三者的平均孔隙率分别为 7.42%、7.90%、8.24%，爆破荷载损伤下试件的孔隙率随之增大，且距爆源近端试件的损伤程度最高，其孔隙结构变化程度最高。

为进一步对损伤试件内部孔隙结构进行定量分析，对试件内部不同孔径的孔隙占比进行了计算，其中孔径划分区间如图 3-10 所示，部分试件的孔隙分布规律如图 3-11 所示。

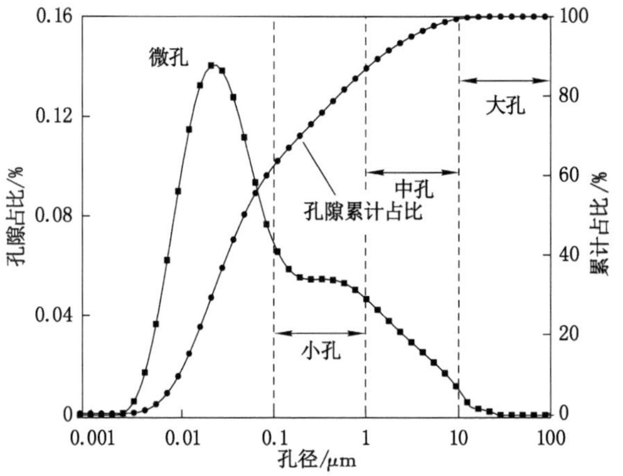

图 3-10　损伤砂岩试件内部孔隙结构划分图

结合表 3-3 及图 3-10、图 3-11 可知：试件内部孔隙结构中以微孔和小孔占比为主，所有试件中二者孔隙占比均在 84%以上，由于砂岩在沉积成岩过程中矿物颗粒之间的相互黏结作用下会形成原生裂隙，且原生裂隙以微孔、小孔为主。在爆破荷载作用后振动损伤试件及爆破损伤试件各孔径分布规律与未损伤试件相近，试件内部孔隙结构分布依然以微孔和小孔为主，尽管试件总孔隙率有所增大，但是在爆破荷载作用损伤下试件内部不同孔径的孔隙数量均有所增加，因此各孔径孔隙占比变化不大。从图 3-11(d)所示 3 种不同试件孔隙分布结构可以看出爆破荷载损伤后试件孔隙结构会产生一定变化。相比未损伤试件，振动损伤区试件微孔占比有所增大，小孔、中孔及大孔占比均降低，结合其孔隙率变化情况可知在振动荷载作用下，应力波在试件内部传播过程中会对试件内部结构造成损伤，具体表现形式为原生裂隙的扩展与新生裂隙的产生，但是由于振动荷载作用下应力波所携带能量较低，因此仅在微观结构上对试件造成轻微损伤，孔隙率的增大的主要表现形式为微孔数量的增加，对其余孔隙造成的影响较小，因此试件内部微孔占比随之增大，而其余孔隙占比相对减小。爆破损伤区试件微孔占比降低，而小孔、中孔及大孔占比有所增大，爆破荷载直接作用于试件表面对试件造成的损伤程度更高，其宏观表现为爆破面处试件的缺损，细观结构上表现为孔隙率的显著增大及小孔、中孔及大孔占比的增大。这是由于爆炸荷载能量较高，使试件内部孔隙结构扩张，且内部裂隙扩展宽度较大，试件内部各孔隙结构均有一定增加，但是中孔及大孔的增加幅度大于微孔的，因此试件内部的小孔、中孔及大孔占比有所增大，而微孔占比减小。

3.4.3　基于孔隙率变化的试件损伤度变化

L. Kachanov 曾经提出连续度 ψ 来描述材料逐渐衰变损伤的过程，其计算公式为[136]：

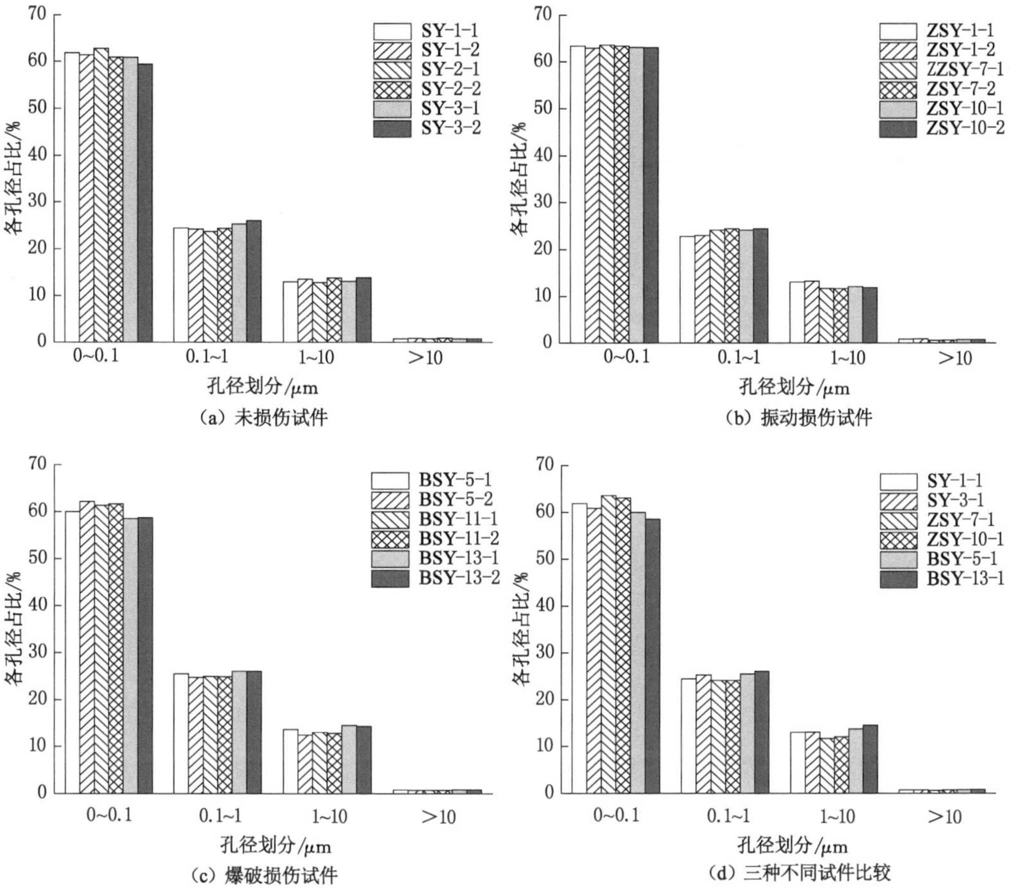

图 3-11 部分试件孔隙分布结构图

$$\psi = \frac{\tilde{\tilde{A}}}{A} \tag{3-4}$$

式中，A 为试件损伤前的横截面面积；$\tilde{\tilde{A}}$ 为试件损伤后的有效承载面积。

采用核磁共振检测方法能够测得岩体的孔隙率，其中爆破荷载损伤作用前岩样孔隙率为 n_0，在承受爆破荷载作用后岩样孔隙率为 n，假设岩样在爆破荷载损伤前后试件的总体积保持一定值 V_0，则有：

$$V = V_0(1 - n_0) \tag{3-5}$$

$$\tilde{\tilde{V}} = V_0(1 - n) \tag{3-6}$$

式中，V 为爆破损伤前岩体颗粒所占岩样体积；$\tilde{\tilde{V}}$ 为爆破损伤后岩体颗粒所占岩样体积。

将爆破荷载损伤前后的岩体体积变化与连续度 ψ 相结合可获取二者的关系式：

$$\psi = \frac{\tilde{\tilde{V}}}{V} = \frac{V_0(1 - n)}{V_0(1 - n_0)} \tag{3-7}$$

Y. N. Robotnov[137] 在研究岩体本构方程时曾提出相应的损伤变量 D。

$$D = 1 - \psi \tag{3-8}$$

式中，D 为标量，$D=0$ 时为岩样初始无损状态，$D=1$ 时为岩样发生完全损伤状态。

根据式(3-7)和式(3-8)能够得出爆破荷载损伤前后岩样孔隙率与损伤度之间的关系式。

$$D_k = 1 - \frac{\tilde{\tilde{V}}}{V} = \left(1 - \frac{1-n}{1-n_0}\right) \times 100\% \tag{3-9}$$

将爆破荷载损伤后砂岩试件孔隙率变化引入式(3-9)表征试件损伤度，取未损伤试件孔隙率平均值为砂岩试件自身孔隙率，则不同爆破损伤试件损伤度变化规律见表 3-4。

表 3-4 基于孔隙率试件损伤度变化规律

试件编号	检测次数/次	孔隙率/%	未损伤试件孔隙率平均值/%	D_k
ZSY-1	1	8.33	7.44	0.96
ZSY-3	1	8.33		0.96
ZSY-7	1	8.14		0.76
ZSY-9	1	8.00		0.61
ZSY-10	1	8.01		0.62
BSY-1	1	8.70		1.36
BSY-2	1	8.89		1.57
BSY-5	1	9.30		2.01
BSY-11	1	8.97		1.65
BSY-13	1	8.62		1.27

注：ZSY-1：ZSY 表示振动损伤砂岩试件，1 表示试件编号为 1；BSY-1：BSY 表示爆破损伤砂岩试件，1 表示试件编号为 1。

由表 3-4 和图 3-12 可知：基于孔隙率变化所计算出试件不同位置处的损伤度存在差异，振动损伤试件的损伤度在 0.61%～0.96%之间，爆破损伤试件的损伤度在 1.27%～2.01%之间，爆破荷载损伤试件的损伤度明显大于振动损伤试件的，爆破荷载作用下会改变试件的内部孔隙结构，造成试件裂隙数量及宽度的增大，且距爆源越近处的岩体孔隙结构变化越显著。

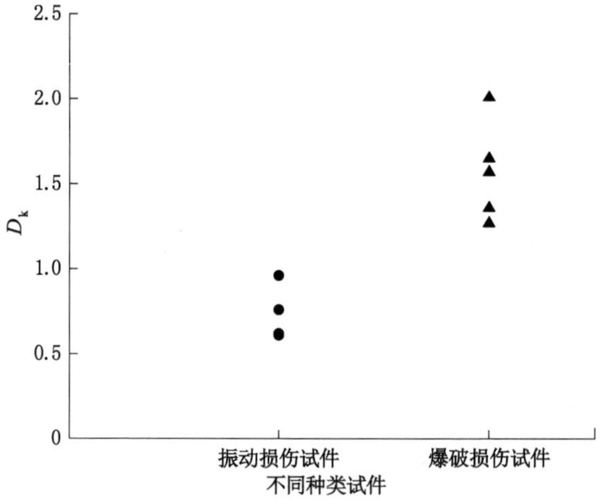

图 3-12 基于孔隙率变化的试件损伤度变化规律

3.5 砂岩峰值强度及损伤度变化规律

在宏观力学方面同样能够利用岩体弹性模量、屈服应力、峰值应力、拉伸强度、延伸率等物理力学性能参数的变化表征岩体损伤度。通常损伤度可用两种宏观物理量表示[138]：

$$D_\sigma = \frac{\sigma_i - \sigma}{\sigma_i} = 1 - \frac{\sigma}{\sigma_i} \tag{3-10}$$

$$D_E = \frac{E - E_i}{E} = 1 - \frac{E_i}{E} \tag{3-11}$$

式中，σ_i、σ 为岩体的真实应力与等效应力；E、E_i 为岩体初始弹性模量和损伤后的弹性模量。

研究采用三轴试验系统装置对爆破损伤砂岩试件开展不同围压作用下的三轴加载试验，并基于试件强度变化定义其自身损伤度 D_σ，不同围压作用下试件损伤度变化规律如图 3-13 所示。

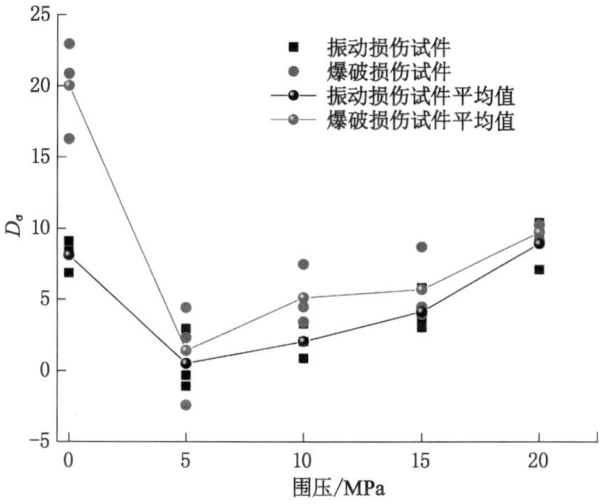

图 3-13　不同围压作用下试件损伤度变化规律

由图 3-13 可知无围压作用下爆破荷载损伤后试件应力产生损伤，振动损伤区试件的单轴应力损伤度在 6.84%～9.08%之间，平均应力损伤度为 8.09%，爆破损伤区试件的单轴应力损伤度在 16.27%～22.94%之间，平均应力损伤度为 20.03%，爆破荷载作用后会对周围岩体强度产生损伤，且爆破区试件的损伤度远高于振动区的。随着围压的增大，试件应力损伤度均先迅速降低后小幅度增大。爆破损伤试件的应力损伤度始终高于振动损伤试件的，这也说明距爆源近的岩石的损伤度要高于距爆源远的岩石的。围压从 0 MPa 增大至 5 MPa 时爆破损伤试件的应力损伤度平均值从 20.03%降至 1.42%，振动损伤试件的应力损伤度平均值从 8.09%降至 0.51%，说明围压作用大幅度降低了爆破荷载对岩体应力所造成的损伤度，随着围压的继续增大，试件应力损伤度有所增大，但增幅整体较小，且振动损伤试件与爆破损伤试件二者间的应力损伤度差别较小。核磁共振检测结果表明爆破荷载损伤后试件孔隙率有所增大，且从宏观上可以看出爆破损伤会对试件产生明显的“炸痕”，微观层面处试件自身节理、裂隙及断层不断增加，当试件自身不存在围压作用时，外荷载作用下损伤试件会沿结构薄弱面(节理、裂隙、断层)迅速产生破坏,爆破荷载作用下所形成的新生裂隙会在轴压下很快扩展,裂隙间相互贯通直至试件宏观破坏而失去承载能力。围压作用下试件自身原生裂隙会闭合,尽管爆破损伤增大试件的孔隙率,但轴压作用会使损伤试件的孔隙率降幅增大,从而提高试件整体性,降低了爆破荷载对试件所产生损伤的影响程度。但是爆破损伤所产生的断层等不可逆损伤对试件仍存在影响,从而使其承载能力劣化。

对比三种不同表征试件的损伤度变化的方法及试验结果可知:纵波波速及强度表征损伤度时两种损伤度较接近,而利用试件孔隙率变化规律计算得到的试件损伤度远小于以上两种的,对于不同围压作用下试件损伤度变化情况采用强度表征方法更为简便且准确,因此本书后续采用应力宏观表征方式来定量研究爆破荷载所造成的砂岩试件损伤度。

3.6 本章小结

本章利用爆破荷载对岩石进行致损,采用 NN-4B 非金属超声检测分析仪、拜斯特电子数码显微镜及核磁共振成像技术对不同损伤程度爆破砂岩的损伤度进行定量分析,结果表明:

(1) 爆破荷载对砂岩试件产生了明显的损伤作用,未损伤砂岩试件的纵波波速平均值为 3 380.74 m/s,振动损伤区岩体的纵波波速在 3 199.78～3 315.88 m/s 之间,纵波波速平均值为 3 262.22 m/s,相比未损伤岩体的降幅为 3.50%,爆破损伤区岩体纵波波速平均值为 3 173.06 m/s,相比未损伤岩体的降幅为 6.14%,爆破作用对砂岩板材造成损伤,且距离爆破点位置越近,试件损伤度越高。

(2) 未损伤砂岩试件的宏观表观面貌较为光滑平整,微观结构层次上整体上较为规整;振动损伤区试件的表观面貌变化较小,但是在细观结构上试件产生部分节理与断层;爆破损伤区试件表观面貌上产生巨大破坏,沿导爆索下部岩体破坏,结合试件细观结构也可以看出破坏区范围内产生了大量节理、裂纹及断层。

(3) 爆破荷载损伤下试件孔隙率随之增大,且爆源近端试件的损伤度最大,其孔隙结构变化程度最高。砂岩试件的原生孔隙以微孔、小孔为主,爆破荷载作用下试件微孔占比降低,而小孔、中孔及大孔的占比有所增大。

(4) 单轴压缩荷载作用下振动损伤区试件的强度平均劣化度为 8.09%,爆破损伤区试件的平均抗压强度劣化度为 20.03%,围压从 0 MPa 增大至 5 MPa 时爆破损伤试件的劣化度平均值从 20.03%降至 1.42%,振动损伤试件劣化度平均值从 8.09%降至 0.51%,说明围压作用大幅度降低了爆破荷载对岩体应力所造成的劣化程度,随着围压的继续增大,试件劣化度小幅度上升。采用强度表征方法定量描述爆破荷载作用下的试件损伤度更为简便且准确。

4　应力作用下爆破损伤区的变形破坏机理

开采厚硬顶板的煤层，采后顶板不垮落[139-145]。随着工作面的推进，采空区悬露顶面积不断扩大；随着悬露长度不断增大，顶板在某一时刻垮落时极易形成飓风和冲击波，造成人员伤亡和设备损坏[146-150]。深孔爆破能够有效弱化厚硬顶板，破坏顶板的完整性，使厚硬顶板成为可冒落顶板的同时提高冒落矸石的破碎效果，利用岩石的碎胀性尽可能充满采空区，形成矸石垫层，从而降低顶板垮落时的冲击强度，大幅度减小有害气体的积存空间，降低因顶板垮落而造成的瓦斯瞬间涌出以及大面积顶板垮落时形成冲击地压的可能性，达到随采随落的目的[151-162]。因此针对爆破弱化顶板开展理论研究及模型试验研究，对爆破弱化厚硬顶板的定量分析和工程现场爆破方案设计的优化具有重要意义。

4.1　初次来压前基于弹性地基的坚硬顶板力学特性分析

4.1.1　岩梁各区段挠度方程的解

全弹性地基支承的坚硬顶板初次破断前的岩层结构和荷载状况半结构模型如图 4-1 所示。图 4-1 中$(-\infty,0]$，$[0,l]$和$[l,l+L]$区段岩层结构的隔离体如图 4-2 所示，其中图 4-2(a)、图 4-2(b)为分布荷载$F_2(x)$作用下的半无限长弹性地基梁和$F_1(x)$作用下的有限长弹性地基梁；图 4-2(c)右端为定向支承，根据结构力学，相应于定向支承的边界条件为梁端转角$y'(l+L)=0$，剪力$Q(l+L)=0$，弯矩$M(l+L)\neq0$(未知量)。记$(-\infty,0]$，$[0,l]$，$[l,l+L_k]$和$[l+L_k,l+L]$区段的岩梁挠度分别为$y_2(x)$、$y_{21}(x)$、$y_{11}(x)$、$y_{12}(x)$。

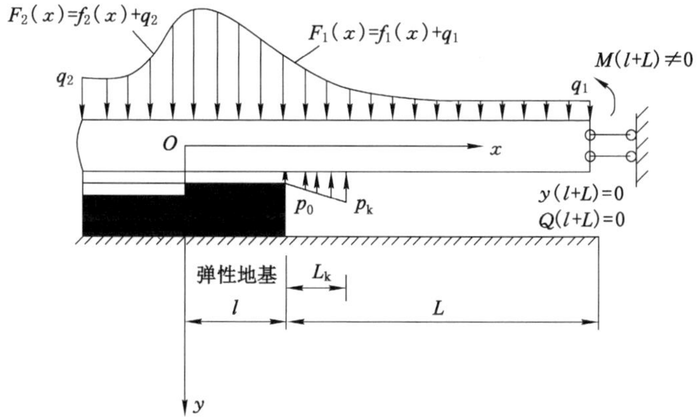

图 4-1　半结构模型

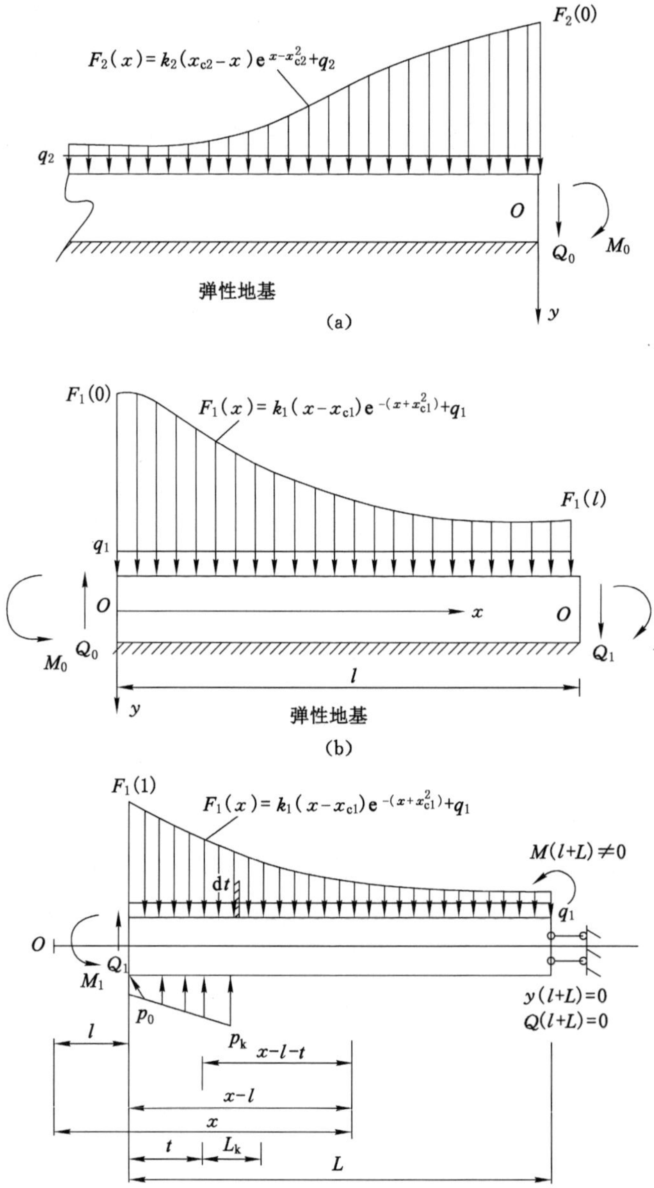

图 4-2　岩层结构的隔离体

需要指出的是，岩梁微段 dx 的挠度微分方程与边界条件无关，图 4-2(a)和图 4-2(b)中岩梁微段 dx 的挠度微分方程积分 4 次后得到的$(-\infty,0]$和$[0,l]$区段的弹性地基梁挠度方程为：

$$y_2(x)=e^{\beta x}[d_1\cos(\beta x)+d_2\sin(\beta x)]+\frac{q_2}{4\beta^4 EI}+\frac{k_2}{EI}\cdot\frac{x_{c2}^5}{1+4\beta^4 x_{c2}^4}\left(\frac{x_{c2}-x}{x_{c2}}+\frac{4}{1+4\beta^4 x_{c2}^4}\right)e^{\frac{x-x_{c2}}{x_{c2}}} \tag{4-1}$$

$$y_{21}(x)=d_3\sin(\beta x)\sin(h\beta x)+d_4\sin(\beta x)\cos(h\beta x)+d_5\cos(\beta x)\sin(h\beta x)+d_6\cos(\beta x)\cos(h\beta x)+\frac{q_1}{4\beta^4 EI}+\frac{k_1}{EI}\frac{x_{c1}^4}{4\beta^4 x_{c1}^4}\cdot\left(x+x_{c1}+\frac{4x_{c1}^4}{1+4\beta^4 x_{c1}^4}\right)e^{-\frac{x+x_{c1}}{x_{c1}}} \tag{4-2}$$

从图 4-2(c)所示岩梁左端起写出的弯矩方程积分 2 次后得到的$[l,l+L_k]$和$[l+L_k,l+L]$区段的岩梁挠度方程为：

$$EIy_{11}(x)=\frac{M_1}{2}(x-l)^2-\frac{Q_1}{6}(x-l)^3+\frac{q_1}{24}(x-l)^4+k_1x_{c1}^5\left\{\left[\frac{x+x_{c1}}{x_{c1}}+4\right]e^{-\frac{x+x_{c1}}{x_{c1}}}-\left\{\left[\left(\frac{l+x_{c1}}{x_{c1}}\right)^2+2\left(\frac{l+x_{c1}}{x_{c1}}\right)+2\right]\frac{x^2}{2x_{c1}^2}e^{-\frac{l+x_{c1}}{x_{c1}}}+\frac{1}{6}\left(\frac{l+x_{c1}}{x_{c1}}+1\right)\left(\frac{x+x_{c1}}{x_{c1}}\right)^3e^{-\frac{l+x_{c1}}{x_{c1}}}-\frac{p_0\ (x-l)^4}{24}-\frac{(p_k-p_0)}{120L_k}\ (x-l)^5+c_1x+c_2\quad(l\leqslant x\leqslant l+L_k) \tag{4-3}$$

$$EIy_{12}(x)=\frac{M_1}{2}(x-l)^2-\frac{Q_1}{6}(x-l)^3+\frac{q_1}{24}(x-l)^4+k_1x_{c1}^5\left\{\left(\frac{x+x_{c1}}{x_{c1}}+4\right)e^{-\frac{x+x_{c1}}{x_{c1}}}-\left[\left(\frac{l+x_{c1}}{x_{c1}}\right)^2+2\left(\frac{l+x_{c1}}{x_{c1}}\right)+2\right]\frac{x^2}{2x_{c1}^2}e^{-\frac{l+x_{c1}}{x_{c1}}}+\frac{1}{6}\left(\frac{l+x_{c1}}{x_{c1}}+1\right)\left(\frac{x+x_{c1}}{x_{c1}}\right)^3e^{-\frac{l+x_{c1}}{x_{c1}}}\right\}-p_0L_k\left[\frac{(x-l)^3}{6}-\frac{L_k}{4}\ (x-l)^2\right]-\frac{(p_k-p_0)L_k}{2}\left[\frac{(x-l)^3}{6}-\frac{L_k\ (x-l)^2}{3}\right]+c_3x+c_4\quad(l+L_k\leqslant x\leqslant l+L) \tag{4-4}$$

但是,式(4-1)至式(4-4)中积分常数的表达形式及计算时的具体数值要根据图 4-2(c)中岩梁右端定向支座的边界条件 $y'(l+L)=0$,$Q(l+L)=0$ 全部重新计算确定。

图 4-1 所示半结构模型或图 4-2 所示岩层结构的边界条件和各区段连续条件从左到右分别为：

$$\begin{cases}y_2(-\infty)=q_2/C\\ y'_2(-\infty)=0\end{cases} \tag{4-5}$$

$$\begin{cases}y_2(0)=y_{21}(0)\\ y'_2(0)=y'_{21}(0)\\ y''_2(0)=y''_{21}(0)\\ y'''_2(0)=y'''_{21}(0)\end{cases} \tag{4-6}$$

$$\begin{cases}y_{21}(l)=y_{11}(l)\\ y'_{21}(l)=y'_{11}(l)\\ y''_{21}(l)=M_l/(EI)\\ y'''_{21}(l)=-Q_l/(EI)\end{cases} \tag{4-7}$$

$$\begin{cases}y_{11}(l+L_k)=y_{12}(l+L_k)\\ y'_{11}(l+L_k)=y'_{12}(l+L_k)\end{cases} \tag{4-8}$$

$$\begin{cases}y'_{12}(l+L)=0\\ Q(l+L)=0\end{cases} \tag{4-9}$$

4.1.2 挠度方程中积分常数的确定

(1) 积分常数 c_1,c_3,c_4 与 M_l 的关系式

由式(4-9)中的 $y'_{11}(l+L)=0$,据式(4-4)可得 c_3 与 M_l 的关系式为:

$$c_3 = \frac{Q_l L^2}{2} - M_l L - D_1 \tag{4-10}$$

式(4-10)中 M_l 是未知量,而

$$D_1 = \frac{q_1 L^3}{6} + k_1 x_{c1}^4 \left\{ \frac{1}{2}\left(\frac{l+x_{c1}}{x_{c1}}+1\right)\left(\frac{L+l+x_{c1}}{x_{c1}}\right)^2 \mathrm{e}^{-\frac{l+x_{c1}}{x_{c1}}} - \frac{L+l}{x_{c1}}\left[\left(\frac{l+x_{c1}}{x_{c1}}\right)^2 + 2\left(\frac{l+x_{c1}}{x_{c1}}\right)+2\right]\mathrm{e}^{-\frac{l+x_{c1}}{x_{c1}}} - \left(\frac{L+l+x_{c1}}{x_{c1}}+3\right)\mathrm{e}^{-\frac{L+l+x_{c1}}{x_{c1}}}\right\} - p_0 L_{\mathrm{k}}\left(\frac{L^2}{2}-\frac{L_{\mathrm{k}}L}{2}\right) - \frac{(p_{\mathrm{k}}-p_0)L_{\mathrm{k}}}{2}\left(\frac{L^2}{2}-\frac{2L_{\mathrm{k}}L}{3}\right) \tag{4-11}$$

由式(4-9) 中的 $Q(l+L)=0$,根据 $\sum F_y = 0$,可得图 4-2(c)左端的剪力为:

$$Q_l = q_1 L + k_1 x_{c1}^2 \left[\left(\frac{l+x_{c1}}{x_{c1}}+1\right)\mathrm{e}^{-\frac{l+x_{c1}}{x_{c1}}} - \left(\frac{L+l+x_{c1}}{x_{c1}}+1\right)\mathrm{e}^{-\frac{L+l+x_{c1}}{x_{c1}}}\right] - p_0 L_{\mathrm{k}} - \frac{(p_{\mathrm{k}}-p_0)L_{\mathrm{k}}}{2} \tag{4-12}$$

对式(4-3)和式(4-4)求一阶导数,并根据式(4-8)中的 $y'_{11}(l+L_{\mathrm{k}})=y'_{12}(l+L_{\mathrm{k}})$,可得到 c_1 与 c_3 的关系式为:

$$c_3 = c_1 - \frac{p_0 L_{\mathrm{k}}^3}{6} - \frac{(p_{\mathrm{k}}-p_0)L_{\mathrm{k}}^3}{8} \tag{4-13}$$

由式(4-3)和式(4-4)及式(4-8)中的 $y_{11}(l+L_{\mathrm{k}})=y_{12}(l+L_{\mathrm{k}})$,可得到 c_4 与 c_1,c_2,c_3 的关系式为:

$$c_4 = (c_1-c_3)(l+L_{\mathrm{k}}) + c_2 - \frac{p_0 L_{\mathrm{k}}^4}{8} - \frac{11(p_{\mathrm{k}}-p_0)L_{\mathrm{k}}^4}{120} \tag{4-14}$$

式中,c_2 尚需根据式(4-9)中 $x=l$ 处的连续条件确定。

(2) 积分常数 $d_1 \sim d_6$ 和 M_l 及 $c_1 \sim c_4$ 的确定

对挠度曲线方程式(4-1)和式(4-2)求 1 次导数、2 次导数、3 次导数,再由式(4-6)中挠度、转角、弯矩和剪力的连续条件,可写出关于式(4-1)和式(4-2)中积分常数 $d_1 \sim d_6$ 的代数方程。

$$d_1 = d_6 + \frac{q_1 - q_2}{4\beta^4 EI} + A_1 x_{c1}^3 (B_1+1) - A_2 x_{c2}^3 (B_2+1) \tag{4-15}$$

$$d_1 + d_5 - d_1 - d_2 = \frac{A_1 x_{c1}^3 B_1 + A_2 x_{c2}^3 B_2}{\beta} \tag{4-16}$$

$$d_2 = d_3 + \frac{A_1 x_{c1}(B_1-1) - A_2 x_{c2}(B_2-1)}{2\beta^2} \tag{4-17}$$

$$d_4 - d_5 + d_1 - d_2 = \frac{A_1(B_1-2) - A_2(B_2-2)}{2\beta^3} \tag{4-18}$$

式中,$B_1=\dfrac{4}{1+4\beta^4 x_{c1}^4}$;$B_2=\dfrac{4}{1+4\beta^4 x_{c2}^4}$;$A_1=\dfrac{k_1}{EI}\cdot\dfrac{x_{c1}^2\mathrm{e}^{-1}}{1+4\beta^4 x_{c1}^4}$;$A_2=\dfrac{k_2}{EI}\cdot\dfrac{x_{c2}^2\mathrm{e}^{-1}}{1+4\beta^4 x_{c2}^4}$。

式(4-15)和式(4-17)中 d_1,d_2 已用 d_3,d_6 表示。再通过求解式(4-16)和式(4-18),并

利用式(4-15)和式(4-17)，还可将 d_4，d_5 用 d_3，d_6 表示为：

$$\begin{cases} d_4 = d_3 + D_2 \\ d_5 = d_6 + D_3 \end{cases} \tag{4-19}$$

式中，

$$D_2 = \frac{A_1 x_{c1}^2 B_1 + A_2 x_{c2}^2 B_2}{2\beta} + \frac{A_1 x_{c1}(B_1 - 1) - A_2 x_{c2}(B_2 - 1)}{2\beta^2} + \frac{A_1(B_1 - 2) + A_2(B_2 - 2)}{4\beta^3}$$

$$D_3 = \frac{q_1 - q_2}{4\beta^4 EI} + A_1 x_{c1}^3(B_1 + 1) - A_2 x_{c2}^3(B_2 + 1) + \frac{A_1 x_{c1}^2 B_1 + A_2 x_{c2}^2 B_2}{2\beta} - \frac{A_1(B_1 - 2) + A_2(B_2 - 2)}{4\beta^3}$$

对式(4-2)和式(4-3)及其1阶导数、2阶导数、3阶导数，并根据式(4-7)中挠度、转角、弯矩和剪力的连续条件，可写出4个 $x=l$ 时的代数方程：

$$[d_3\sin(\beta l)\sin(h\beta l) + d_4\sin(\beta l)\cos(h\beta l) + d_5\cos(\beta l)\sin(h\beta l) + d_6\cos(\beta l)\cos(h\beta l)] + D_4 = \frac{c_1 l}{EI} + \frac{c_2}{EI} + D_5 \tag{4-20}$$

$$\begin{aligned}\beta\Big\{&[\cos(\beta l)\sin(h\beta l) + \sin(\beta l)\cos(h\beta l)]d_3 + [\cos(\beta l)\cos(h\beta l) + \sin(\beta l)\sin(h\beta l)]d_4 + \\ &[\cos(\beta l)\cos(h\beta l) - \sin(\beta l)\sin(h\beta l)]d_5 + [\cos(\beta l)\sin(h\beta l) - \sin(\beta l)\cos(h\beta l)]d_6\Big\} - D_6 = \frac{c_1}{EI} + D_7\end{aligned} \tag{4-21}$$

$$2\beta^2\Big\{\cos(\beta l)[d_3\cos(h\beta l) + d_4\sin(h\beta l)] - \sin(\beta l)[d_5\cos(h\beta l) + d_6\sin(h\beta l)] + [\cos(\beta l)\cos(h\beta l)]\Big\} + D_8 = \frac{M_l}{EI} \tag{4-22}$$

$$\begin{aligned}2\beta^3\Big\{&[\cos(\beta l)\sin(h\beta l) - \sin(\beta l)\cos(h\beta l)]d_3 - [\sin(\beta l)\sin(h\beta l) - \cos(\beta l)\cdot\cos(h\beta l) + \\ &\sin(\beta l)\sin(h\beta l)]d_5 - [\cos(\beta l)\sin(h\beta l) + \sin(\beta l)\cos(h\beta l)]d_6\Big\} - D_9 = -\frac{Q_l}{EI}\end{aligned} \tag{4-23}$$

式(4-20)至式(4-23)中，

$$D_4 = A_{11} x_{c1}^3\left(B_1 + \frac{l}{x_{c1}} + 1\right) + \frac{q_1}{4\beta^4 EI} \tag{4-24}$$

$$\begin{aligned}D_5 = \frac{k_1 x_{c1}^5}{EI}\Bigg\{&\left(\frac{l + x_{c1}}{x_{c1}} + 4\right) + \frac{1}{6}\left(\frac{l + x_{c1}}{x_{c1}} + 1\right)\left(\frac{l + x_{c1}}{x_{c1}}\right)^3 - \frac{l^2}{2x_{c1}^2}\Bigg[\left(\frac{l + x_{c1}}{x_{c1}}\right)^2 + \\ &2\left(\frac{l + x_{c1}}{x_{c1}}\right) + 2\Bigg]\Bigg\}e^{-\frac{l + r_{c1}}{x_{c1}}}\end{aligned} \tag{4-25}$$

$$D_6 = A_{11} x_{c1}^2\left(B_1 + \frac{4}{x_{c1}}\right) \tag{4-26}$$

$$\begin{aligned}D_7 = \frac{k_1 x_{c1}^4}{EI}\Bigg\{&-\left(\frac{l + x_{c1}}{x_{c1}} + 3\right) + \frac{1}{2}\left(\frac{l + x_{c1}}{x_{c1}} + 1\right)\left(\frac{l + x_{c1}}{x_{c1}}\right)^2 - \frac{l}{x_{c1}}\Bigg[\left(\frac{l + x_{c1}}{x_{c1}}\right)^2 + \\ &2\left(\frac{l + x_{c1}}{x_{c1}}\right) + 2\Bigg]\Bigg\}e^{-\frac{t + x_{c1}}{x_{c1}}}\end{aligned} \tag{4-27}$$

$$D_8 = A_{u\tau_{c1}}\left(B_1 + \frac{l}{x_{c1}} - 1\right) \tag{4-28}$$

$$D_9 = A_{11}\left(B_1 + \frac{1}{x_{c1}} - 2\right) \tag{4-29}$$

$$A_{11}=\frac{k_1}{EI}\frac{x_{c1}^2}{1+4\beta^4x_{c1}^4}e^{-\frac{1+x_{c1}}{r_{c1}}} \tag{4-30}$$

式(4-21)中 c_1 通过式(4-13)可用 c_3 表示，而 c_3 通过式(4-13)可用 Q_l 和 M_l 表示，由于 Q_l 已知，d_4 和 d_5 可用 d_3 和 d_6 表示，故式(4-21)至式(4-23)是关于 M_l，d_3，d_6 的三元一次方程组。

由式(4-21)和式(4-22)消去 M_l 后得到的关系式结合式(4-23)，可解得 d_3 和 d_6。

$$\begin{cases} d_3=\dfrac{b_1a_{22}-b_2a_{12}}{a_{11}a_{22}-a_{12}a_{21}} \\ d_6=\dfrac{a_{11}b_2-a_{21}b_1}{a_{11}a_{22}-a_{12}a_{21}} \end{cases} \tag{4-31}$$

式中，

$$a_{11}=[\cos(\beta l)+\sin(\beta l)][\sin(h\beta l)+\cos(h\beta l)]+2\beta L\cos\beta l(\sin h\beta l+\cos h\beta l)$$

$$a_{12}=[\cos(\beta l)-\sin(\beta l)][\sin(h\beta l)+\cos(h\beta l)]-2\beta L\sin\beta l(\sin h\beta l+\cos h\beta l)$$

$$a_{21}=[\cos(\beta l)-\sin(\beta l)][\sin(h\beta l)+\cos(h\beta l)]$$

$$a_{22}=-[\cos(\beta l)+\sin(\beta l)][\sin(h\beta l)+\cos(h\beta l)]$$

$$b_1=\frac{D_{10}}{\beta}-\frac{LD_8}{\beta}-[\cos(\beta l)\cos(h\beta l)+\sin(\beta l)\sin(h\beta l)+2\beta L\cos(\beta l)\sin(h\beta)]D_2+ [\sin(\beta l)\sin(h\beta l)-\cos(\beta l)\cos(h\beta l)+2\beta L\sin(\beta l)\cos(h\beta l)]D_3$$

$$b_2=\frac{D_9EI-Q_l}{2\beta^3EI}+[\sin(\beta l)\sin(h\beta l)-\cos(\beta l)\cos(h\beta l)]D_2+[\sin(\beta l)\sin(h\beta l)+ \cos(\beta l)\cos(h\beta l)]D_3$$

b_1 中的 D_{10} 为：

$$D_{10}=\frac{1}{EI}\left[\frac{Q_lL^2}{2}-D_1+\frac{p_0L_k^3}{6}+\frac{(p_k-p_0)L_k^3}{8}\right]+D_6+D_7 \tag{4-32}$$

式(4-32)的右端均为已知量，$d_1\sim d_6$ 已全部确定。将 $d_1\sim d_6$ 代入式(4-21)、式(4-22)可确定 c_1、M_l，再代入式(4-13)、式(4-14)、式(4-20)可确定 c_2、c_3、c_4。这就最终确定了弹性地基梁挠度方程式(4-1)、式(4-2)和采空区岩梁挠度方程式(4-3)、式(4-4)。

4.2 初次来压前损伤发生初始阶段坚硬顶板的内力变化

4.2.1 强度条件和损伤发生初始阶段的坚硬顶板力学模型

顶板断裂是在无裂纹顶板的基础上发生的，4.1 节对荷载作用下无裂纹顶板的力学特性进行了分析，图 4-1 所示模型，取顶板厚度 $h=6$ m，支护力 $p_0=0.9$ MN/m，$p_k=1.2p_0$，控顶距 $L_k=4$ m，采空区悬顶距离 $2L=40$ m，顶板荷载 $q_1=0.15$ MN/m，$q_2=6$ MN/m，$f_{c2}=0.2q_2$，$f_{c1}=q_2+f_{c2}-q_1$，式(4-1)、式(4-2)中尺度参数 $x_{c1}=5.2$ m，$x_{c2}=12$ m，弹性地基常数 $C=0.8\times10^9$ Pa，顶板弹性模量 $E=25$ GPa 时，据 4.1 节中弯矩的表达式，使用 MATLAB 软件绘得无裂纹单位宽度顶板——岩梁的弯矩曲线，如图 4-3 所示，图中约在 $\hat{x}=11.37$ m 处，即煤壁前方 $x=l-\hat{x}=2.63$ m 处，取到岩梁最大弯矩 $M_{max}=M(x)\approx 5.56\times10^7$ N·m，且在岩梁截面上边缘可能出现裂缝。

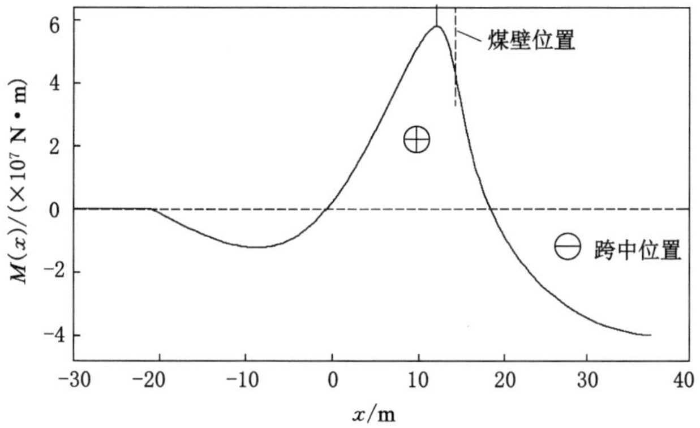

图 4-3　裂纹发生前的岩梁弯矩曲线

图 4-4 为同一荷载作用下与图 4-3 所示弯矩曲线对应的岩梁剪力曲线。由弯矩-剪力关系式$M'(x)=Q(x)$可知图 4-4 中剪力曲线与零值虚线在 $\hat{x}=11.37$ m 处的交点与图 4-3 上截面的弯矩峰位置相对应。以 $\hat{x}=11.37$ m 为界，在前方岩梁主要承受逆时针方向正剪力；在正后方岩梁承受顺时针方向的负剪力(规定岩梁向上弯曲弯矩为正，故顺时针方向剪力为负)；图中剪力曲线在 $x=-30$ m 处接近 0，在 $x=5.68$ m 处达到峰值；在煤壁($x=14$ m)处岩梁剪力的绝对值最大。

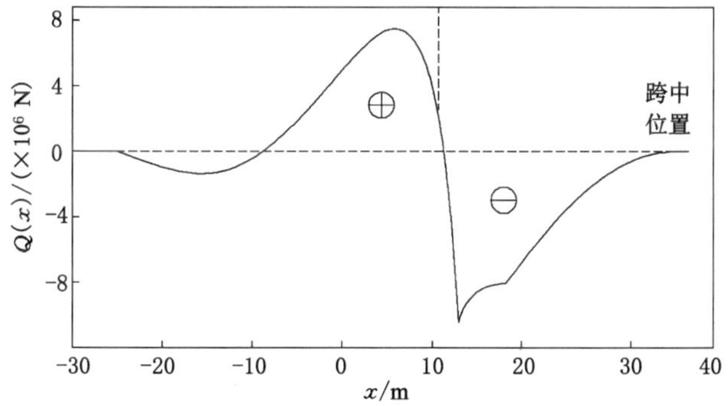

图 4-4　裂纹发生前的岩梁剪力曲线

将 $M_{\max}=M(\hat{x})\approx5.56\times10^9$ N·m，$h=6$ m，$b=1$ m 代入最大拉应力计算公式可得：

$$\sigma_{\max}\approx9.27\times10^9\ \text{Pa} \tag{4-33}$$

采用 MATLAB 绘得 $v=(0.2,0.3)$时的岩梁上侧面的最大拉应变曲线，如图 4-5 所示。

对于坚硬顶板，取图中 $v=0.2$ 时的曲线 1 的量值，最大拉应变约在 $\hat{x}=11.045$ m 处，即煤壁前方 $\tilde{l}=l-\hat{x}=2.955$ m 处。

$$\varepsilon_{\max}=\varepsilon_1\approx2.26\times10^{-4} \tag{4-34}$$

式(4-33)、式(4-34)表明：可以将图 4-3 和图 4-4 左侧所示荷载作为图 4-3 所示岩梁发生超前损伤的荷载系列，而图 4-3 和图 4-4 可视为损伤发生前的岩梁弯矩曲线和剪力曲线。由图 4-3 至图 4-5 可知：最大拉应力出现在煤壁前方 $\tilde{l}=2.63$ m 处，最大拉应变在煤壁前方

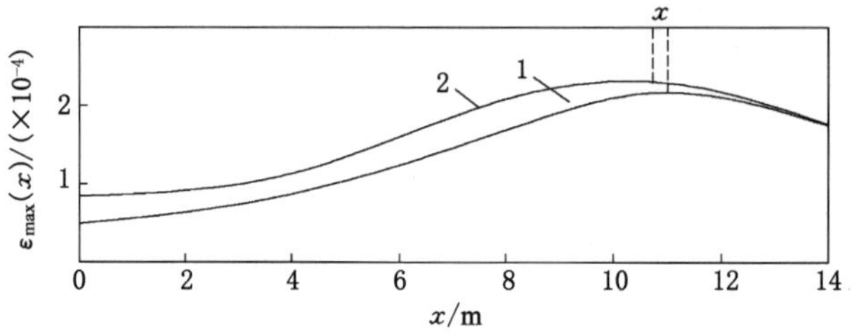

图 4-5　岩梁上侧最大拉应变曲线

$\widetilde{l}=2.955$ m 处，后者比前者多 32.5 cm。本节以超前距最大处的拉应变值为裂纹发生条件对问题进行分析。

图 4-6 为基于全弹性地基的坚硬顶板初次破断前岩层结构及荷载状况半结构模型，可绘得基于全弹性地基的初次来压前损伤发生初始阶段的半结构岩梁模型，图中梁右端定向支承处产生的反力偶 $M(l+L)$ 使梁端下侧受拉，反力偶值未知，超前损伤发生在最大拉应变所在的 $\bar{x}$ 截面处的上侧面边缘，岩梁荷载状况与尺度关系同 4.1 节。

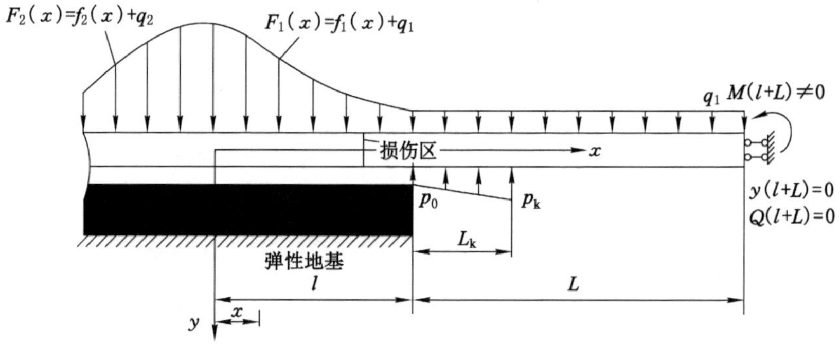

图 4-6　裂纹发生初始阶段坚硬顶板的半结构模型

据上所述，记损伤区前方的岩梁挠度为 $\bar{y}_{21}(x)$，损伤区后方的岩梁挠度为 $\bar{y}_{22}(x)$，类似 4.1 节，可写出损伤发生初始阶段最大拉应变截面（$\widetilde{x}\approx11.045$ m 处）上的岩梁弯矩、剪力和位移条件为：

$$\begin{cases} EI\bar{y}''_{21}(\widetilde{x}) = kM(\widetilde{x}) = EI\bar{y}''_{22}(\widetilde{x}) \\ EI\bar{y}''_{21}(\widetilde{x}) = kQ(\widetilde{x}) = EI\bar{y}''_{22}(\widetilde{x}) \quad (0.8 \leqslant k \leqslant 1) \\ \bar{y}_{21}(x) = \bar{y}_{22}(x) \end{cases} \tag{4-35}$$

式中，k 为裂纹扩展参数，$0.8\leqslant k\leqslant1$ 表示裂纹深入岩梁表面很浅，岩梁还可以传递较大弯矩。

式(4-35)中第 1 式和第 2 式表明损伤发生初始阶段损伤区弯矩、剪力的变化；第 3 式表明岩梁在损伤区 $\hat{x}$ 处有相同挠度。由于发生损伤，两侧岩梁截面会有相对微小的转角，式中不包含关于转角 $\bar{y}'_{21}(\widetilde{x})$ 和 $\bar{y}''_{22}(\widetilde{x})$ 的限制条件。由图 4-4 可知 $\widetilde{x}\approx11.045$ m 处截面上

$Q(\tilde{x})\approx 9.138\,2\times 10^5$ N。由图 4-3 可知 $\tilde{x}\approx 11.045$ m 截面上 $M(\tilde{x})\approx 5.5451\times 10^7$ N·m。由于损伤区前方岩梁的挠度有所反弹，故如 4.1 节假定 $\tilde{x}$ 前方的分布力 $f_1(x)$有所变化，用尺度参数 x_{c1}的变化去表示 $f_1(x)$的变化，并将损伤区 $\hat{x}$ 前方的分布力写成：

$$f_1(x) = k_{1_\eta}(x+\eta x_{c1})e^{-\frac{x+\eta x_{c1}}{\eta x_{c1}}} \tag{4-36}$$

式中，$k_{1_\eta}=f_{c1}e^{-1}/\eta x_{c1}$，$\eta=1$ 对应岩梁未出现损伤的 $k=1$ 状态，后文用式(4-35)中第 3 式 $\bar{y}_{21}(x)=\bar{y}_{22}(x)$确定损伤区前方 $f_1(x)$中与 $k(<1)$对应的 n 值。

本书拟以图 4-3 为岩梁裂纹模型，最大拉应变强度条件为岩梁裂纹条件，式(4-35)为裂纹面边界条件，在 4.1 节基础上选择初次来压前全弹性地基支承的初始损伤坚硬顶板，对其内力变化从理论上进行分析，分析中基本荷载如图 4-3 左方所示。

4.2.2 损伤初始阶段坚硬顶板的挠度方程和边界条件、连续条件

将图 4-6 中损伤面 $\bar{x}$ 前方$[-0,0]$和$[0,\tilde{x}]$区段岩梁的挠度方程分别记为 $\bar{y}_2(x)$、$\bar{y}_{21}(x)$。将损伤面 $\tilde{x}$ 主后方$[\tilde{x},l]$、$[l,l+L_k]$和$[l+L_k,l+L]$区段岩梁的挠度方程分别记为 $\tilde{y}_{22}(x)$、$\tilde{y}_{11}(x)$、$\tilde{y}_{12}$。由于假定损伤萌生阶段岩梁上覆荷载不变，参照 4.1 节，受 $F_2(x)$作用的$(-\infty,0]$区段半无限长弹性地基梁的挠度方程为：

$$\bar{y}_2(x) = e^{\beta x}[\bar{d}_1\cos(\beta x)+\bar{d}_2\sin(\beta x)]+\frac{q_2}{4\beta^2 EI}+\frac{k_2}{EI}\frac{x_{c2}^4}{1+4\beta^4 x_{c2}^4}\Big[(x_{c2}-x)+\frac{x_{c2}^4}{1+4\beta^4 x_{c2}^4}\Big]e^{\frac{x-x_{c2}}{x_{c2}}}\quad(-\infty<x\leqslant 0) \tag{4-37}$$

受 $F_1(x)$作用，因裂纹发生在$[0,\tilde{x}]$区段的尺度参数为 ηx_{c1}的有限长岩梁挠度方程为：

$$\tilde{y}_{21}(x) = \bar{d}_3\sin(\beta x)\sin(h\beta x)+\bar{d}_4\sin(\beta x)\cos(h\beta x)+\bar{d}_5\cos(\beta x)\sin(h\beta x)+\bar{d}_6\cos(\beta x)\cos(h\beta x)+\frac{q_1}{4\beta^4 EI}+\frac{k_{1_\eta}}{EI}\frac{(\eta x_{c1})^4}{1+4\beta^4(\eta x_{c1})^4}\Big[(x+\eta x_{c1})+\frac{(\eta x_{c1})^4}{1+4\beta^4(\eta x_{c1})^4}\Big]\quad(0<x\leqslant\tilde{x}) \tag{4-38}$$

受 $F_1(x)$作用的$[\tilde{x},l]$区段的尺度参数为 x_{c1}的有限长岩梁挠度方程为：

$$\tilde{y}_{22}(x) = \bar{d}_3\sin(\beta x)\sin(h\beta x)+\bar{d}_4\sin(\beta x)\cos(h\beta x)+\bar{d}_5\cos(\beta x)\sin(h\beta x)+\bar{d}_6\cos(\beta x)\cos(h\beta x)+\frac{q_1}{4\beta^4 EI}+\frac{k_{1_\eta}}{EI}\frac{(\eta x_{c1})^4}{1+4\beta^4(\eta x_{c1})^4}\Big[(x+\eta x_{c1})+\frac{(\eta x_{c1})^4}{1+4\beta^4(\eta x_{c1})^4}\Big]e^{-\frac{x+\eta x_{c1}}{\eta x_{c1}}}\quad(\bar{x}<x\leqslant l) \tag{4-39}$$

受 $F_1(x)$和支护阻力共同作用的$[l,l+L_k]$和$[l+L_k,l+L]$采空区段的挠度方程为：

$$EI\tilde{y}_{11}(x) = \frac{M_l}{2}(x-l)^2-\frac{Q_l}{6}(x-l)^3+\frac{q_l}{24}(x-l)^4+k_1x_{c1}^5\Big\{\Big(\frac{x+x_{c1}}{x_{c1}}+4\Big)e^{-\frac{x+x_{c1}}{x_{c1}}}-\Big[\Big(\frac{l+x_{c1}}{x_{c1}}\Big)^2+2\Big(\frac{l+x_{c1}}{x_{c1}}\Big)+2\Big]\cdot\frac{x^2}{2x_{c1}^2}e^{-\frac{l+x_{c1}}{x_{c1}}}-\frac{1}{6}\Big(\frac{l+x_{c1}}{x_{c1}}+1\Big)\Big(\frac{x+x_{c1}}{x_{c1}}\Big)^3e^{-\frac{l+x_{c1}}{x_{c1}}}\Big\}-\frac{p_0}{24}(x-l)^4-\frac{p_k-p_0}{120L_k}(x-l)^5+\tilde{c}_1(x)+\tilde{c}_2\quad(l<x\leqslant l+L_k) \tag{4-40}$$

$$EI\tilde{y}_{12}(x) = \frac{M_l}{2}(x-l)^2-\frac{Q_l}{6}(x-l)^3+\frac{q_l}{24}(x-l)^4+k_1x_{c1}^5\Big\{\Big(\frac{x+x_{c1}}{x_{c1}}+4\Big)e^{-\frac{x+x_{c1}}{x_{c1}}}-$$

$$\left\{\left[\left(\frac{l+x_{c1}}{x_{c1}}\right)^2+2\left(\frac{l+x_{c1}}{x_{c1}}\right)+2\right]\cdot\frac{x^2}{2x_{c1}^2}-\frac{1}{6}\left(\frac{l+x_{c1}}{x_{c1}}+1\right)\left(\frac{x+x_{c1}}{x_{c1}}\right)^3\right\}e^{-\frac{l+x_{c1}}{x_{c1}}}\right\}-$$

$$p_0L_k\cdot\left[\frac{1}{6}(x-l)^3-\frac{L_k}{4}(x-l)^2\right]-\frac{p_k-p_0}{2L_k}\left[\frac{1}{6}(x-l)^3-\frac{L_k}{3}(x-l)^2\right]+$$

$$\tilde{c}_3(x)+\tilde{c}_3\quad(l+L_k<x\leqslant l+L)\tag{4-41}$$

式(4-37)至式(4-41)中所有其他符号的意义同4.1节。

$\tilde{d}_1\sim\tilde{d}_6,\tilde{d}_3\sim\tilde{d}_6,\tilde{c}_1\sim\tilde{c}_4$ 要根据 $\tilde{x}$ 截面上弯矩、剪力条件式(4-35)和 $x=0,x=l,x=l+L_k$，$x=l+L$ 处的边界条件和连续条件来确定。

$$\begin{cases}\bar{y}_2(-\infty)=q_2/C\\ \bar{y}'_2(-\infty)=0\end{cases}\tag{4-42}$$

$$\begin{cases}\bar{y}_2(0)=\bar{y}_{21}(0)\\ \bar{y}'_2(0)=\bar{y}'_{21}(0)\\ \bar{y}''_2(0)=\bar{y}''_{21}(0)\\ \bar{y}'''_2(0)=\bar{y}'''_{21}(0)\end{cases}\tag{4-43}$$

$$\begin{cases}\tilde{y}_{22}(l)=\tilde{y}_{11}(l)\\ \tilde{y}'_{22}(l)=\tilde{y}'_{11}(l)\\ \tilde{y}'_{22}(l)=M_l/EI\\ \tilde{y}'''_{222}(l)=-Q_l/EI\end{cases}\tag{4-44}$$

$$\begin{cases}\tilde{y}_{11}(l+L_k)=\tilde{y}_{12}(l+L_k)\\ \tilde{y}'_{11}(l+L_k)=\tilde{y}'_{12}(l+L_k)\end{cases}\tag{4-45}$$

$$\begin{cases}\tilde{y}'_{12}(l+L)=0\\ \tilde{Q}(l+L)=0\end{cases}\tag{4-46}$$

4.2.3 挠度方程中积分常数的确定

4.2.3.1 采空区岩梁挠度方程中积分常数 $\tilde{c}_1\sim\tilde{c}_4$ 与 M_l 的关系

由式(4-46)中的 $\tilde{y}'_{12}(l+L)=0$，可得到式(4-41)中 $\tilde{c}_3$ 与 M_l 的关系式：

$$\tilde{c}_3=\frac{Q_lL^2}{2}-M_lL-\tilde{D}_1\tag{4-47}$$

式中，

$$\tilde{D}_1=\frac{Q_lL^3}{6}+k_1x_{c1}^4\left\{\frac{1}{2}\left(\frac{l+x_{c1}}{x_{c1}}+1\right)\left(\frac{L+l+x_{c1}}{x_{c1}}+1\right)^2-\frac{L+l}{x_{c1}}\left[\left(\frac{l+x_{c1}}{x_{c1}}\right)^2+\right.\right.$$

$$\left.\left.2\left(\frac{l+x_{c1}}{x_{c1}}\right)+2\right]\right\}e^{-\frac{l+x_{c1}}{x_{c1}}}-k_1x_{c1}^4\left(\frac{L+l+x_{c1}}{x_{c1}}+3\right)e^{-\frac{l+x_{c1}}{x_{c1}}}-k_1x_{c1}^4\left(\frac{L+l+x_{c1}}{x_{c1}}+3\right)e^{-\frac{L+l+x_{c1}}{x_{c1}}}-$$

$$p_0L_k\left(\frac{L^2}{2}-\frac{L_kL}{2}\right)-\frac{(p_k-p_0)L_k}{2}\left(\frac{L^2}{2}-\frac{2L_kL}{3}\right)\tag{4-48}$$

对式(4-40)和式(4-41)求一阶导数，并根据式(4-45)中 $\tilde{y}'_{11}(l+L_k)=\tilde{y}'_{12}(l+L_k)$，可得：

$$\tilde{c}_3=\tilde{c}_1-\frac{p_0L_k^3}{6}-\frac{(p_k-p_0)L_k^3}{8} \tag{4-49}$$

对式(4-40)和式(4-41)求一阶导数，由式(4-45)中的 $\tilde{y}'_{11}(l+L_k)=\tilde{y}'_{12}(l+L_k)$可得：

$$\tilde{c}_4=(\tilde{c}_1-\tilde{c}_3)(l+L_k)+\tilde{c}_2-\frac{p_0L_k^4}{8}-\frac{11(p_k-p_0)L_k^4}{120} \tag{4-50}$$

4.2.3.2　损伤面 $\tilde{x}$ 后挠度方程中积分常数 $\tilde{d}_3\sim\tilde{d}_6$ 和 $\tilde{c}_1\sim\tilde{c}_4$ 的确定

将式(4-39)的 2 阶导数和 3 阶导数代入损伤面边界条件方程[式(4-35)]，解代数方程可用 $\tilde{d}_3$ 和 $\tilde{d}_4$ 表示 $\tilde{d}_5$ 和 $\tilde{d}_6$。

$$\tilde{d}_5=\Big\{\tilde{d}_3[\sin(\beta\tilde{x})\cos(\beta\tilde{x})+\sin(h\beta\tilde{x})\cos(h\beta\tilde{x})]+\tilde{d}_4\sin(h^2\beta\tilde{x})-\tilde{D}_2[\sin(\beta\tilde{x})\sin(h\beta\tilde{x})+\cos(\beta\tilde{x})\cos(h\beta\tilde{x})]+\tilde{D}_3\sin(\beta\tilde{x})\cos(h\beta\tilde{x})\Big\}/\sin(\beta\tilde{x}^2) \tag{4-51}$$

$$\tilde{d}_6=\Big\{-\tilde{d}_3\cos(h^2\beta\tilde{x})+\tilde{d}_4[\sin(\beta\tilde{x})\cos(\beta\tilde{x})-\sin(h\beta\tilde{x})\cos(h\beta\tilde{x})]+\tilde{D}_2[\sin(\beta\tilde{x})\sin(h\beta\tilde{x})+\cos(\beta\tilde{x})\cos(h\beta\tilde{x})]-\tilde{D}_3\sin(\beta\tilde{x})\cos(h\beta\tilde{x})\Big\}/\sin(\beta\tilde{x}^2) \tag{4-52}$$

式(4-51)和式(4-52)中，

$$\tilde{D}_3=\frac{kQ(\tilde{x})}{2\beta^3EI}-\frac{\tilde{A}_1}{2\beta^3}\left(B_1+\frac{\tilde{x}}{\tilde{x}_{c1}}-2\right) \tag{4-53}$$

$$\tilde{A}_1=\frac{k_1x_{c1}^2\exp[-(\tilde{x}+x_{c1})/x_{c1}]}{EI(1+4\beta^4x_{c1}^4)} \tag{4-54}$$

$$B_1=\frac{4}{1+4\beta^4x_{c1}^4} \tag{4-55}$$

对于式(4-39)、式(4-40)及其 1～3 阶导数，并据式(4-44)中的挠度、倾角、弯矩和剪力的连续条件，可写出 $x=l$ 时的 4 个关于 $\tilde{d}_3\sim\tilde{d}_6$ 及 M_l 的代数方程式：

$$[\tilde{d}_3\sin(\beta l)\sin(h\beta l)+\tilde{d}_4\sin(\beta l)\cos(h\beta l)+\tilde{d}_5\cos(\beta l)\sin(h\beta l)+\tilde{d}_6\cos(\beta l)\cos(h\beta l)]+\tilde{D}_4=\frac{\tilde{c}_1l}{EI}+\frac{\tilde{c}_2}{EI}+\tilde{D}_5 \tag{4-56}$$

$$\beta\Big\{[\cos(h\beta l)\sin(h\beta l)+\sin(\beta l)\cos(h\beta l)]\tilde{d}_3+[\cos(\beta l)\cos(h\beta l)+\sin(\beta l)\sin(h\beta l)]\tilde{d}_4+[\cos(\beta l)\cos(h\beta l)-\sin(\beta l)\sin(h\beta l)]\tilde{d}_5+[\cos(h\beta l)\sin(h\beta l)-\sin(\beta l)\cos(h\beta l)]\tilde{d}_6\Big\}-\tilde{D}_6=\frac{\tilde{c}_1}{EI}+\tilde{D}_7 \tag{4-57}$$

$$2\beta^3\Big\{[\cos(\beta l)\sin(h\beta)-\sin(\beta l)\cos(h\beta l)]\tilde{d}_3+[\cos(\beta l)\cos(h\beta l)-\sin(\beta l)\sin(h\beta l)]\tilde{d}_4-[\cos(\beta l)\cos(h\beta l)+\sin(\beta l)\sin(h\beta l)]\tilde{d}_5-[\cos(h\beta l)\sin(h\beta l)+\sin(\beta l)\cos(h\beta l)]\tilde{d}_6\Big\}-\tilde{D}_9$$

$$=-\frac{Q_l}{EI} \tag{4-58}$$

式(4-56)至式(4-59)中，

$$\widetilde{D}_4=A_{1l}x_{c1}^3\left(B_1+\frac{l}{x_{c1}}+1\right)+\frac{q_1}{4\beta_4 EI} \tag{4-59}$$

$$\widetilde{D}_5=\frac{K_1x_{c1}^5}{EI}\left(\frac{l+x_{c1}}{x_{c1}}+4\right)+\frac{1}{6}\left(\frac{l+x_{c1}}{x_{c1}}+1\right)\left(\frac{l+x_{c1}}{x_{c1}}\right)^3-\frac{l^2}{2x_{c1}^2}\left[\left(\frac{l+x_{c1}}{x_{c1}}\right)^2-2\left(\frac{l+x_{c1}}{x_{c1}}\right)+2\right]e^{\frac{l+x_{c1}}{x_{c1}}} \tag{4-60}$$

$$\widetilde{D}_6=A_{1l}x_{c1}^2\left(B_1+\frac{l}{x_{c1}}\right) \tag{4-61}$$

$$\widetilde{D}_5=\frac{K_1x_{c1}^4}{EI}\left\{-\left(\frac{l+x_{c1}}{x_{c1}}+3\right)+\frac{1}{2}\left(\frac{l+x_{c1}}{x_{c1}}+1\right)\left(\frac{l+x_{c1}}{x_{c1}}\right)^2-\frac{l}{x_{c1}}\left[\left(\frac{l+x_{c1}}{x_{c1}}\right)^2-2\left(\frac{l+x_{c1}}{x_{c1}}\right)+2\right]\right\}e^{\frac{l+x_{c1}}{x_{c1}}} \tag{4-62}$$

$$\widetilde{D}_8=A_{1l}x_{c1}\left(B_1+\frac{l}{x_{c1}}-1\right) \tag{4-63}$$

$$\widetilde{D}_9=A_{1l}\left(B_1+\frac{l}{x_{c1}}-2\right) \tag{4-64}$$

$$\widetilde{A}_{1l}=\frac{K_1}{EI}\frac{l+x_{c1}^2}{1+4\beta^4x_{c1}^4}e^{-\frac{l+x_{c1}}{x_{c1}}} \tag{4-65}$$

由式(4-47)和式(4-49)可知式(4-48)中的 $\widetilde{c}_1$ 可用 Q_l 和 M_l 表示。由于 Q_l 已知，$\widetilde{d}_5$，$\widetilde{d}_6$ 用 $\widetilde{d}_3$，$\widetilde{d}_4$ 表示，故式(4-57)和式(4-58)是关于 M_l、$\widetilde{d}_3$、$\widetilde{d}_4$ 的三元一次方程组。

通过式(4-57)和式(4-58)消去 M_l 后可得到：

$$\begin{aligned}&[\cos(\beta l)\sin(h\beta)+\sin(\beta l)\cos(h\beta l)+2\beta L\cos(\beta l)\cos(h\beta l)]\widetilde{d}_3+[\cos(\beta l)\cos(h\beta l)+\sin(\beta l)\sin(h\beta l)+\\&2\beta L\cos(\beta l)\sin(h\beta l)]\widetilde{d}_4+[\cos(\beta l)\cos(h\beta l)-\sin(\beta l)\sin(h\beta l)-2\beta L\sin(\beta l)\cos(h\beta l)]\widetilde{d}_5+\\&[\cos(h\beta l)\sin(h\beta l)-\sin(\beta l)\cos(h\beta l)-2\beta L\sin(\beta l)\sin(h\beta l)]\widetilde{d}_6=\widetilde{D}_{10}\end{aligned} \tag{4-66}$$

$$\widetilde{D}_{10}=\frac{1}{\beta EI}\left[\frac{Q_lL^2}{2}-\widetilde{D}_1+\frac{p_0L_k^3}{6}+\frac{(p_k-p_0)L_k^3}{8}\right]+\frac{\widetilde{D}_6+\widetilde{D}_7}{\beta}-\frac{L}{\beta}\widetilde{D}_8 \tag{4-67}$$

由于 Q_l 已知，$\widetilde{d}_5$ 和 $\widetilde{d}_6$ 可用 $\widetilde{d}_3$ 和 $\widetilde{d}_6$ 表示。如此，式(4-66)和式(4-58)便是关于 $\widetilde{d}_3$ 和 $\widetilde{d}_4$ 的二元一次方程组。从式(4-66)和式(4-58)可解得 $\widetilde{d}_3$ 和 $\widetilde{d}_6$。

$$\begin{cases}\widetilde{d}_3=\dfrac{\widetilde{b}_1\widetilde{a}_{22}-\widetilde{b}_2\widetilde{a}_{12}}{\widetilde{a}_{11}\widetilde{a}_{22}-\widetilde{a}_{12}\widetilde{a}_{21}}\\[2ex]\widetilde{d}_4=\dfrac{\widetilde{a}_{11}\widetilde{b}_2-\widetilde{a}_{21}\widetilde{b}_1}{\widetilde{a}_{11}\widetilde{a}_{22}-\widetilde{a}_{12}\widetilde{a}_{21}}\end{cases} \tag{4-68}$$

式中，

$$\begin{aligned}\widetilde{a}_{11}=&[\cos(\beta l)\sin(h\beta)+\sin(\beta l)\cos(h\beta l)+2\beta L\cos(\beta l)\cos(h\beta l)]+\Big\{[\cos(\beta l)\cos(h\beta l)-\sin(\beta l)\sin(h\beta l)-\\&2\beta L\cos(\beta l)\sin(h\beta l)]\cdot[\sin(\beta\widetilde{x})\cos(\beta\widetilde{x})+\sin(h\beta\widetilde{x})\cos(h\beta\widetilde{x})]-\\&[\cos(h\beta l)\sin(h\beta l)-\sin(\beta l)\cos(h\beta l)-2\beta L\sin(\beta l)\sin(h\beta l)]\cos(h\beta\widetilde{x}^2)\Big\}/\sin(\beta\widetilde{x}^2)\end{aligned} \tag{4-69}$$

$$a_{12} = [\cos(\beta l)\cos(h\beta l) + \sin(\beta l)\sin(h\beta l) + 2\beta L\cos(\beta l)\sin(h\beta l)] + \Big\{[\cos(\beta l)\cos(h\beta l) - \sin(\beta l)\sin(h\beta l) - 2\beta L\sin(\beta l)\cos(h\beta l)]\cdot\sin(\beta\tilde{x}^2) + [\cos(\beta l)\sin(h\beta l) - \sin(\beta l)\cos(h\beta l) - 2\beta L\cos(\beta l)\cos(h\beta l)]\cdot[\sin(\beta\tilde{x})\cos(\beta\tilde{x}) - \sin(h\beta\tilde{x})\cos(h\beta\tilde{x})]\Big\}/\sin(\beta\tilde{x}^2) \tag{4-70}$$

$$\tilde{a}_{21} = [\cos(\beta l)\sin(h\beta) - \sin(\beta l)\cos(h\beta l)] - \Big\{[\cos(\beta l)\cos(h\beta l) + \sin(\beta l)\sin(h\beta l)]\cdot[\sin(\beta\tilde{x})\cos(\beta\tilde{x}) + \sin(h\beta\tilde{x})\cos(h\beta\tilde{x})] - [\cos(h\beta l)\sin(h\beta l) - \sin(\beta l)\cos(h\beta l)]\cos(h\beta\tilde{x}^2)\Big\}/\sin(\beta\tilde{x}^2) \tag{4-71}$$

$$\tilde{a}_{22} = [\cos(\beta l)\cos(h\beta l) - \sin(\beta l)\sin(h\beta l)] - \Big\{[\cos(\beta l)\cos(h\beta l) + \sin(\beta l)\sin(h\beta l)]\sin(h\beta\tilde{x}^2) + [\cos(\beta l)\sin(h\beta) + \sin(\beta l)\cos(h\beta l)]\cdot[\sin(\beta\tilde{x})\cos(\beta\tilde{x}) + \sin(h\beta\tilde{x})\cos(h\beta\tilde{x})]\Big\}/\sin(\beta\tilde{x}^2) \tag{4-72}$$

$$\tilde{b}_1 = \tilde{D}_{10} + [\cos(\beta l)\cos(h\beta l) - \sin(\beta l)\sin(h\beta l) - 2\beta L\sin(\beta l)\cos(h\beta l)]\tilde{D}_{11} - [\cos(\beta l)\sin(h\beta) - \sin(\beta l)\cos(h\beta l) - 2\beta L\cos(\beta l)\cos(h\beta l)]\tilde{D}_{12} \tag{4-73}$$

$$\tilde{b}_2 = \frac{\tilde{D}_9 EI - Q_l}{2\beta^3 EI} - [\cos(\beta l)\cos(h\beta l) + \sin(\beta l)\sin(h\beta l)]\tilde{D}_{11} + [\cos(\beta l)\sin(h\beta) + \sin(\beta l)\cos(h\beta l)]\tilde{D}_{12} \tag{4-74}$$

式(4-73)和式(4-74)中，

$$\tilde{D}_{11} = \Big\{\tilde{D}_2[\sin(\beta l)\cos(h\beta l) + \cos(h\beta l)\sin(h\beta l)] - \tilde{D}_3\sin(\beta\tilde{x})\sin(h\beta\tilde{x})\Big\}/\sin(\beta\tilde{x}^2) \tag{4-75}$$

$$\tilde{D}_{12} = \Big\{\tilde{D}_2[\sin(\beta l)\sin(h\beta l) + \cos(h\beta l)\cos(h\beta l)] - \tilde{D}_3\sin(\beta\tilde{x})\cos(h\beta\tilde{x})\Big\}/\sin(\beta\tilde{x}^2) \tag{4-76}$$

以同样的方式将 $\bar{d}_5$ 和 $\bar{d}_6$ 用 $\bar{d}_3$ 和 $\bar{d}_4$ 表示。

$$\bar{d}_5 = \Big\{\bar{d}_3[\sin(\beta\tilde{x})\cos(\beta\tilde{x}) + \sin(h\beta\tilde{x})\cos(h\beta\tilde{x})] + \bar{d}_4\sin(h^2\beta\tilde{x}) - \bar{D}_1[\sin(\beta\tilde{x})\cos(h\beta\tilde{x}) + \cos(\beta\tilde{x})\sin(h\beta\tilde{x})] + \bar{D}_2\sin(\beta\tilde{x})\sin(h\beta\tilde{x})\Big\}/\sin^2(\beta\tilde{x}) \tag{4-77}$$

$$\bar{d}_6 = \Big\{-\bar{d}_3\cos(h^2\beta\tilde{x}) + \bar{d}_4[\sin(\beta\tilde{x})\cos(\beta\tilde{x}) - \sin(h\beta\tilde{x})\cos(h\beta\tilde{x})] + \bar{D}_1[\sin(\beta\tilde{x})\sin(h\beta\tilde{x}) + \cos(\beta\tilde{x})\cos(h\beta\tilde{x})] - \bar{D}_2\sin(\beta\tilde{x})\sin(h\beta\tilde{x})\Big\}/\sin^2(\beta\tilde{x}) \tag{4-78}$$

式中，

$$\bar{D}_1 = \frac{kM(\tilde{x})}{2\beta^2 EI} - \frac{\tilde{A}_{1\eta}\eta x_{c1}}{2\beta^2}\left(B_{1\eta} + \frac{\tilde{x}}{\eta x_{c1}} - 1\right) \tag{4-79}$$

$$\bar{D}_2 = \frac{kQ(\tilde{x})}{2\beta^3 EI} - \frac{\tilde{A}_{1\eta}}{2\beta^3}\left(B_{1\eta} + \frac{\tilde{x}}{\eta x_{c1}} - 2\right) \tag{4-80}$$

$$\widetilde{A}_{1_\eta} = \frac{k_{1_\eta}(\eta x_{c1})^2 \mathrm{e}^{-(\widetilde{x}+\eta x_{c1})/(\eta x_{c1})}}{EI(1+4\beta^4 \eta x_{c1}^4)} \tag{4-81}$$

$$B_{1_\eta} = \frac{4}{1+4\beta^4(\eta x_{c1})^4} \tag{4-82}$$

求挠度方程式(4-37)和式(4-38)及其1阶导数、2阶导数、3阶导数，据式(4-43)中 $x=0$ 时的挠度、倾角、弯矩和剪力的连续条件，可写出关于 $\bar{d}_1 \sim \bar{d}_6$ 的4个代数方程式，解得：

$$\bar{d}_4 = \mathrm{e}^{-2\beta\widetilde{x}} \cdot \bar{D}_3 \tag{4-83}$$

$$\bar{d}_3 = \bar{d}_4 - \bar{D}_4 \tag{4-84}$$

$$\bar{d}_1 = \bar{d}_6 + \frac{q_1 - q_2}{4\beta^4 EI} + \widetilde{A}_{1_\eta}(\eta x_{c1})^3(B_{1_\eta}+1) - A_2 x_{c2}^3(B_2+1) \tag{4-85}$$

$$\bar{d}_2 = \bar{d}_3 + \frac{A_{1_\eta}(\eta x_{c1})(B_{1_\eta}-1) - A_2 x_{c2}(B_2-1)}{2\beta^2} \tag{4-86}$$

式中，

$$\widetilde{A}_{1_\eta} = \frac{k_{1_\eta}}{EI}\frac{(\eta x_{c1})^2 \mathrm{e}^{-1}}{1+4\beta^4(\eta x_{c1})^4} \tag{4-87}$$

$$A_2 = \frac{k_2}{EI}\frac{x_{c2}^2 \mathrm{e}^{-1}}{1+4\beta^4 x_{c2}^4} \tag{4-88}$$

$$B_2 = \frac{4}{1+4\beta^4 x_{c2}^4} \tag{4-89}$$

式(4-83)至式(4-85)中，

$$\begin{aligned}\bar{D}_3 = {} & \bar{D}_1[\sin(\beta\widetilde{x})+\cos(\beta\widetilde{x})][\sin(h\beta\widetilde{x})+\cos(h\beta\widetilde{x})] - \bar{D}_1\sin(\beta\widetilde{x})[\sin(h\beta\widetilde{x})+\cos(h\beta\widetilde{x})] + \\ & \bar{D}_4[\sin(\beta\widetilde{x})\cos(\beta\widetilde{x}) + \sin(h\beta\widetilde{x})\cos(h\beta\widetilde{x}) + \cos(h^2\beta\widetilde{x})] + \bar{D}_5\sin^2(\beta\widetilde{x})\end{aligned} \tag{4-90}$$

$$\begin{aligned}\bar{D}_4 &= \frac{A_{1_\eta}(\eta x_{c1})^2 B_{1_\eta} + A_2 x_{c2}^2 B_2}{2\beta} \cdot \frac{A_{1_\eta}(\eta x_{c1})(B_{1_\eta}-1) - A_2 x_{c2}(B_2-1)}{2\beta^2} + \frac{A_{1_\eta}(B_{1_\eta}-2) - A_2(B_2-1)}{4\beta^3} \\ \bar{D}_5 &= \frac{q_1-q_2}{4\beta^4 EI} + \widetilde{A}_{1_\eta}(\eta x_{c1})^3(B_{1_\eta}+1) - A_2 x_{c2}^3(B_2+1) + \frac{A_{1_\eta}(\eta x_{c1})^2 B_{1_\eta} + A_2 x_{c2}^2 B_2}{2\beta} - \frac{A_{1_\eta}(B_{1_\eta}-2) - A_2(B_2-2)}{4\beta^3}\end{aligned} \tag{4-91}$$

将 $\bar{d}_4$ 代入式(4-84)可得 $\bar{d}_3$，再由式(4-86)可得 $\bar{d}_2$。将 $\bar{d}_3$、$\bar{d}_4$ 代入式(4-51)和式(4-52)可得 $\bar{d}_5$ 和 $\bar{d}_6$，再由式(4-85)可得 $\bar{d}_1$。至此，挠度方程式(4-37)至式(4-41)中的14个积分常数已完全确定。

4.3 围压作用下不同炮孔间距深孔爆破损伤破裂数值模拟

4.3.1 围压作用下深孔爆破损伤破裂 GDEM 的模型

GDEM 是一种模拟工程地质灾害全过程的力学分析方法，是一种基于 GPU 并行技术的高效率力学分析软件。GDEM 采用基于时程的动态松弛技术进行显示迭代计算，求解动态问题、非线性问题及大位移、大转动问题时具有明显优势，其计算流程如图 4-7 所示。

在厚硬砂岩顶板中进行切顶超前爆破时，1组炮孔一般由3个不同倾角、不同长度的炮

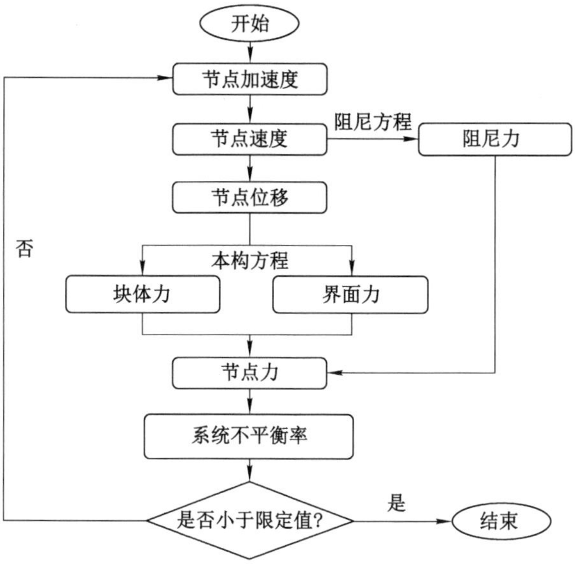

图 4-7　GDEM 方法的计算流程

孔组成，如图 4-8 所示。

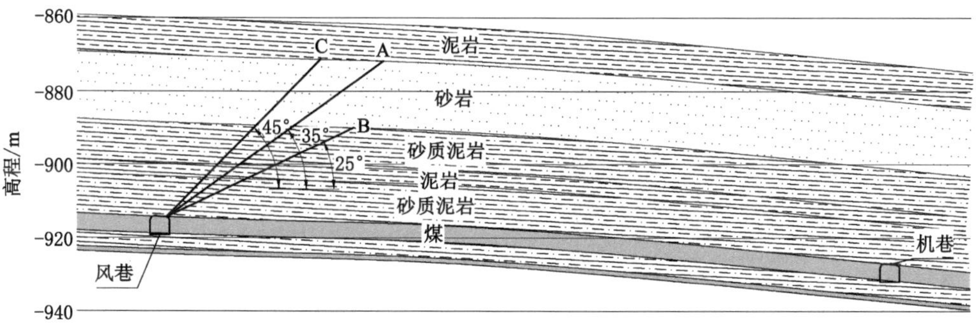

图 4-8　超前深孔爆破炮孔布置剖面图

炮孔长度与钻孔位置和关键层位置相关，一旦钻孔位置和关键层位置确定了，炮孔长度与倾角就基本确定，不需再优化，但是炮孔间距需要进行优化设计。切顶炮孔主要使上覆厚硬顶板产生爆破损伤裂隙带，后续在采动应力与地应力的持续作用下，沿着爆破损伤裂隙带断裂，从而减少爆破悬顶，同时厚硬顶板的深孔爆破也能够增强岩体碎胀性，使得顶板下得来，且采空区密实。综上所述，1 组炮孔内 3 个炮孔之间合理的水平间距是保证损伤裂隙带形成的主要影响因素。

为了减小地层沉积结构对爆破效果的影响，对岩体地层结构进行优化，基于 GDEM 软件建立上覆顶板数值模拟模型，模型尺寸长度为 100 m、宽度为 100 m、高度为 50 m，模型分为 3 层，底板厚度为 15 m、煤层厚度为 5 m、顶板厚度为 30 m，模型如图 4-9 所示。计算时在顶板施加了应力约束。

图 4-9　煤岩层模型

4.3.2　不同炮孔间距时深孔爆破损伤破裂模拟方案设计与结果分析

为了探究炮孔间距对爆破效果的影响，现场装药时通常采用的炮孔直径为 94 mm、炸药药柱直径为 63 mm。基于此分别设置炮孔间距为 20 倍、40 倍、60 倍、80 倍炮孔直径，3 个炮孔在巷道水平方向上的投影间距设为 1 m、2 m、3 m、4 m。炮孔的空间位置如图 4-10 所示。

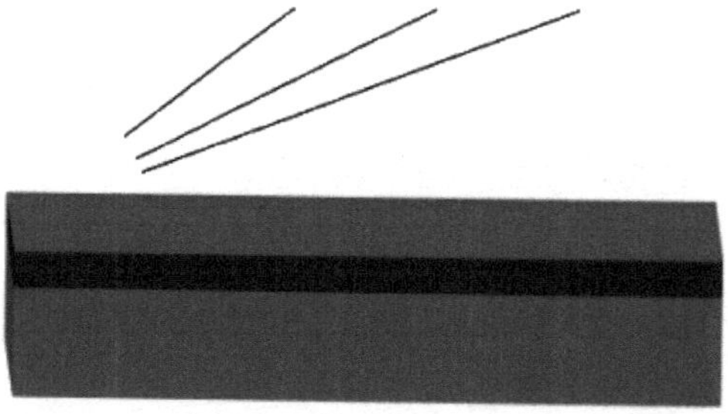

图 4-10　炮孔布置

模型的网格划分如图 4-11 所示。

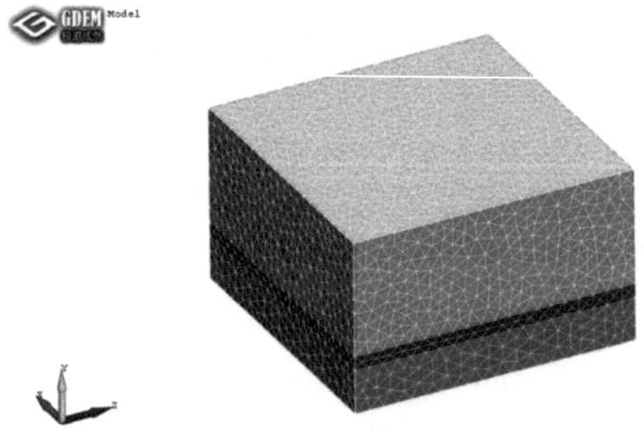

图 4-11　模型网格划分

Js 脚本定义底板、顶板和煤层的程序命令为 blkdyn. SetMat(<density, young, poisson, cohesion, tension, friction, dilation, iGroup>)，其中 density：浮点型，材料密度，young：浮点型，弹性模量，poisson：浮点型，泊松比，cohesion：浮点型，黏聚力，tension：浮点型，

抗拉强度，friction：浮点型，内摩擦角，dilation 浮点型，剪胀角，iGroup，整型，单元的组号。

模拟的底板、顶板和煤层的参数如下：

① blkdyn. SetMatByGroup(2300,4. 37E+10,0. 28,2. 17E+06,1. 83E+06,25. 0,5, 3)；//顶板；

② blkdyn. SetMatByGroup(1380,4. 91E+09,0. 24,1. 25E+06,5. 00E+05,32. 0,5, 2)；//煤层；

③ blkdyn. SetMatByGroup(2219,1. 28E+10,0. 26,2. 50E+06,1. 30E+06,31. 5,5, 1；//底板。

炸药的参数用 blkdyn. SetLandauSource (< iNumber, fdensity, fD, fQ, fGama1, fGama2, fP_CJ, fArrayFirePos[N][3], fBeginTime, fLastTime>)定义，其中，iNumber：整型，朗道爆源参数的序号，从 1 开始。fdensity：浮点型，炸药的装药密度(kg/m^3)。fD：浮点型，炸药爆速(m/s)；fQ：浮点型，单位质量时炸药的爆热(J/kg)；fGama1：浮点型，爆生气体初始段的绝热指数(一般取 3. 0)；fGama2：浮点型，爆生气体第二段的绝热指数(一般取 1. 333 3)；fP_CJ：浮点型，爆轰波阵面上的压力(CJ 压力)；fArrayFirePos：浮点型，点火点的位置，可设置多个点火点，每个起爆点包括 2 个分量；fBeginTime：浮点型，点火时间；fLastTime：浮点型，炸药单元加载持续时间。

炸药的参数具体如下：

var Pos1=[49,32,16]；

blkdyn. SetLandauSource(1,1150,5600,3. 4e6,3,1. 3333,2. 95e10,Pos1,0,1. 5e−2)；

var Pos2=[50,28. 94,17. 88]；

blkdyn. SetLandauSource(2,1150,5600,3. 4e6,3,1. 3333,2. 95e10,Pos2,3. 0e−2, 1. 5e−2)；

var Pos3=[51,27,18. 72]；

blkdyn. SetLandauSource(3,1150,5600,3. 4e6,3,1. 3333,2. 95e10,Pos3,6. 0e−2, 1. 5e−2)。

每个炮孔内的炸药起爆点都在炮孔堵塞末端。

本次数值模拟的监测点一共有 5 个，如图 4-12 所示。1～5 号点位于顶板的上方，1 号点的坐标为(50,60,10)，2 号点的坐标为(50,60,30)，3 号点的坐标为(50,60,50)，4 号点的坐标为(50,60,70)，5 号点的坐标为(50,60,90)。

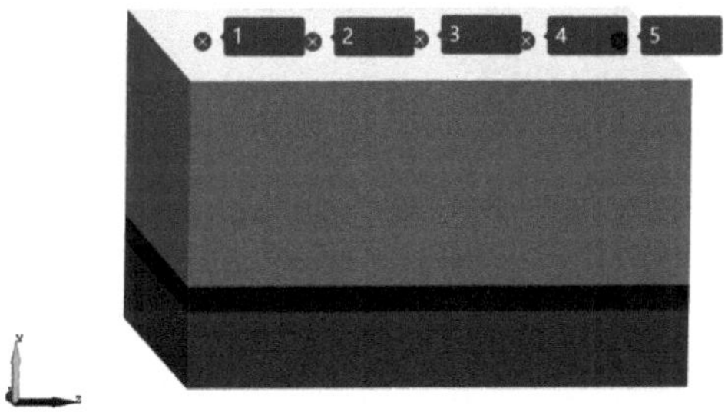

图 4-12 监测点布置

当监测内容为“block”时 x、y、z 表示节点的坐标。可监测以下内容：

① xdis、ydis、zdis、magdis，位移；

② xforce、yforce、zforce、magforce，内力(包括变形力、接触力、裂隙水压力、动态施加的节点力及面力等)；

③ sxx、syy、szz、sxy、syz、szx，6 个应力分量；

④ principal_stress_max、principal_stress_mid、principal_stress_min，最大主应力、中间主应力、最小主应力；

⑤ average_normal_stress、average_shear_stress，平均正应力及剪应力；

⑥ soxx、soyy、sozz、soxy、soyz、sozx，6 个应变分量；

⑦ principal_strain_max、principal_strain_mid、principal_strain_min，最大主应变、中间主应变、最小主应变。

(1) 炮孔间距为 1 m 时

得到当 3 个炮孔间距为 1 m 时炸药爆炸使顶板产生的裂缝的发展过程如图 4-13 所示。

(a) t=0.006 s　(b) t=0.016 s　(c) t=0.021 s　(d) t=0.026 s　(e) t=0.031 s　(f) t=0.036 s

图 4-13　炮孔间距为 1 m 时顶板裂隙发展过程

由图 4-13 可知：顶板裂缝首先出现在最短的炮孔上方，裂缝沿 z 轴方向发展，随着第 2 个、第 3 个炮孔起爆，顶板裂缝继续沿 z 轴方向发展。沿 x 轴方向的裂纹条数不断增加，但随着时间推移，顶板的裂纹扩展沿 x 轴方向的长度较小。为了更好地研究不同炮孔间距作用下爆破损伤破裂特性，对顶板沿 z 轴方向的岩体的应力和应变进行分析。z 轴方向上的应力和应变变化如图 4-14 和图 4-15 所示。

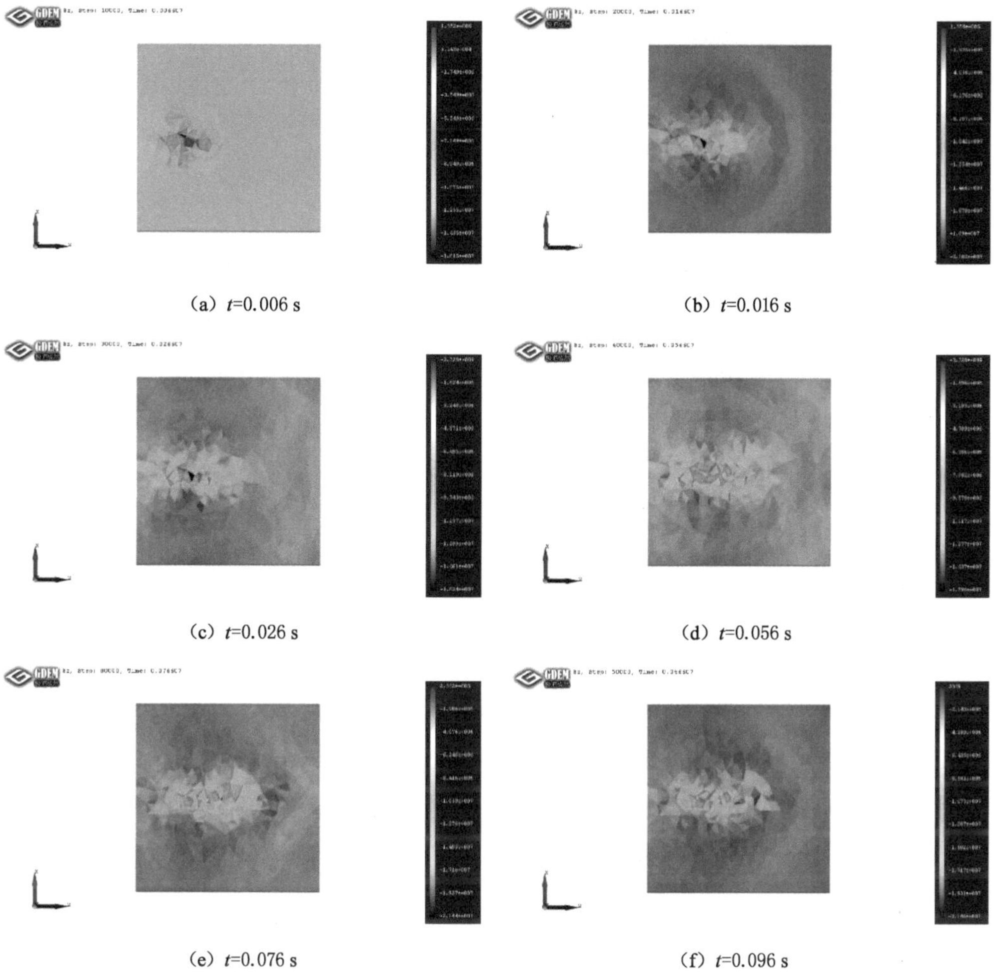

(a) t=0.006 s (b) t=0.016 s

(c) t=0.026 s (d) t=0.056 s

(e) t=0.076 s (f) t=0.096 s

图 4-14 炮孔间距为 1 m 时顶板 z 轴方向的应力云图

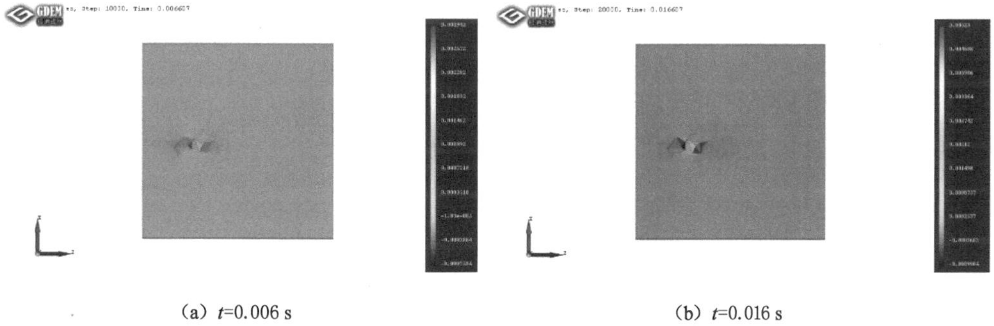

(a) t=0.006 s (b) t=0.016 s

图 4-15 炮孔间距为 1 m 时顶板 z 轴方向应变云图

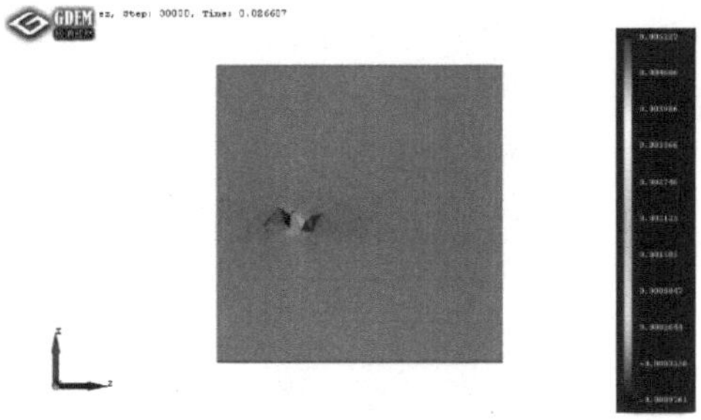

(c) t=0.026 s

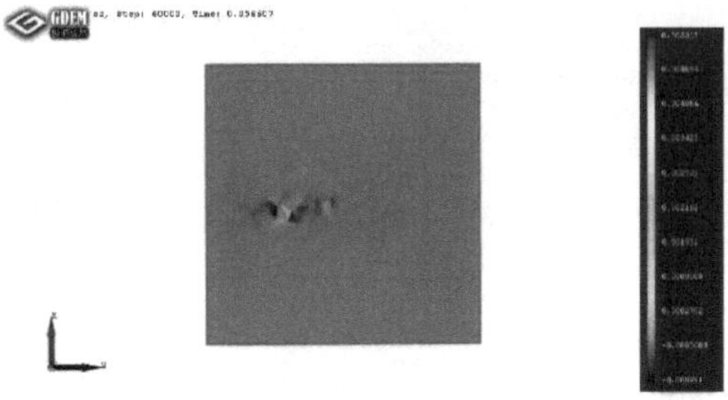

(d) t=0.056 s

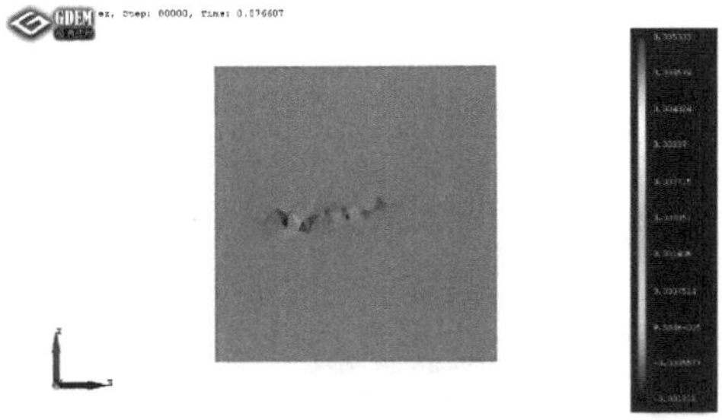

(e) t=0.076 s

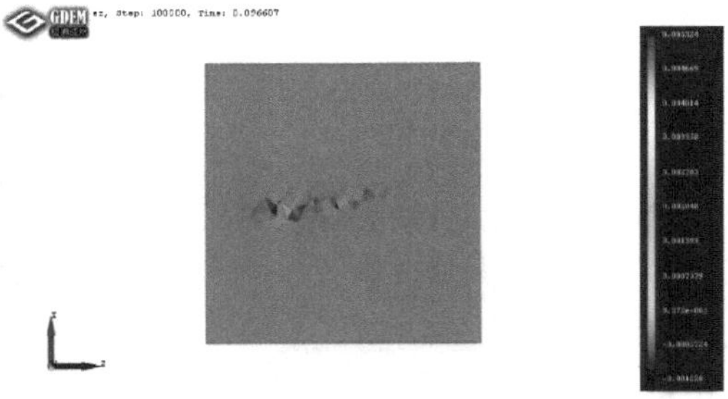

(f) t=0.096 s

图 4-15 （续）

由图 4-15 沿z轴方向的应力变化云图可知：炮孔爆炸后应力波对炮孔孔口顶板单元的作用较大，应力波呈扇形向顶板四周传递。炸药爆炸过程中，顶板单元在沿z轴方向上应变变化较大。随着爆破的推移，对顶板单元主要产生剪切破坏，并且破坏沿着z轴方向发展。

(2) 炮孔间距为 2 m 时

3 个炮孔的间距为 2 m 时，顶板爆破裂纹如图 4-16 所示，顶板应力和应变的云图如图 4-17 和图 4-18 所示。

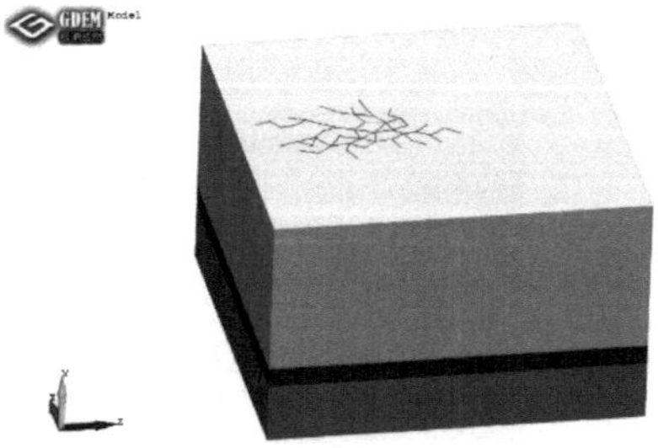

(a) t=0.001 s

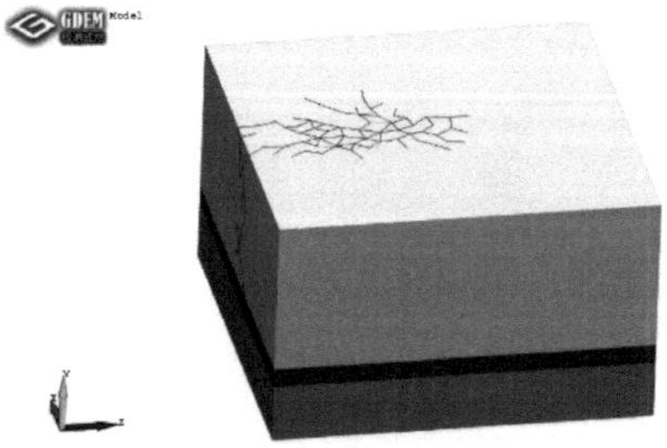

(b) t=0.016 s

图 4-16　炮孔间距为 2 m 时顶板裂隙发展过程

（c） t=0.046 s

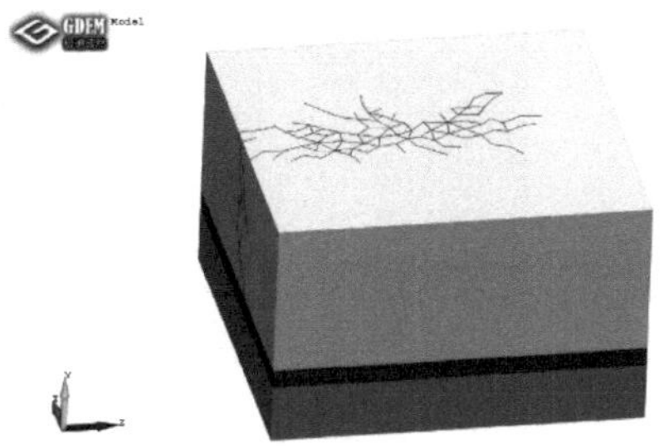

（d） t=0.056 s

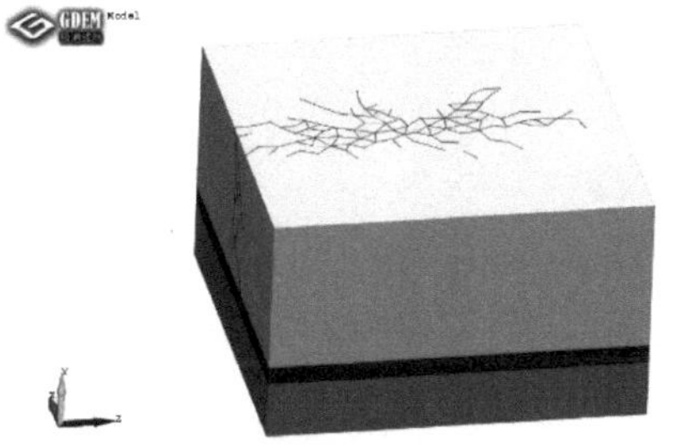

（e） t=0.076 s

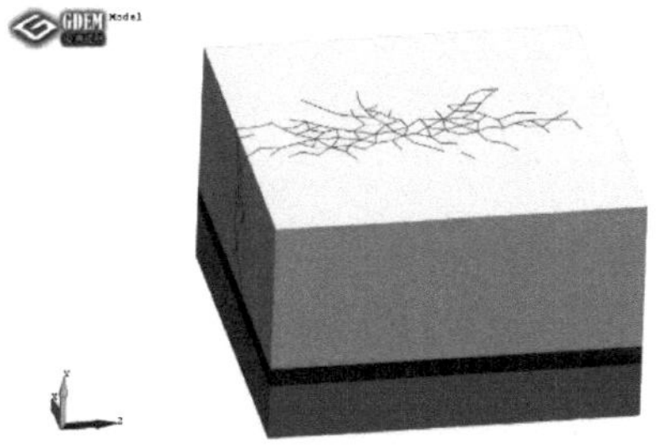

（f） t=0.096 s

图 4-16 （续）

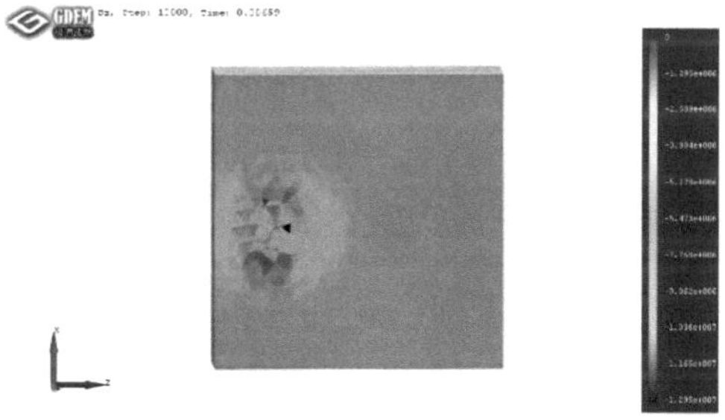

（a） t=0.006 s

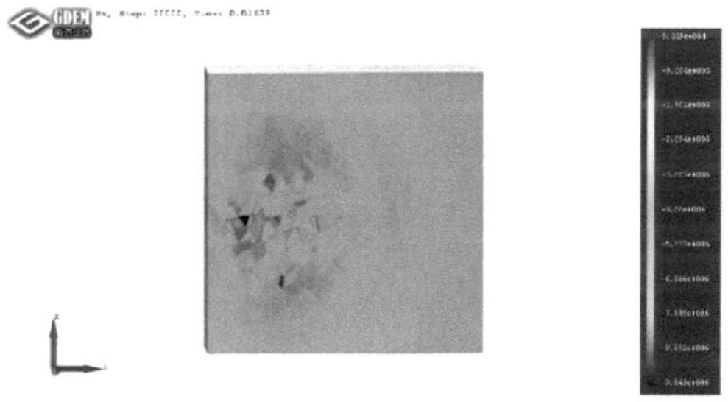

（b） t=0.016 s

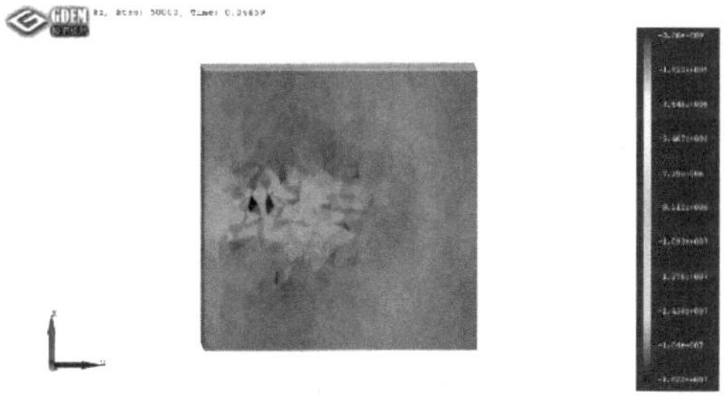

（c） t=0.046 s

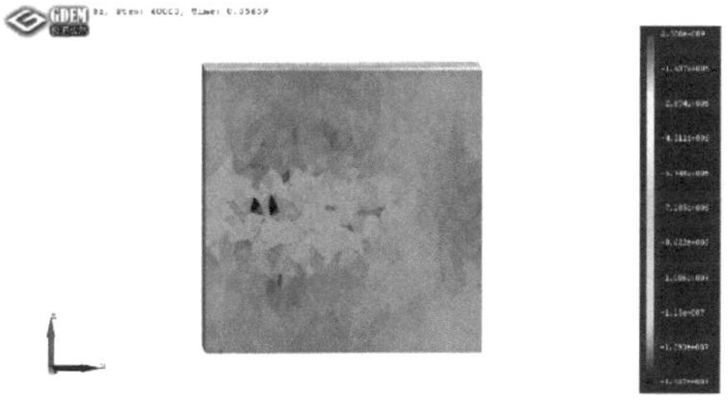

（d） t=0.056 s

图 4-17 炮孔间距为 2 m 时顶板 z 轴方向应力云图

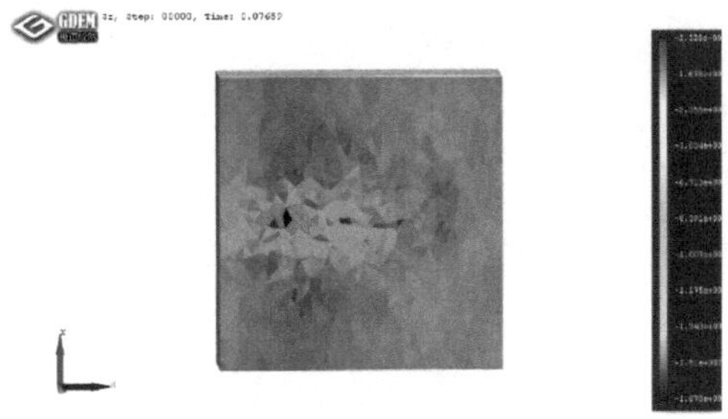

(e) t=0.076 s

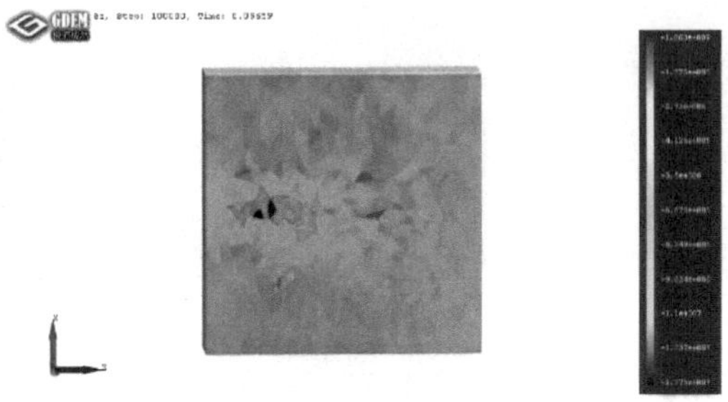

(f) t=0.096 s

图 4-17 (续)

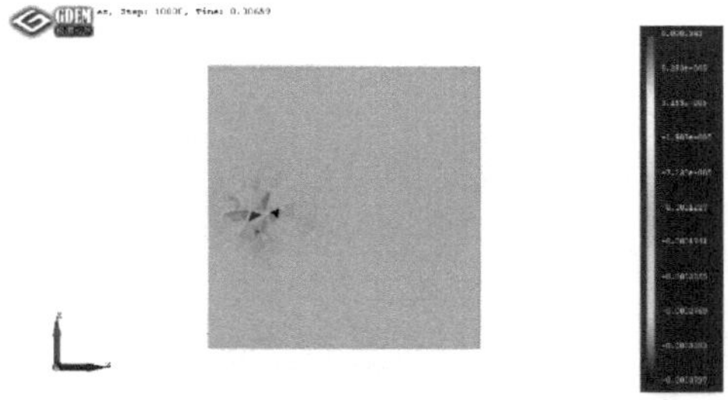

(a) t=0.006 s

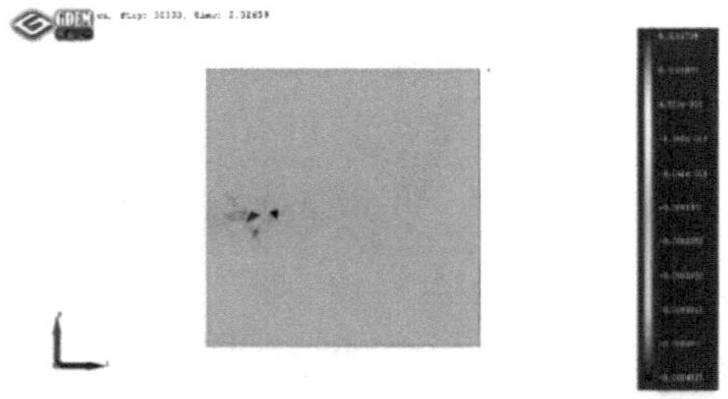

(b) t=0.026 s

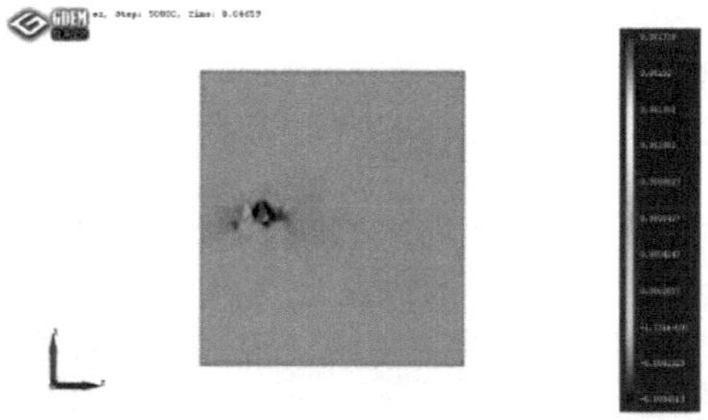

(c) t=0.046 s

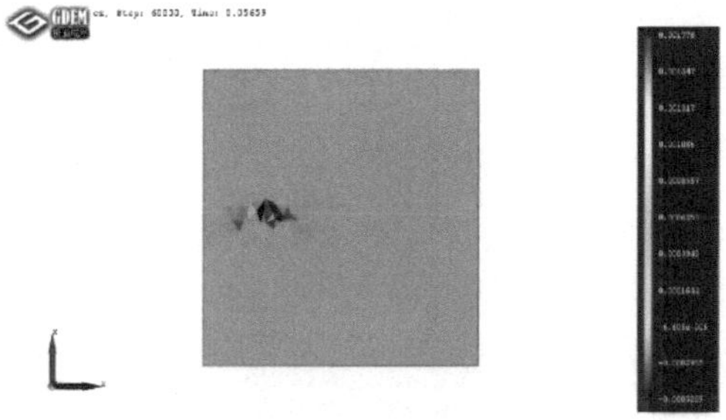

(d) t=0.056 s

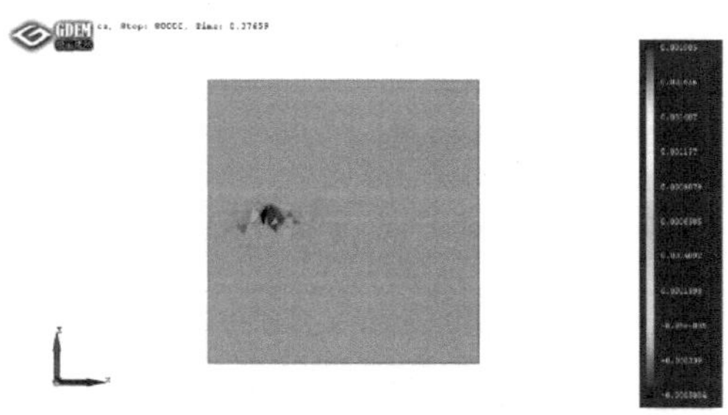

(e) t=0.076 s

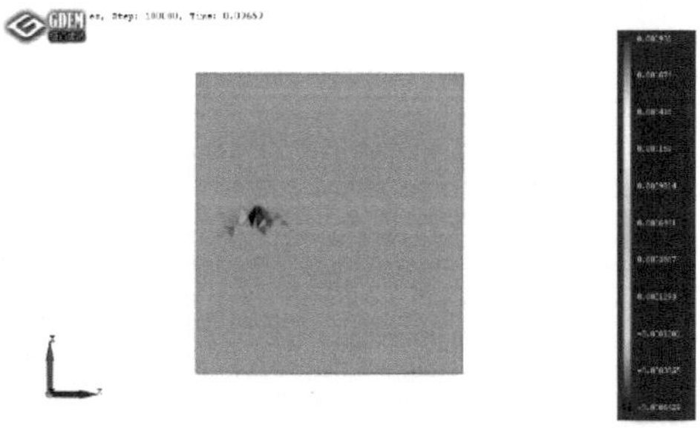

(f) t=0.096 s

图 4-18　炮孔间距为 2 m 时顶板 z 轴应变云图

由图 4-16 可知：炮孔间距为 2 m 时，爆炸对顶板的损伤主要沿着 z 轴方向发展，但是没有间距 1 m 时顶板产生的裂纹长。

由图 4-17 可知：每次炸药爆炸都会对顶板炮孔周围产生较大的应力作用，并且应力波沿 z 轴向顶板四周传播。

由图 4-18 可知：炸药爆炸对炮孔孔口的作用较大，产生了较大的应变，并且随着时间的推移，应变范围越来越大。图 4-18 为顶板单元破坏云图，与炮孔间距为 1 m 时相似，主要为剪切破坏，且破坏主要沿 z 轴方向发展。

(3) 炮孔间距为 3 m 时

地应力作用下 3 个炮孔间距为 3 m 时，顶板裂缝发展过程、应力云图和应变云图分别如图 4-19、图 4-20、图 4-21 所示。

(a) t=0.006 s　(b) t=0.026 s

(c) t=0.046 s　(d) t=0.056 s

(e) t=0.076 s　(f) t=0.096 s

图 4-19　炮孔间距为 3 m 时顶板裂隙发展过程

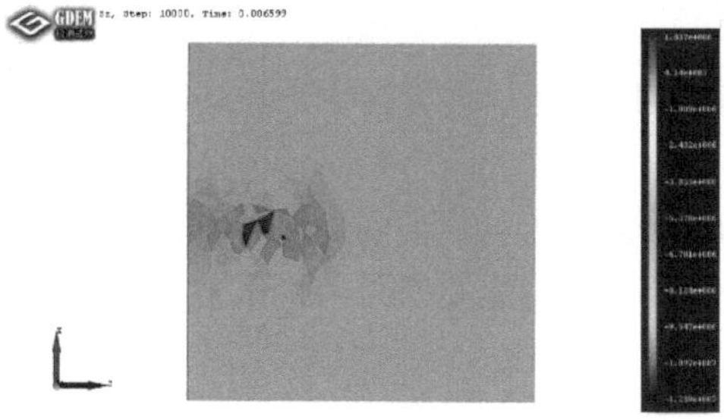

(a) t=0.006 s

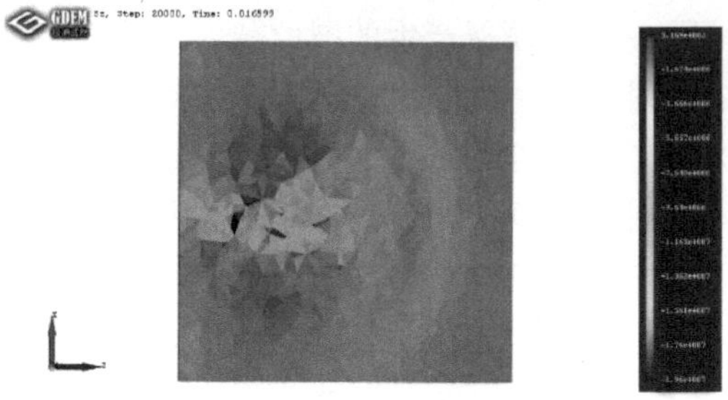

(b) t=0.026 s

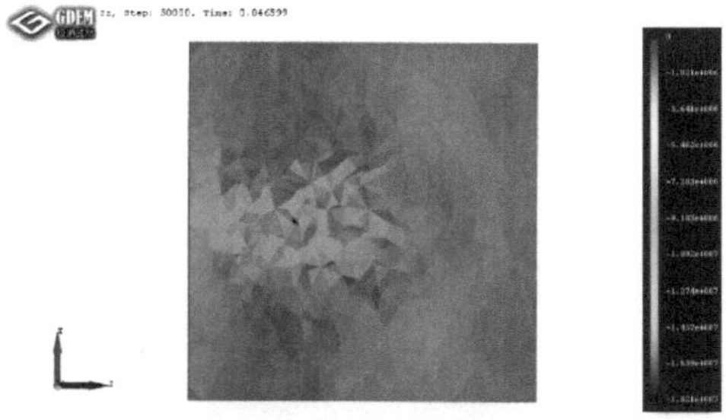

(c) t=0.046 s

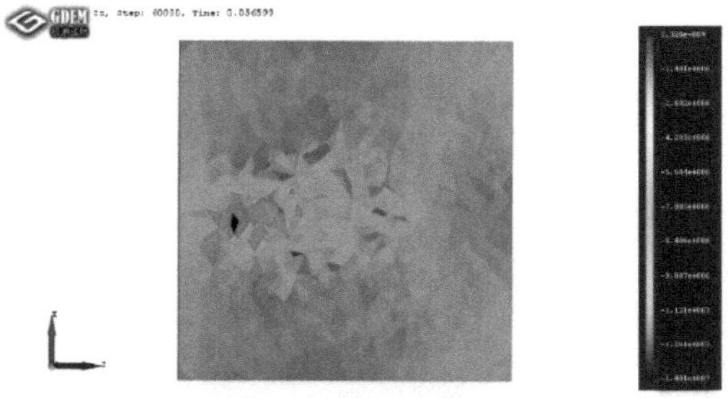

(d) t=0.056 s

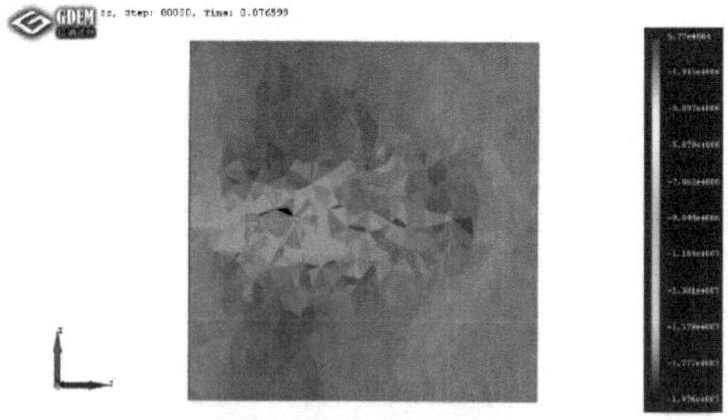

(e) t=0.076 s

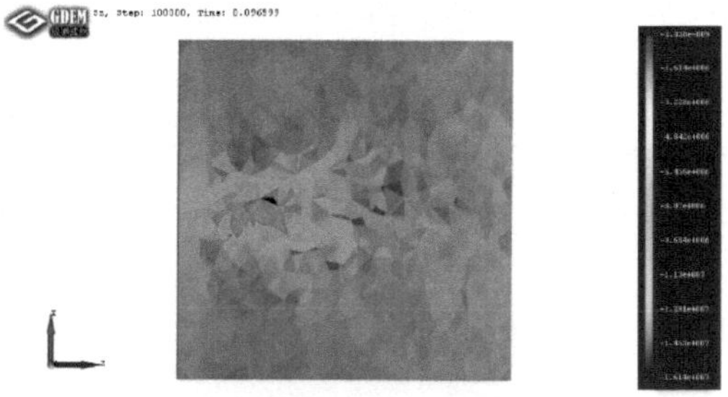

(f) t=0.096 s

图 4-20　炮孔间距为 3 m 时顶板 z 轴方向应力云图

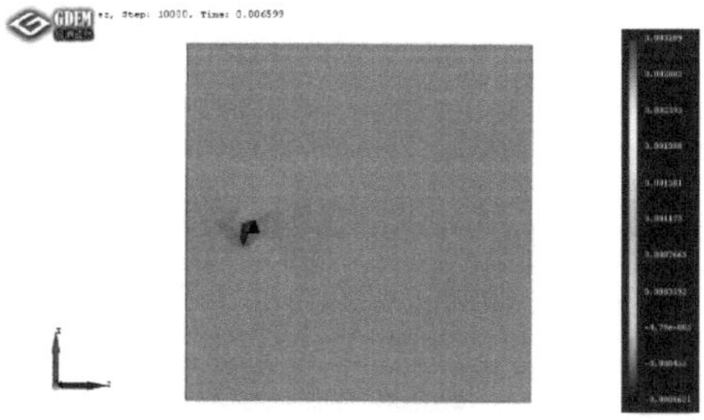

(a) t=0.006 s

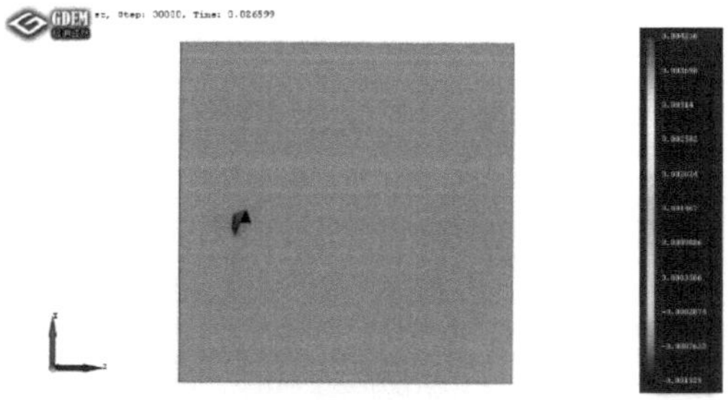

(b) t=0.026 s

图 4-21　炮孔间距为 3 m 时顶板 z 轴方向应变云图

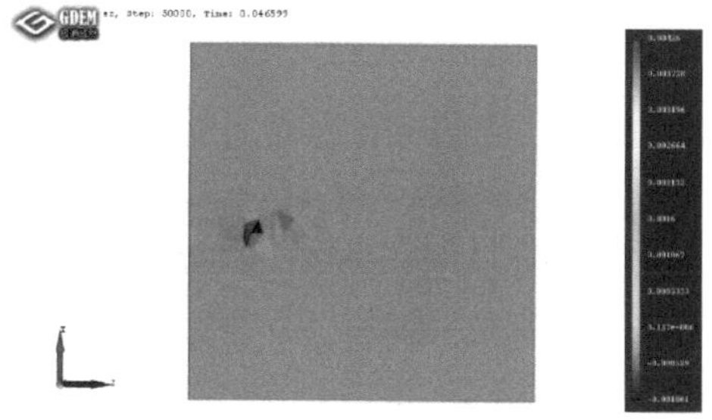

(c) t=0.046 s

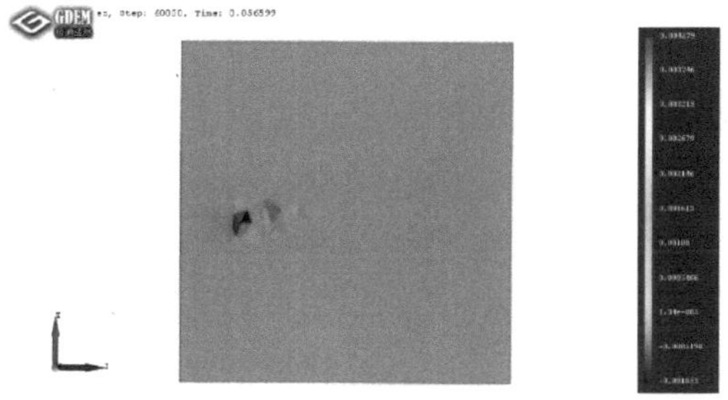

(d) t=0.056 s

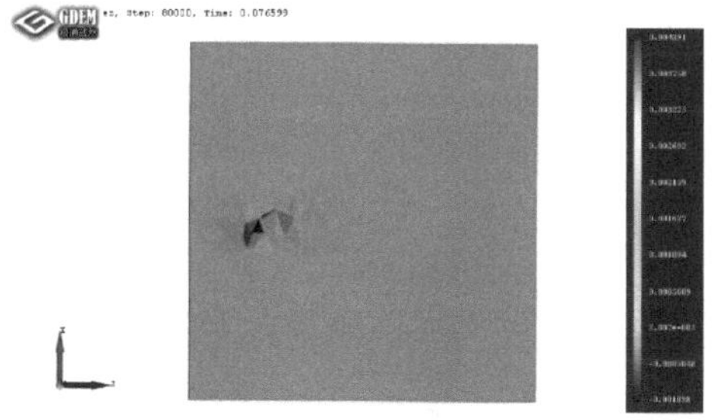

(e) t=0.076 s

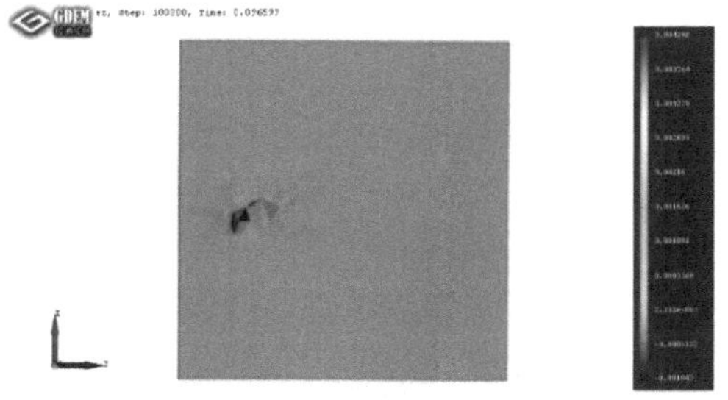

(f) t=0.096 s

图 4-21 （续）

由图 4-20 可知：裂隙主要沿 z 轴方向发展，并且比炮孔间距为 2 m 时产生的顶板裂缝要长。

炮孔间距为 3 m 时，其 z 轴方向上的应力变化规律与炮孔间距为 2 m 时的应力变化规律相似，都是炮孔孔口周围单元所受到的应力较大，并且应力波沿 z 轴方向向炮孔四周传播。

由图 4-21 可知：其应变规律与炮孔间距为 2 m 时的相同，在炮孔孔口位置处应变较大。爆炸产生的损伤主要以剪切破坏为主，且主要沿着 z 轴方向发展。爆炸的影响范围大致为 20 m。

(4) 炮孔间距为 4 m 时

地应力作用下 3 个炮孔间距为 4 m 时爆破后顶板岩层裂缝发展过程、应力云图如图 4-22 和图 4-23 所示。

(a) t=0.000 s

(b) t=0.026 s

图 4-22　炮孔间距为 4 m 时的顶板裂隙发展过程

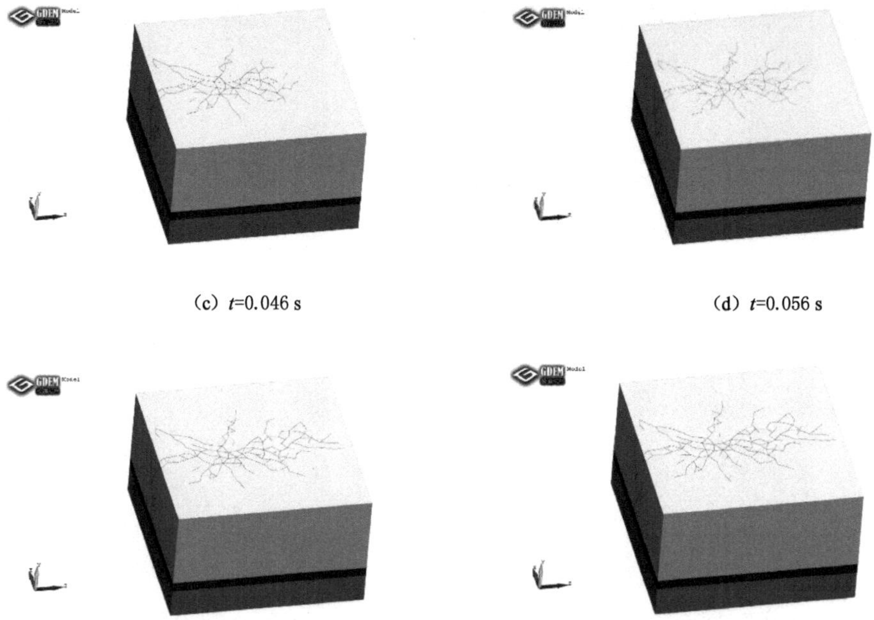

(c) t=0.046 s　(d) t=0.056 s

(e) t=0.076 s　(f) t=0.096 s

图 4-22 （续）

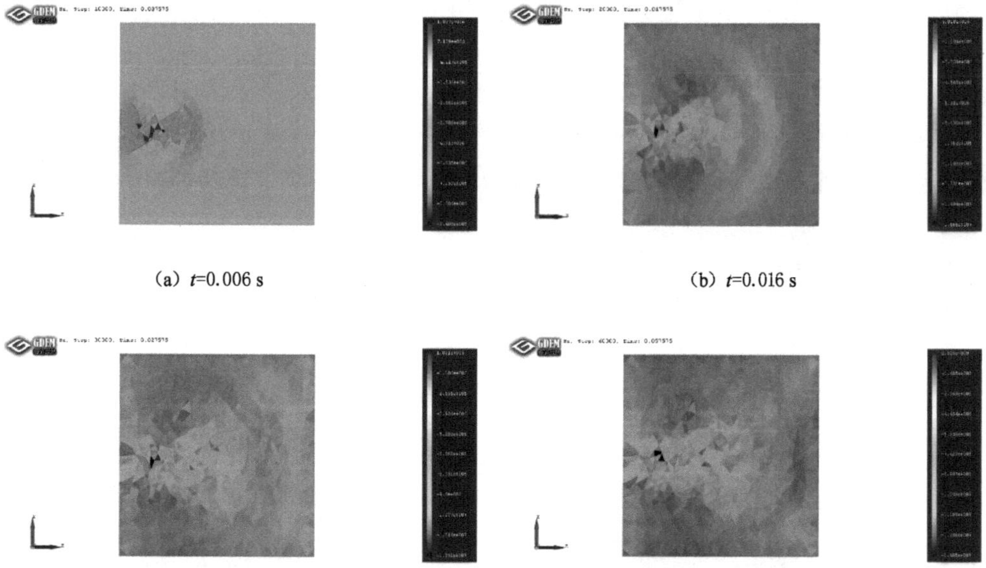

(a) t=0.006 s　(b) t=0.016 s

(c) t=0.026 s　(d) t=0.056 s

图 4-23　炮孔间距为 4 m 时顶板 z 轴方向应力云图

(e) t=0.066 s　　(f) t=0.076 s

图 4-23 (续)

由图 4-22 可知：较炮孔间距为 3 m 时，炮孔间距为 4 m 时的主裂纹沿 z 轴方向发展，其余裂缝向 x 轴两侧扩展，裂缝的范围较大。

由图 4-23 可知：由于炮孔孔口距离较近，其孔口位置处出现了较大的应力变化，并且应力波沿 z 轴方向传播，并向顶板四周扩展。顶板单元破坏的发展规律与前几种间距时的相同，都是沿 z 轴方向发展，且主要为剪切破坏，破坏的范围大致为 20～30 m。

4.3.3 爆破损伤模拟结果分析

将模拟过程中各监测点的应力数据导出并处理后得到应力与时步的关系，在监测点 1 处，当炮孔间距为 1 m 时应力与时步的关系曲线如图 4-24 所示。由图 4-24 可知：当炮孔间距为 1 m 时，爆炸对顶板产生的应力最大值为 1.08 MPa。

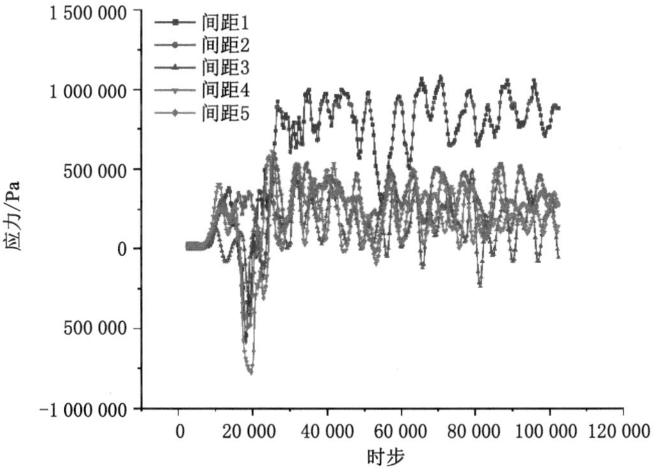

图 4-24 测点 1# 应力与时步的关系曲线

在监测点 2 处，同样的测得应力数据，处理结果如图 4-25 所示。由图 4-25 可知：当炮孔间距为 2 m 时，爆炸对顶板产生的应力最大值为 2.22 MPa。

在监测点 3 处，同样的测得应力数据，处理结果如图 4-26 所示。由图 4-26 可知：当炮孔间距为 3 m 时，爆炸对顶板产生的应力最大值为 2.89 MPa。

在监测点 4 处，同样的测得应力数据，处理结果如图 4-27 所示。由图 4-27 可知：当炮孔间距为 4 m 时，应力最大值为 3.2 MPa。

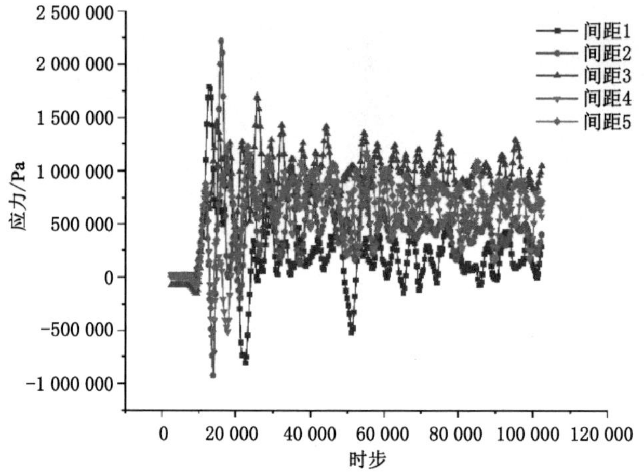

图 4-25　测点 2# 应力与时步的关系曲线

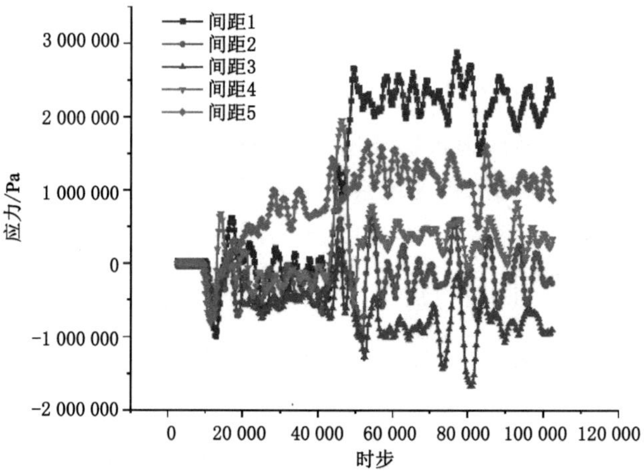

图 4-26　测点 3# 应力与时步的关系曲线

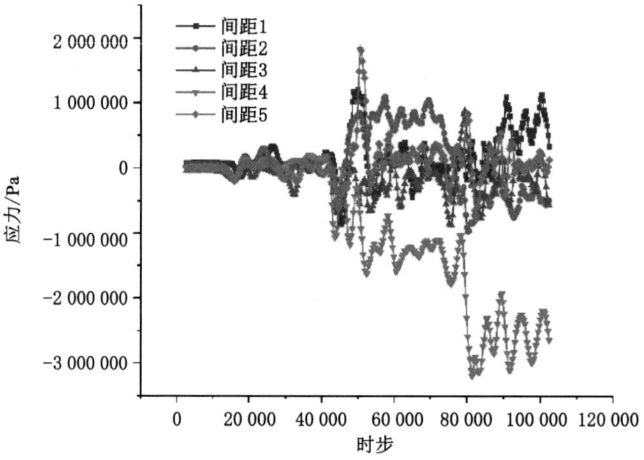

图 4-27　测点 4# 应力与时步的关系曲线

在监测点 5 处,同样的测得应力数据,处理结果如图 4-28 所示。由图 4-28 可知:当炮孔间距为 3 m 时,应力最大值为 1.51 MPa。

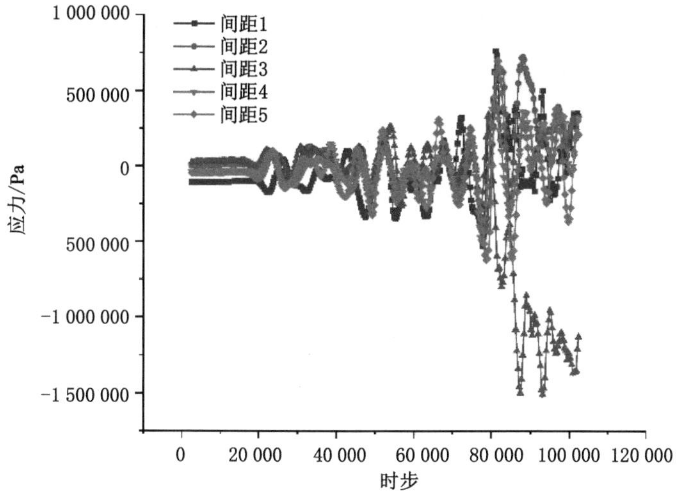

图 4-28 测点 5# 应力与时步的关系曲线

4.4 围压作用下不同炮孔间距爆破损伤破裂岩体相似模型试验

4.4.1 相似模型试验方案设计

模型试验要根据相似理论选择合理的相似比。相似理论由相似三定律组成,包括相似第一定律、相似第二定律、相似第三定律。相似第一定律的主要内容:任意相似的两个体系中的基本物理量应该包含几何相似、动力相似和运动相似。相似第二定律的主要内容:量纲分析法,即如果两个相似体系无法用基本的物理量方程进行描述,但是可以使用量纲分析法对基本物理方程进行转化,从而确定相似关系。相似第三定律的主要内容:当两个相似体系出现几何相似、物理量对应成比例、边界条件相似和初始状态相似时才可以判定为相似[163-169]。

模型试验中原型与模型所运用到的相似条件有以下几种。

(1) 几何相似

$$C_l = \frac{l_m}{l_p} \tag{4-92}$$

式中,C_l 为几何相似系数;l_m 为原型尺寸;l_p 为模型尺寸。

(2) 应力相似

$$C_\sigma = C_l \cdot C_\gamma \tag{4-93}$$

式中,C_σ 为应力相似系数;C_l 为几何相似系数;C_γ 为容重相似系数。

(3) 容重相似

$$C_{\gamma} = \frac{\gamma_{\mathrm{m}}}{\gamma_{\mathrm{p}}} \tag{4-94}$$

式中，C_{γ} 为容重相似系数；γ_{m} 为原型容重；γ_{p} 为模型容重。

以相似理论为依托，对研究对象主要参数进行控制，减少外界干扰因素，使研究结论较可靠，同时相比深部岩石，相似模型的建立与控制，能够较好地排除其他因素的干扰，得出相对准确的数据，通过对数据的分析，得出相关结论并开展对相关试验的验证。

量纲分析能够以量纲均衡原理为理论基础，能够较大程度上在明确试验主要影响因素的条件下进行，提高设计的针对性，因此使用量纲分析法推导相似准则。围压加载爆破模型试验涉及炮孔参数、材料动力学响应及边界围压加载设计。

为了研究围压作用下不同炮孔间距深孔预裂爆破试块的爆破损伤范围以及精确地测量试块加载和爆破的动态过程，本次模型试验结合加载装置、静态应变分析系统、超动态应变分析系统和超声波分析仪等设备，其中加载装置由超高压电动油泵、多顶分油阀、加载反力架构成。BF-64 型全程静态采集分析系统和计算机处理系统构成静态应变分析仪。

加载装置的主要构成部分为反力架、液压同步加载分流阀、数据采集和压力数据设置与显示系统，如图 4-29 所示。反力架由 4 块双层焊接的钢板通过螺栓连接而成，ZB 型高超压电动油泵可以达到试验要求的稳压状态，液压千斤顶可以实现试验要求的上下面同步加载，该装置可以提供最大 200 t 的竖向荷载，且内部有 50 cm×50 cm 的较大空间。

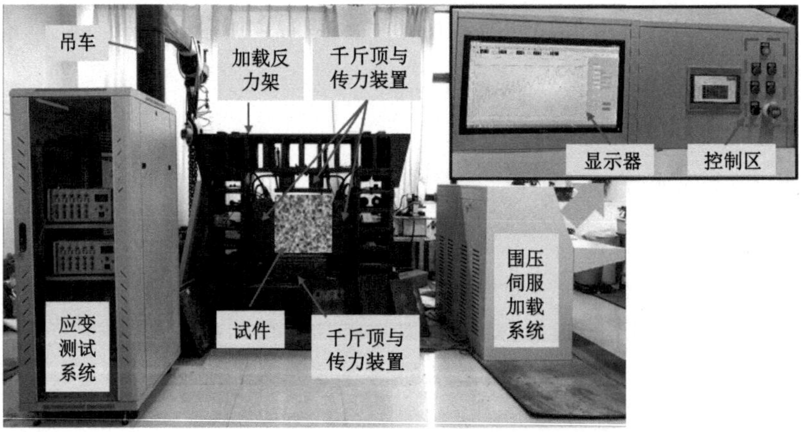

图 4-29　围压加载装置

模型试验的研究目的是探究地应力状态下厚硬顶板深孔预裂爆破的损伤范围，具体的试验流程如图 4-30 所示。

如图 4-30 所示，深孔预裂爆破模型试验的具体操作步骤如下：

(1) 先对所有试块运用声波仪器测其各点的纵波波速并记录基础值。

(2) 分别对 A1、A2、A3 试块进行爆破试验，将连接好的导爆索与雷管缓慢插入提前打好的炮孔中，直到炮孔底部，炮孔堵塞采用黄沙和 502 胶水的混合物，然后把试块吊入加压装置，在其上下表面垫上钢板，保证其与加压装置充分接触，将雷管的脚线引出，测试应变片接通情况，打开应变测试系统。

(3) 缓慢加压至目标值，稳压一段时间后将雷管的脚线连接至起爆器进行爆破试验，爆

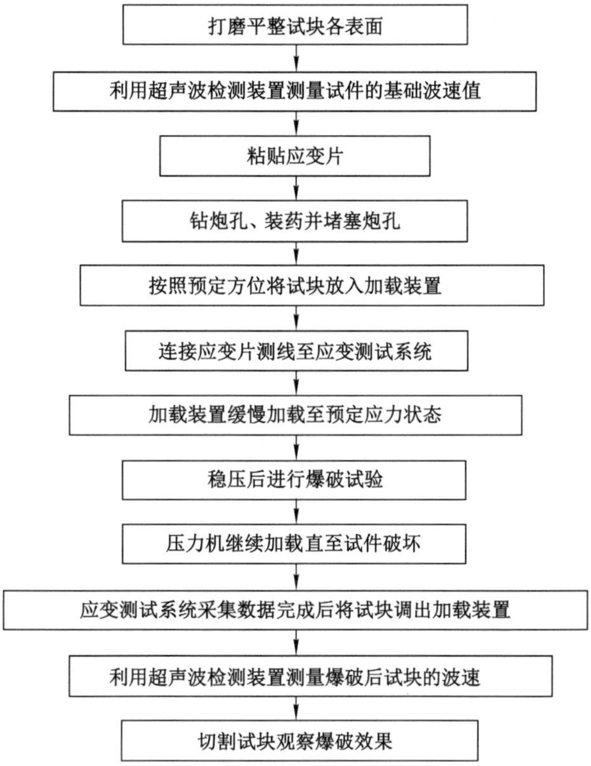

图 4-30　深孔预裂爆破模型试验流程

破试验完成后再稳压一段时间后卸载。

(4) 将进行过爆破试验的试块从加压装置中吊出，用声波仪器测其爆破后的纵波波速并记录。

(5) 对爆破后的试块进行切割，观察试块内部的损伤情况，并拍照记录。

围压装置对试块进行加压的位置及方向如图 4-29 所示，只对试块的上下表面进行加压，因其炮孔布置在试块侧面，且斜向布置，所以围压装置不能对试块的左右表面进行加载。该试验设计的加载峰值为 3.5 MPa，为持续加载。

根据各个相似系数，浇筑了爆破相似模型，结合围压加载装置，尺寸为 750 mm×450 mm×375 mm。试块声波测试和应变片粘贴焊接完成后，开始制作炮孔。由于受加载仪器尺寸的限制，A1、A2、A3 试块炮孔的位置如图 4-31 所示。

炮孔与试块长边方向垂直，与短边方向的夹角为 45°，炮孔长度为 353.55 mm，炮孔堵塞长度为 100 mm，A1、A2、A3 3 个试块的炮孔方位相同，其不同之处为炮孔间距：

(1) A1 试块共有 3 个炮孔，每个炮孔间的距离为 50 mm，中间炮孔孔口位于试块长边方向的中间位置，炮孔与长边方向的夹角为 90°。

(2) A2 试块中间炮孔位于试块长边的中间位置，其他两个炮孔与中间炮孔相距 70 mm。3 个炮孔位于同一个平面上。

(3) A3 试块共有 3 个炮孔，炮孔间距为 90 mm，每个炮孔与长边方向的夹角都为 90°，与短边方向的夹角都为 45°。

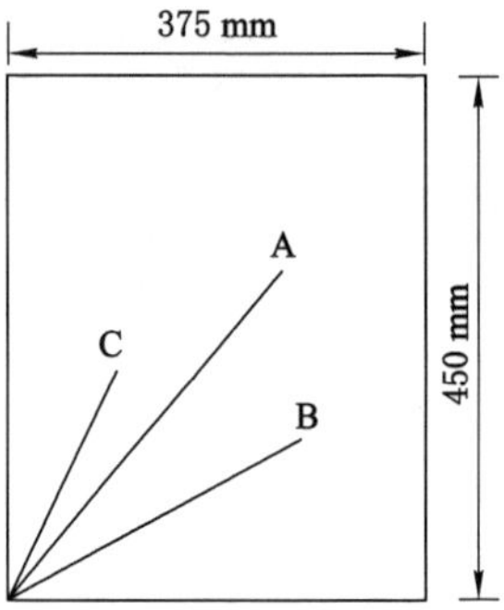

图 4-31　炮孔位置示意图

钻孔时严格按照 A1、A2、A3 试块的设计炮孔位置进行制作。因为该炮孔有角度并且炮孔在试块的长边方向上，相对于垂直的炮孔，不方便打孔，所以准备了 3 种钻头，如图 4-32 所示。

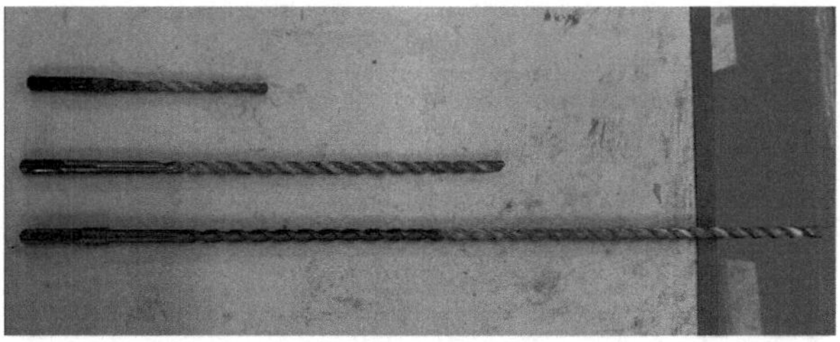

图 4-32　3 种钻头

具体打孔步骤可分解为三步：第一步先用最短的钻头打出一个定位孔，第二步用中等长度的钻头调整角度，第三步用最长的钻头打到预定长度。

装药结构如图 4-33 所示，整体由雷管和特制含铝粉药柱组成，炮孔堵塞 10 cm，装药量为 7 g/m，图中黑色部分为雷管，银白色部分为药柱，两个部分用黑色胶带连接。

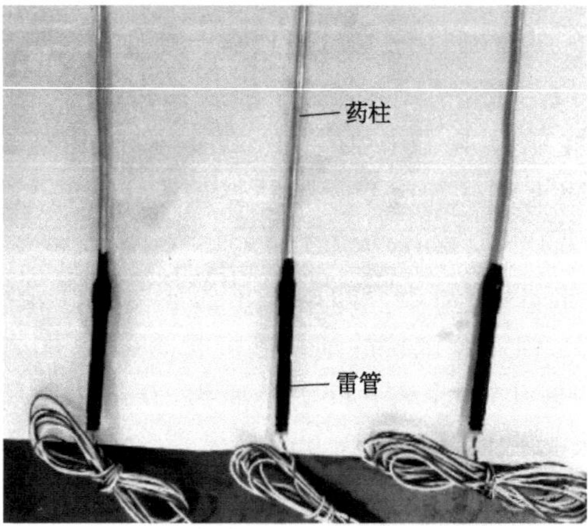

图 4-33　装药结构

4.4.2 相似模型声波损伤测试

已知当声波测试的介质内部较为均匀时，对其进行声波测试后得到的波速值较为稳定，若试件内部存在损伤时，对其进行声波测试时会在损伤区域附近出现波速变小的情况，利用这一特性，设计合适的声波测点，可测得爆破后试块内部的损伤范围。爆破试验未开始之前要对试验试件进行声波测试，得到其基础背景值并记录，爆破试验完成后在设计的相同位置处再测一遍其波速，在损伤范围内，纵波波速会减小，对应的传播时间会增加，所以可利用仪器上显示的纵波传播时间来判断爆破作用后产生的损伤范围，声波测试选用北京市康科瑞工程检测技术有限责任公司研制的 KON-NM-4B 型非金属超声检测分析仪。

声波测试的测点布置如图 4-34 所示，在横向上 25 个发射点用数字 1～25 编号。采用对称布置，该面总共有 25 个发射点，对应的面总共有 25 个接收点。侧面上共布置了 5 条测线，每条测线上有 5 个测点，测线所在的平面要与炮孔方向平行，这样可以保证爆破试验后能测得其损伤范围。为了避免边界效应，发射点和接收点全部集中布置在试件侧面中部，横向上每个测点的中心距为 100 mm，纵向上每个测点的中心距为 50 mm，最外围发射点中心距试块边界 75 mm。

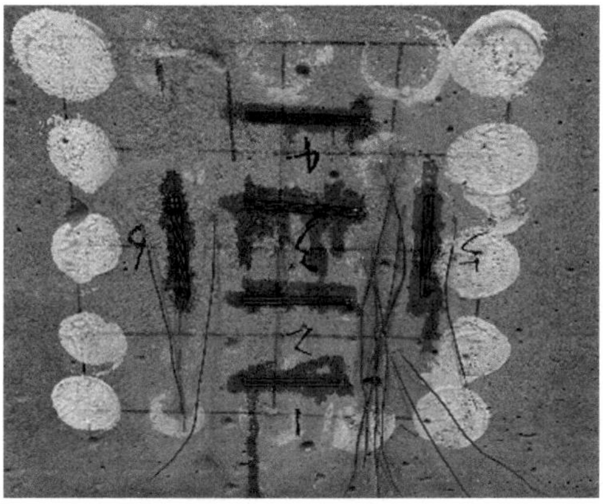

图 4-34 声波测点和应变片位置

对试块进行声波测试时的具体操作流程为：首先要对试块进行打磨，打磨平整待声波测试的试块侧面，打磨结束后打开声波仪，将声波仪的发射头和接收头清理干净，然后将端头合在一起，测试其基础波速并记录。对试块波速进行测试时，要保证发射端和接收端处于同一条直线上且声波仪的端头与试块充分耦合，在对每个测点测试前，要在端头上涂抹牙膏或者凡士林。然后对声波进行采集，等声波仪上显示的波形较稳定时按下采集按钮，记录各测点声时。

声波测试时需特别注意以下几点：

（1）此次声波测试总共有 5 条测线，可测得 5 个与炮孔方向平行截面的爆破损伤范围，要保证有 3 条测线包含 3 个炮孔的水平面。

（2）当声波测试的测点在试块边缘上时，其纵波波速数值会显示异常，所以为了避免边界效应，所有声波测点要集中布置在试块的中部。

（3）对发射端和接收端涂抹牙膏或者凡士林时，不宜涂抹过少，因为过少会使端头与试块接触不充分，从而导致波速不准确。

4.4.3 围压作用下模型变形测试

只对试块进行声波测试不能够完全描述不同炮孔间距时爆炸对试块的损伤影响，这里增加对试块不同位置处应变的变化情况进行补充描述。

试验采用 BFH120-50AA-X30 型金属箔式电阻应变片，其电阻为 120 Ω，灵敏系数为 2.0±1%，精度等级为 A 级。

粘贴应变片前，要对每个应变片进行阻值测量，检验应变片是否能正常使用，运用万用表对应变片进行测量。需要对应变片在试块上粘贴的位置进行打磨，打磨完成后用无水乙醇将打磨的部位擦拭干净，以确保应变片粘贴位置光滑。应变片可与试块充分贴合。

选用 502 胶水粘贴应变片，设计应变片的粘贴位置如图 4-34 所示。横向的应变片粘贴位置在试块纵边方向的中点连线处，横向应变片中心点与试块纵边的距离为 175 mm，与试块横边的距离为 100 mm，每个横向应变片中心点的间距为 50 mm，纵向应变片中心点与试块纵边的距离为 100 mm，纵向应变片与横向应变片中心点的距离为 75 mm。

试块的背面如图 4-34 所示粘贴位置一样粘贴 6 个应变片。应变片粘贴完成胶水凝固后，在其表面涂抹一层有机硅密封胶，将应变片密封并且加固应变片，防止后续焊接导线和吊装试块时将应变片蹭掉或者使之损坏，应变片全部粘贴完成后，再用万用表测一遍应变片阻值，以防止应变片在粘贴时损坏不可用，及时进行更换。

4.4.4 试验加载爆破损伤效果

首先是对试块表面进行整理和打磨，尽量减小对声波测试和应变片粘贴的影响。处理完成后首先对试块进行声波测试，测得试块声波的基础值。为了减小测量误差，对每个测点进行 3 次声波测试，取平均值。本来的试验设计声波测试为 3 次，分别为试块原始值、加载卸载值和爆后值，但本次爆破试验的 3 个试块全部破损较为严重，导致不能对爆破后试块的声波进行测量，所以只有原始值和加载卸载这两个声波测试值。原始值见表 4-1。

表 4-1 试块声波测试原始值 单位：μs

编号	测线				
	1	2	3	4	5
A1	124	110	107	118	112
	105	104	105	108	110
	106	108	109	108	113
	108	106	108	108	111
	106	109	107	110	118
A2	126	125	130	111	109
	114	107	108	108	119
	118	114	108	130	121
	122	132	129	130	114
	125	125	120	113	104

表 4-1(续)

编号	测线				
	1	2	3	4	5
A3	103	103	135	105	122
	107	102	100	108	100
	120	104	102	101	112
	106	104	103	101	112
	116	113	101	122	127

由表 4-1 的声波测试原始值可以看出：数据相对较均匀，各测点的声波值基本都在 100～120 μs 范围内。试块无相对薄弱的地方，有利于后续加载试验和爆破试验的进行。

测得试块声波原始值后粘贴应变片，将应变片按标号连接测试仪器，对试块进行加载试验。加载完成后将试块从围压装置中吊出，测得其加载后的声波值，具体数值见表 4-2。

表 4-2 试块声波测试加载值

单位：μs

编号	测线				
	1	2	3	4	5
A1	141	126	107	119	132
	126	116	119	118	131
	122	108	112	110	134
	147	107	109	110	121
	126	117	129	130	126
A2	170	150	127	131	132
	144	113	129	130	130
	129	125	132	152	133
	122	131	131	132	127
	107	131	120	122	121
A3	126	124	124	102	121
	131	164	141	124	122
	111	128	124	113	110
	127	142	125	102	122
	146	134	122	136	154

对比表 4-1 与表 4-2 可以看出：试块钻孔后加载会对炮孔周围造成一定的损伤，但是损伤范围很小，对试块产生的影响也较小。虽然只对试块上下表面进行加压，但是加载过程对试块边缘也造成一定的损伤，但基本对后续的爆破试验没有影响。

对试块声波测试完成后，试块上一共有 12 个应变片，用 12 根导线分别连接应变片上提前焊接完成的连接线。接线完成后将试块吊入加载装置，由于加载装置下部与试块的接触面较小，要在该位置处提前垫上面积较大的钢板，以保证加载装置与试块充分接触。启动加载装置，设定的压力加载目标为 3.5 MPa，加载速率为 0.01 MPa/s。

加载过程中围压装置的压力曲线如图 4-35 所示。

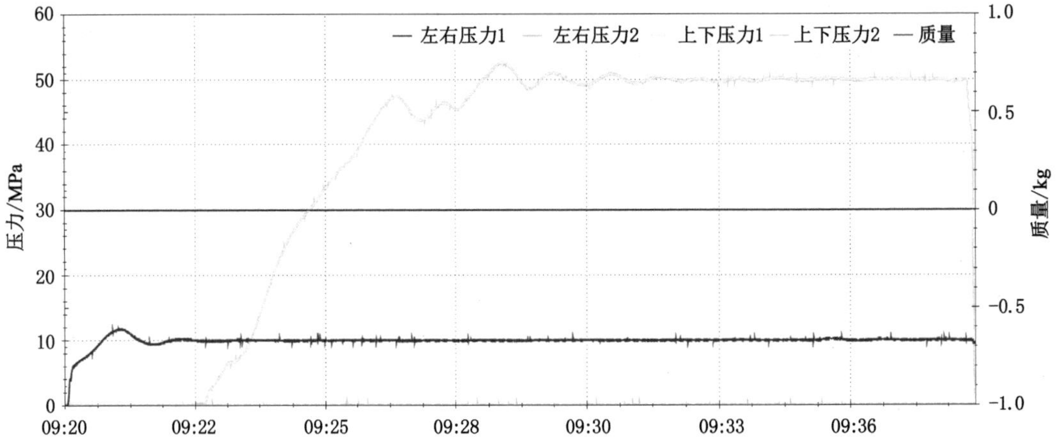

图 4-35　围压装置压力变化曲线

试验刚开始时，围压装置上压板还未与试块表面接触，试块尚未被抬起，所以围压装置可以监测到试块的质量。黄色线条为二站的压力显示曲线，即本次试验所用到的部分压力装置。整个围压装置共有 4 块压板，分别命名为一站 1、一站 2、二站 1 和二站 2，一站为装置中横向的两块压板，二站为装置中纵向的两块压板，因本次试验设计为只对试块的上下表面进行加压，所以压力图中只显示装置中二站的压力变化曲线。

横坐标代表加载时间，纵坐标代表压力，单位为 MPa，浅色曲线代表二站压力在开始加载的第七分钟后趋于稳定，达到试验设计的 3.5 MPa，并持续保持稳定。

在达到预定压力过程中，要对试块进行静态应变测试。试块上共有 12 个应变片，已提前将这 12 个应变片接入静态应变仪，分别对应静态应变仪上的 12 个通道。加压时分别测得横向应变片和纵向应变片随压力加载的数据。由于试块相对较大，粘贴在表面上的应变片不会像应变砖一样灵敏，导致大部分应变片采集到的静态应变数据变化趋势不明显，所以下面主要以几个趋势较为明显的应变数据来解释。

因试块上有横向和纵向两种方向不同的应变片，所以加载过程中选择两种情况进行分析。图 4-36 为 A1 试块上编号为 1 的应变片加载时的应变变化曲线。图 4-37 为 A3 试块上编号为 11 的应变片加载时的应变变化曲线。图 4-38 为 A1 试块上编号为 7 的应变片卸载时的应变变化曲线。图 4-39 为 A1 试块上编号为 5 的应变片卸载时的应变变化曲线。

规定试块受拉为正，试块受压为负。由图 4-36 可知：1 号应变片为横向应变片，荷载持续加载时，应变也随着持续增加，且为正值，说明荷载持续加载时横向应变片受拉，对应加载时试块横向受拉。应变每个时步的间隔为 0.5 s，800 时步后应变趋于稳定，应变达到峰值，但总体的应变变化并不大，与试块尺寸较大和应变的测量方式有关。

由图 4-37 可知：11 号应变片为纵向应变片，持续加载时应变也随之持续增大，应变为负值，说明持续加载时纵向应变片受压，对应加载时的试块纵向受压。500 时步后应变趋于稳定，应变达到负值峰值，和 1 号应变片一样总体的应变变化并不大。

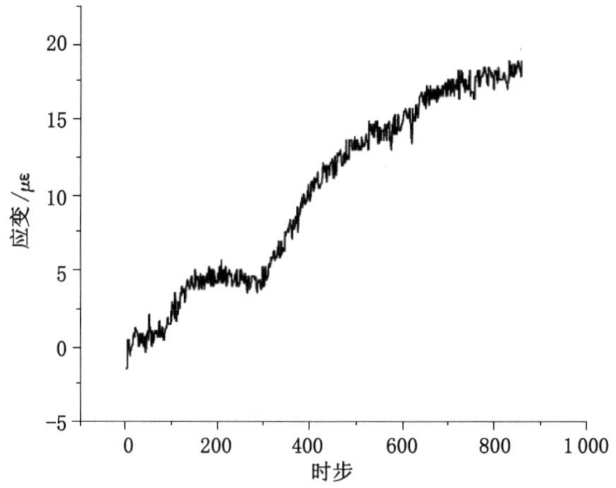

图 4-36　1 号应变片静态应变变化曲线

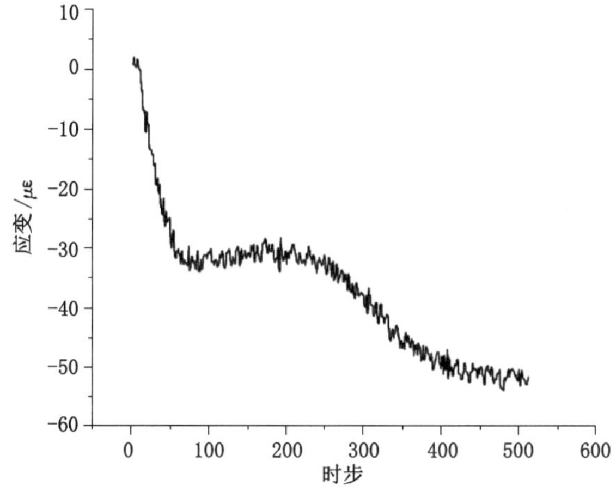

图 4-37　11 号应变片静态应变变化曲线

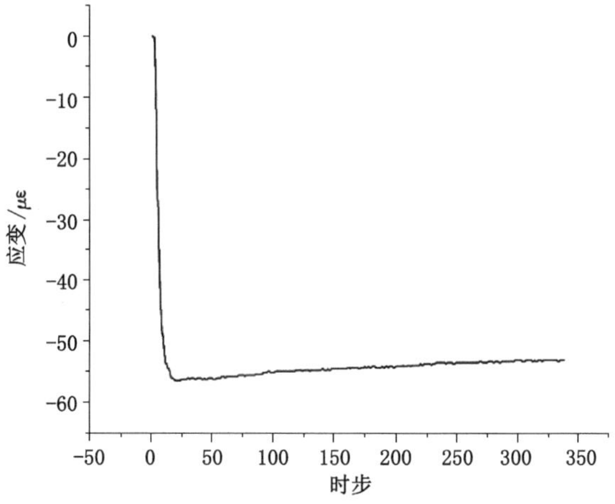

图 4-38　7 号应变片静态应变变化曲线

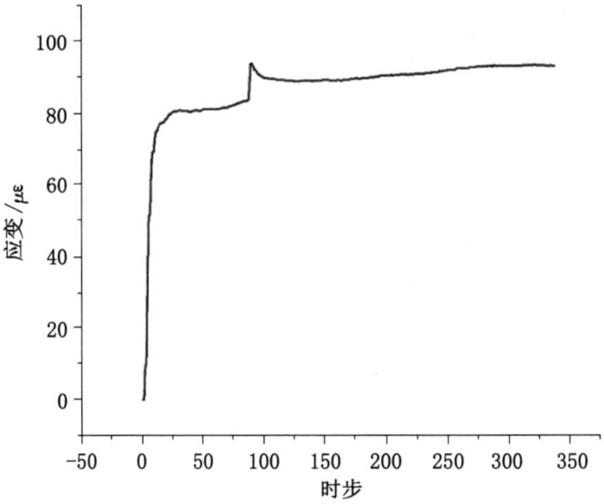

图 4-39　5 号应变片静态应变变化曲线

卸载过程中静态应变变化的测量在爆破试验后，需把应变片上的导线按顺序接入静态应变仪，之后才能操作围压装置进行卸载。

由图 4-38 可知：7 号应变片为横向应变片，卸载时应变也随着荷载作用时间的增加而增大，说明卸载时横向应变片受压，对应卸载时试块横向受压。25 时步后应变趋于稳定，应变达到负值峰值。

测量卸载时的应变从 0 开始下降，因为静态应变测试系统每次测试记录前要归零，即试块从最大形变开始回缩。

由图 4-39 可知：5 号应变片为纵向应变片，卸载时应变也随之持续增加，说明卸载时纵向应变片受拉，对应卸载时的试块纵向受拉。100 时步后应变趋于稳定，应变达到峰值。

由图 4-36 至图 4-39 可知：围压加载阶段，试块在横向上受拉，在纵向上受压，使试块变矮变宽。围压卸载阶段，试块在横向上受压，在纵向上受拉，使试块变高变窄。

模型试验主要进行了不同炮孔间距时的深孔预裂爆破，一共有 3 种间距，分别为 50 mm、70 mm 和 90 mm。间距为 50 mm 时，A1 试块的爆破损伤处如图 4-40 所示。试验开始前设计的炮孔角度为 45°，由图 4-40(h)可知：爆破试验后产生的爆破损伤裂缝基本沿着预先打孔的角度延伸，并且炮孔位置相对集中，抵抗线较大，对试块边界损伤较小，由图 4-40(a)至图 4-40(g)可知：试块内部损伤的角度与炮孔的角度基本相同，且对试块的损伤较为完整。由于试块的上下表面不平整，围压装置与其接触时会在试块上下表面部分位置处产生应力集中。图 4-40 中试块内部炮孔周围有大面积黑色阴影，是炸药爆炸后爆炸应力波和爆生气体共同作用的结果。

由图 4-41(a)至图 4-41(d)可知：相比炮孔间距为 50 mm，炮孔间距为 70 mm 对试块产生的损伤范围较大，产生了很多微小的裂缝，但主裂缝还是基本沿着炮孔的方向延伸，其他小裂缝主要出现在除了试块上下表面的其他面上，因为围压会抑制裂缝的发展。

炮孔间距为 90 mm 时试块的损伤情况：主裂缝角度较大，只有一部分裂缝沿着炮孔方向发展，与间距较大炸药爆炸后能量不集中有关，沿着炮孔方向发展的裂缝主要位于炮孔

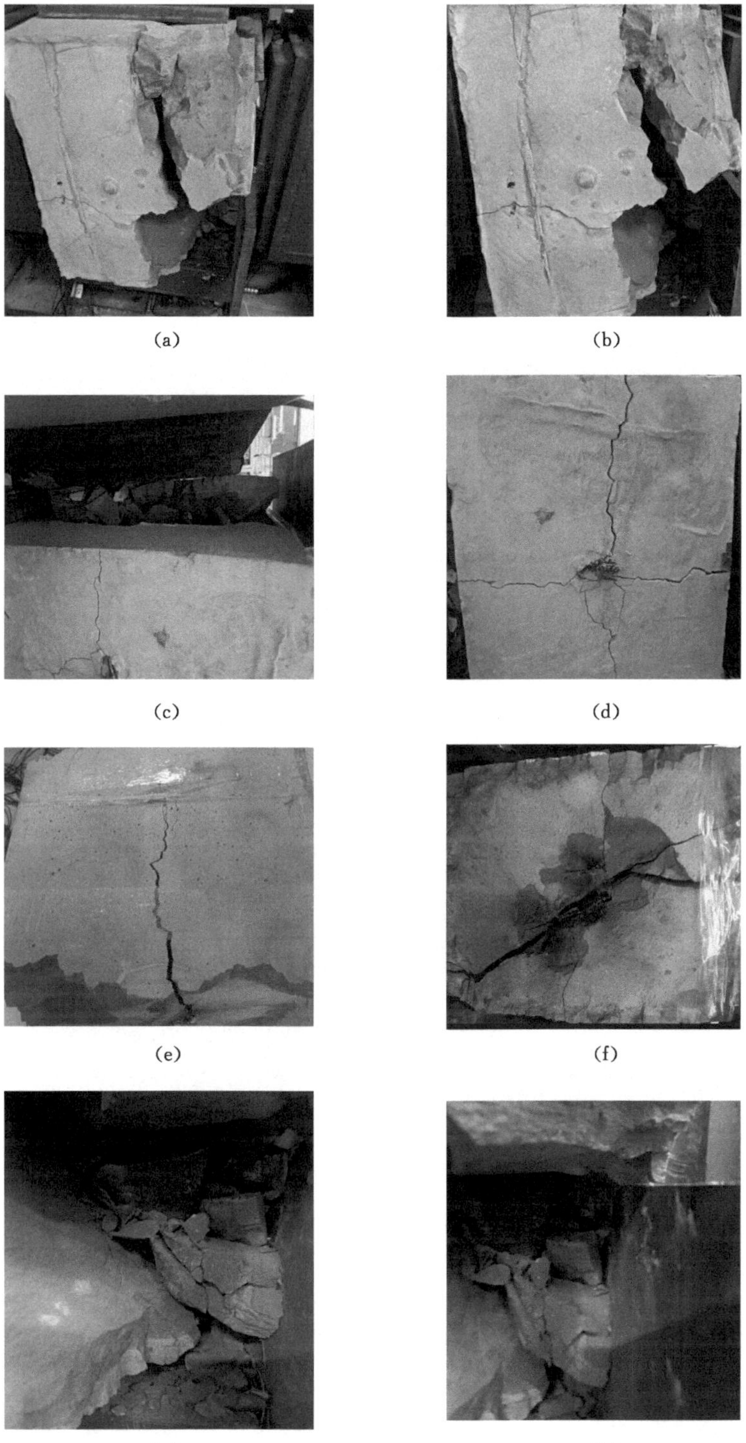

图 4-40　炮孔间距为 50 mm 时的岩体爆破破坏

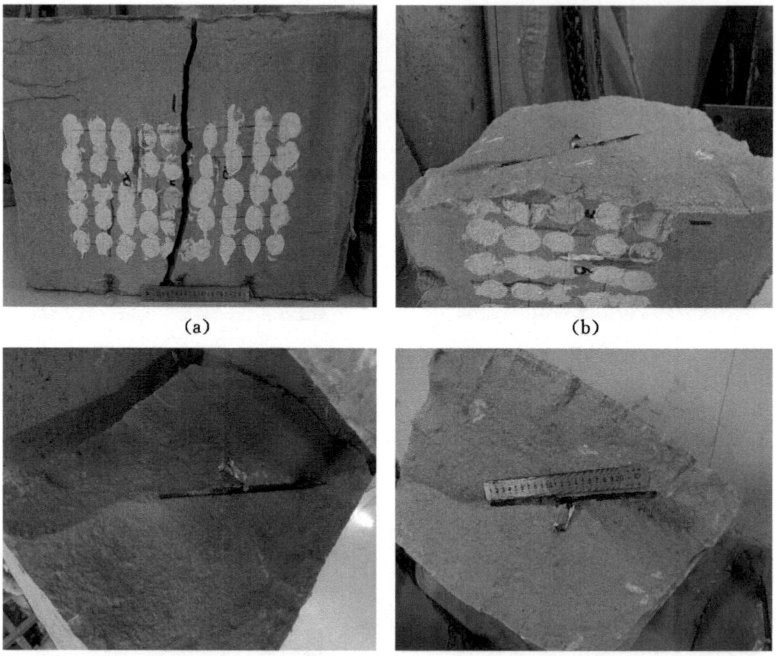

(a) (b) (c) (d)

图 4-41　炮孔间距为 70 mm 时的岩体爆破破坏

中炸药装填位置，堵塞位置处部分裂缝并没有沿着预先的钻孔角度发展。

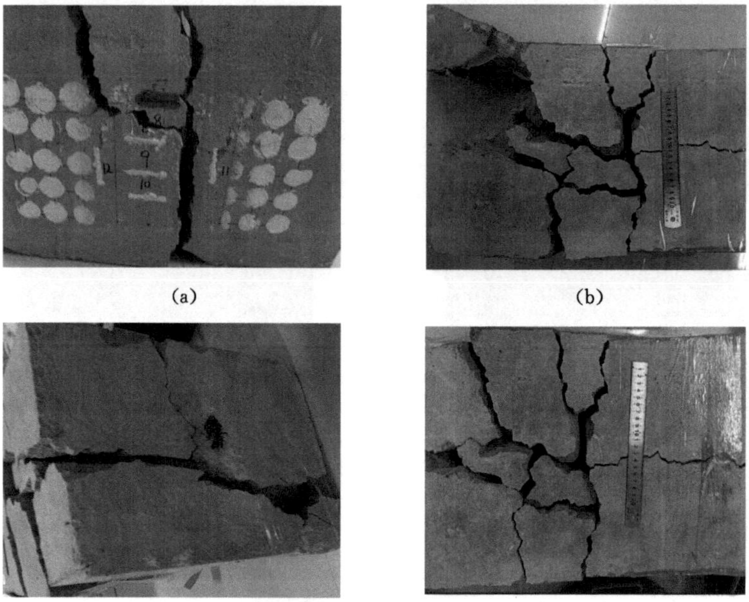

(a) (b) (c) (d)

图 4-42　炮孔间距为 90 mm 时的岩体爆破破坏

(e)

(f)

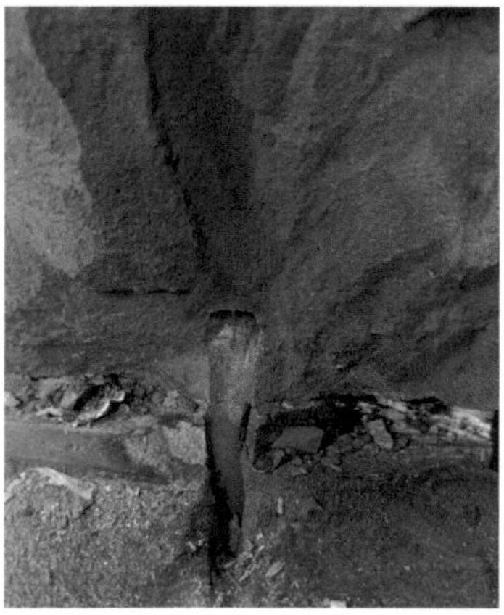

(g)

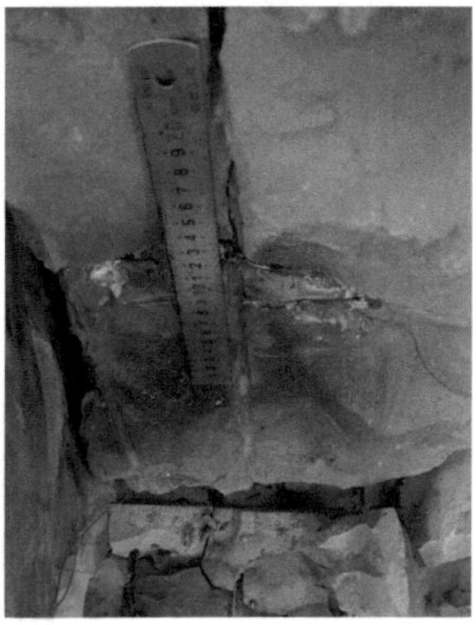

(h)

图 4-42 （续）

4.5 不同损伤区砂岩变形特征

4.5.1 不同爆破损伤区砂岩试验方案设计

采用与 2.1 节同样的方法制作损伤，结果如图 4-43 所示。

在爆破后的损伤试件表面喷涂哑光漆，制作散斑粘贴应变片，即可进行加载，如图 4-44 所示。为模拟爆破荷载作用后深部矿井顶板砂岩在围压作用下的力学性能变化情况，采用双轴压力系统对爆破损伤砂岩开展不同围压作用下的轴向压缩试验。轴压和围压均采用油压千斤顶施加，利用计算机控制系统对试件进行围压和轴压加载，双轴加载试验中结合现场工程实际选取 5 MPa、10 MPa、15 MPa、25 MPa 4 种不同围压。加载过程中由于围压加载的同时会产生一个同一应力水平的轴压，为更准确获取施加荷载过程中试件的变形曲线，先将试件加载至预定围压，加载速率为 0.2 MPa/s，围压加载至预定值后稳定 5 min 继续对试件进行轴向加载直至预定值，最终获取试件的应变数据，再对数据进行处理以获得应变曲线，并结合 DIC 技术对试件变形量进行分析。

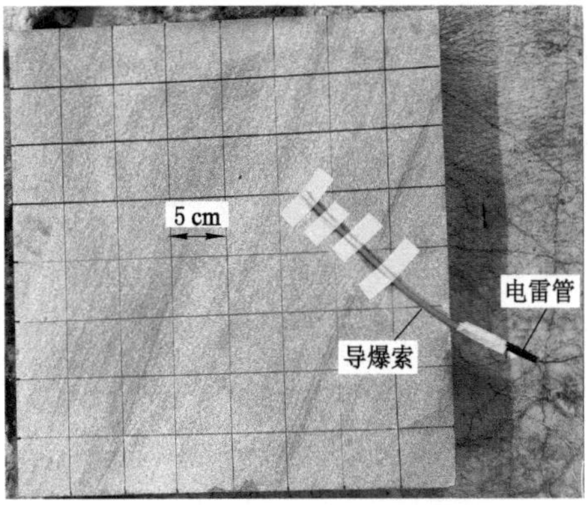

(a) 爆破前试样（单个损伤区）

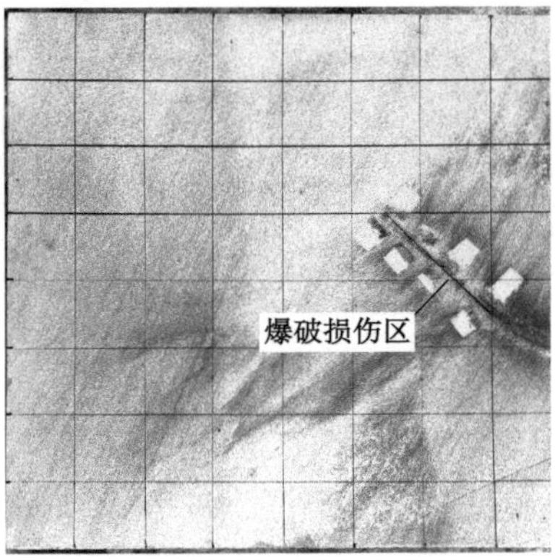

(b) 爆破后试样（单个损伤区）

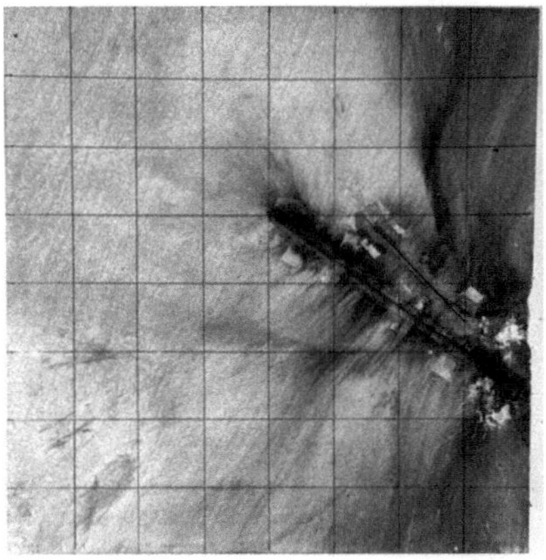

(c) 单侧两个损伤区

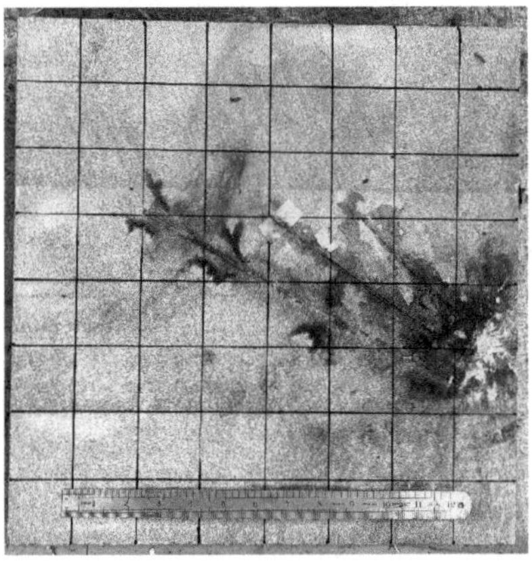

(d) 单侧3个损伤区

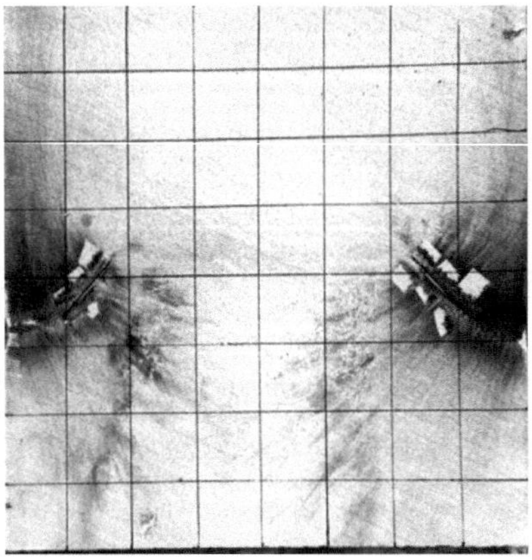

(e) 双侧单个损伤区

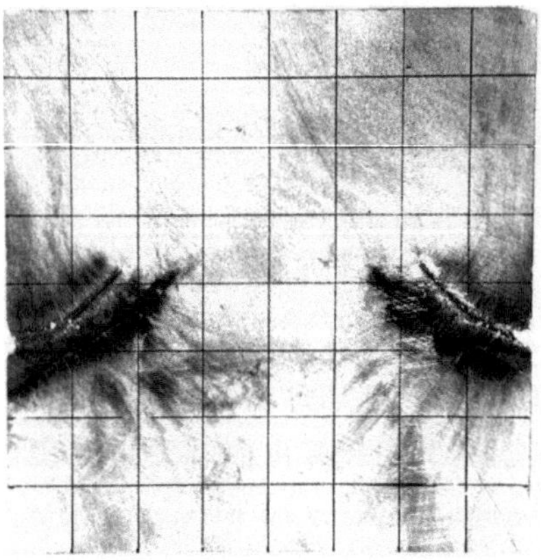

(f) 双侧2个损伤区

图 4-43　爆破损伤制作

图 4-44 损伤试件加载

4.5.2 损伤后砂岩变形特征

4.5.2.1 不同药量损伤情况下砂岩竖向应变变化规律

为更加直观地观测轴向荷载作用下砂岩试件的变形特征，采用力加载方式对试件施加荷载，加载速率为 0.2 MPa/s，不同损伤程度试件在轴向荷载作用下，围压为 5 MPa 时，试件竖向应变时程曲线如图 4-45 所示，DIC 分析结果如图 4-46 和图 4-47 所示。

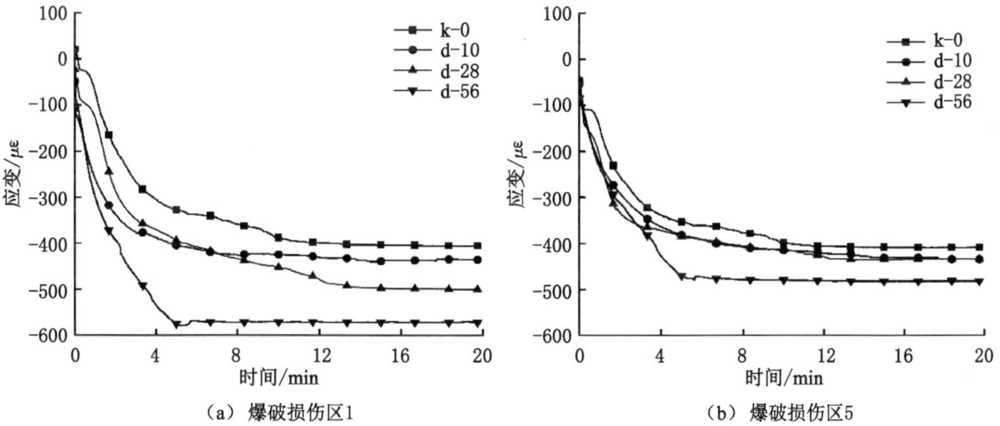

图 4-45 不同长度导爆索爆破情况下试件的竖向应变曲线

(k-0：k 表示空白对照组，0 表示导爆索总长度为 0；d-10：d 表示导爆索单边布置，10 表示导爆索长度为 10 cm；d-28：d 表示导爆索单边布置，28 表示导爆索长度为 28 cm；d-56：d 表示导爆索单边布置，56 表示导爆索长度为 56 cm)

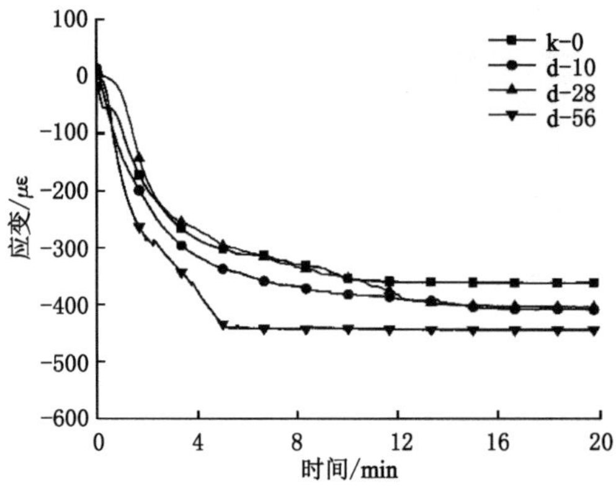

（c） 爆破振动区2

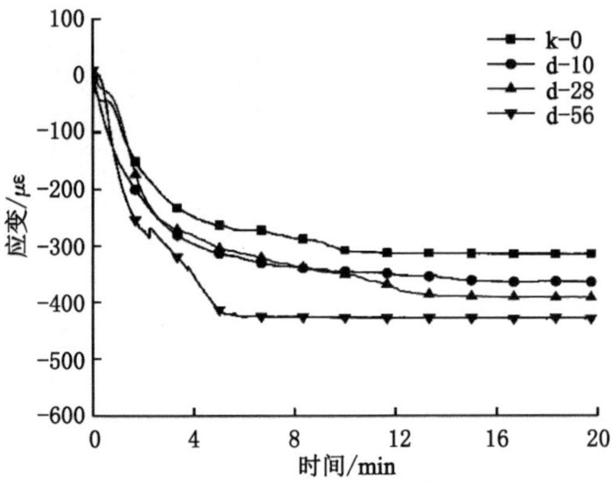

（d） 爆破振动区3

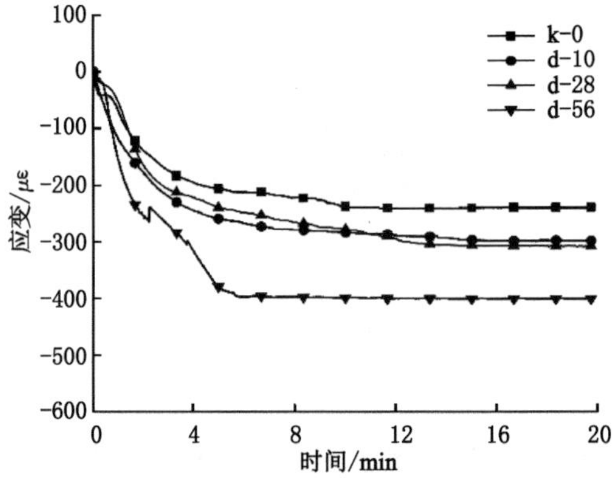

（e） 爆破振动区4

图 4-45 （续）

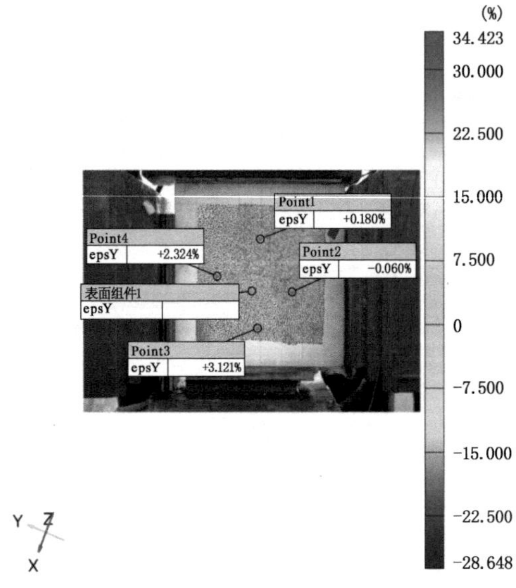

（a）4 min

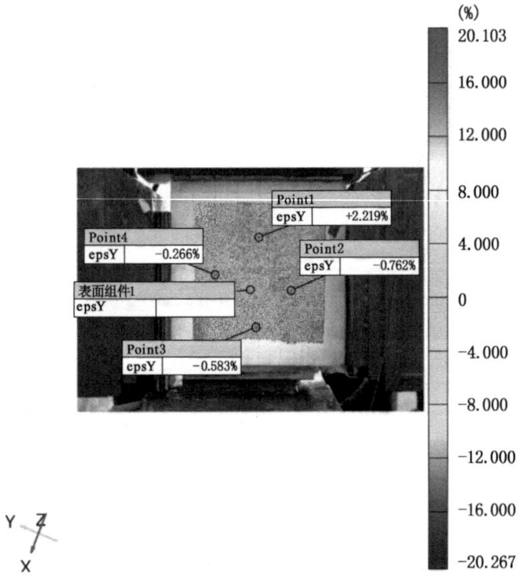

（b）8 min

图 4-46 未损伤试件的位移矢量图

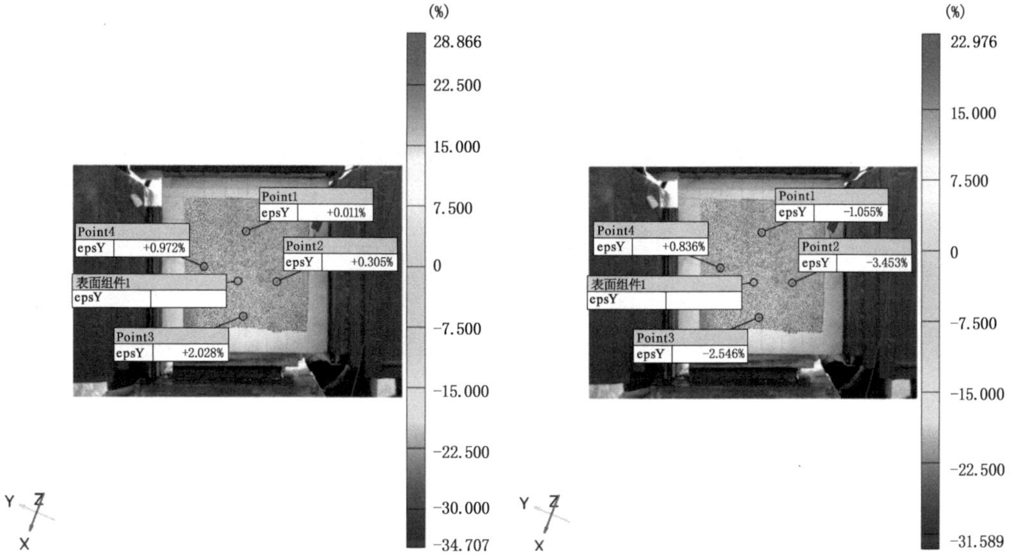

（c）12 min　　（d）16 min

图 4-46 （续）

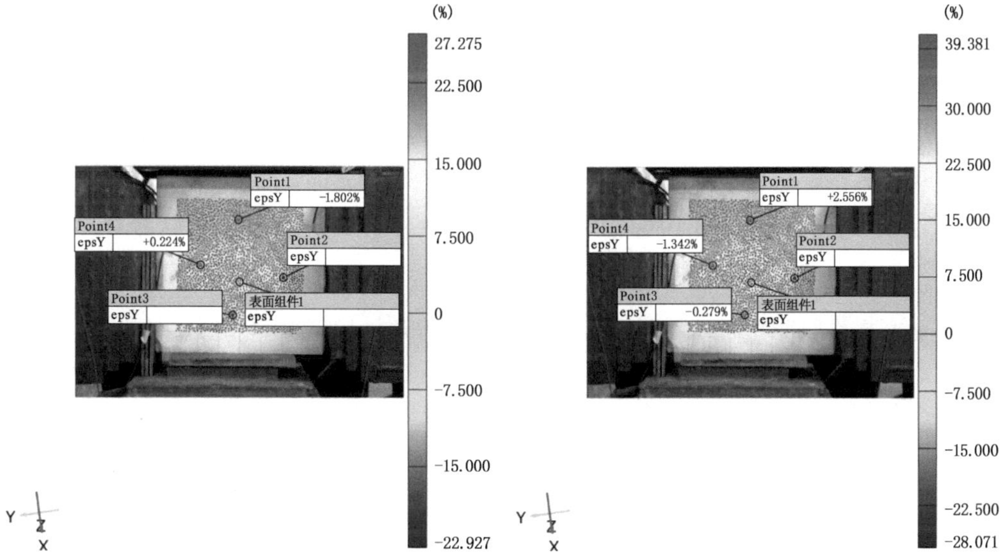

（a） 4 min　　（b） 8 min

图 4-47　单根 10 cm 爆破损伤试件的位移矢量图

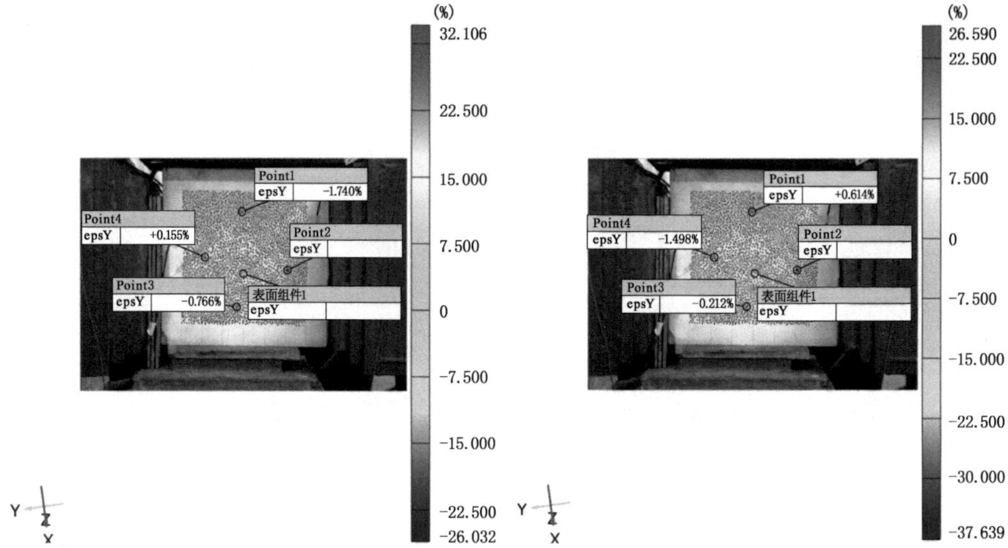

(c) 12 min　　　　(b) 16 min

图 4-47 （续）

由图 4-45 可知爆破荷载作用使砂岩试件的物理性质有明显改变，在不同长度导爆索爆破情况下试件的应变曲线形式基本保持一致。由于爆破药量不同，试件在轴向荷载作用下的竖向应变量不同，但大致应变变化规律保持一致。相同炸药量情况下，爆破损伤区应变大于爆破振动区的竖向应变，其中 d-56 试件损伤区 1、5 的最大应变为 $-575\ \mu\varepsilon$、$-491\ \mu\varepsilon$，振动区 2、3、4 的最大应变为 $-441\ \mu\varepsilon$、$-425\ \mu\varepsilon$、$-396\ \mu\varepsilon$。在应变片粘贴位置相同处，炸药量越多，试件的竖向应变越大。这是由于爆破荷载作用对试件产生一定的损伤，在微观层面表现为裂纹孔隙增多，损伤试件在轴向荷载作用过程中试件损伤区会形成孔隙压密、裂纹扩展及岩石黏结颗粒间的分离，宏观表现为应力-应变关系曲线的抖动，且损伤试件峰值应力、峰值应变均低于未损伤试件的，其自身抵抗外荷载的能力降低，更容易破坏。

4.5.2.2 不同围压作用下损伤砂岩竖向应变变化规律

为了探究损伤状况相同时不同围压作用和轴向荷载作用下砂岩试件的变形特征，采用力加载方式对试件施加荷载，加载速率为 0.2 MPa/s，选取长度为 10 cm 和 18 cm 两根导爆索在一侧爆破情况下的试件进行分析，试件竖向应变曲线如图 4-48 所示，DIC 分析结果如图 4-49 和图 4-50 所示。

由图 4-48 可知：在相同的爆破荷载作用下，砂岩的损伤程度基本相同，而在施加不同围压的情况下，导致岩石的竖向应变有所不同，但是基本都保持爆破损伤区的竖向应变大于爆破振动区的竖向应变。爆破损伤区 1 围压为 5 MPa、10 MPa、15 MPa、25 MPa 时试件应变分别为 $-621\ \mu\varepsilon$、$-564\ \mu\varepsilon$、$-491\ \mu\varepsilon$、$-352\ \mu\varepsilon$，围压越大，试件的竖向应变就越小。这是由于围压限制了岩体变形程度，围压越大，试件在压力作用下产生变形的难度越大，其应变越小。

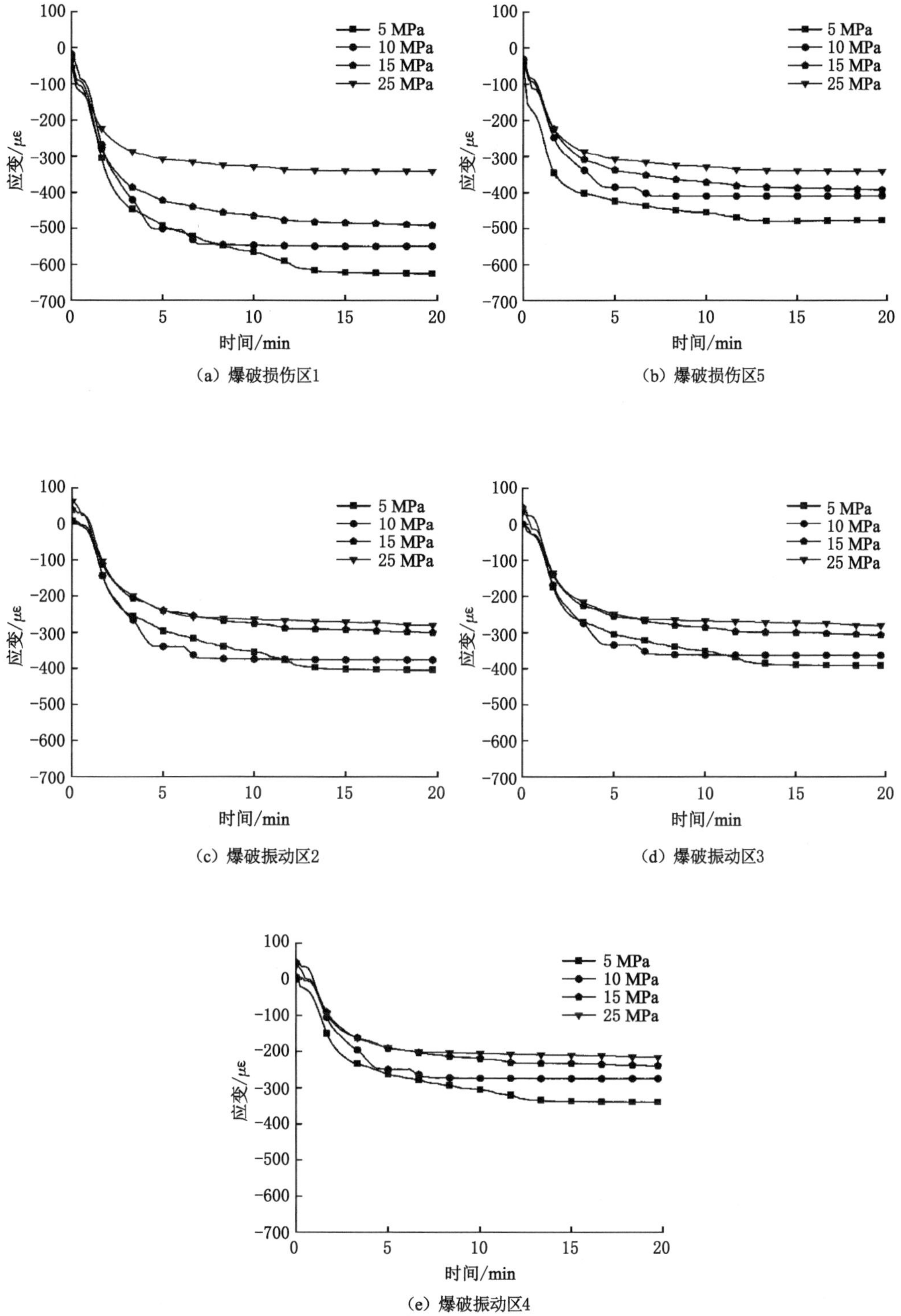

图 4-48　不同围压时下试件的竖向应变曲线

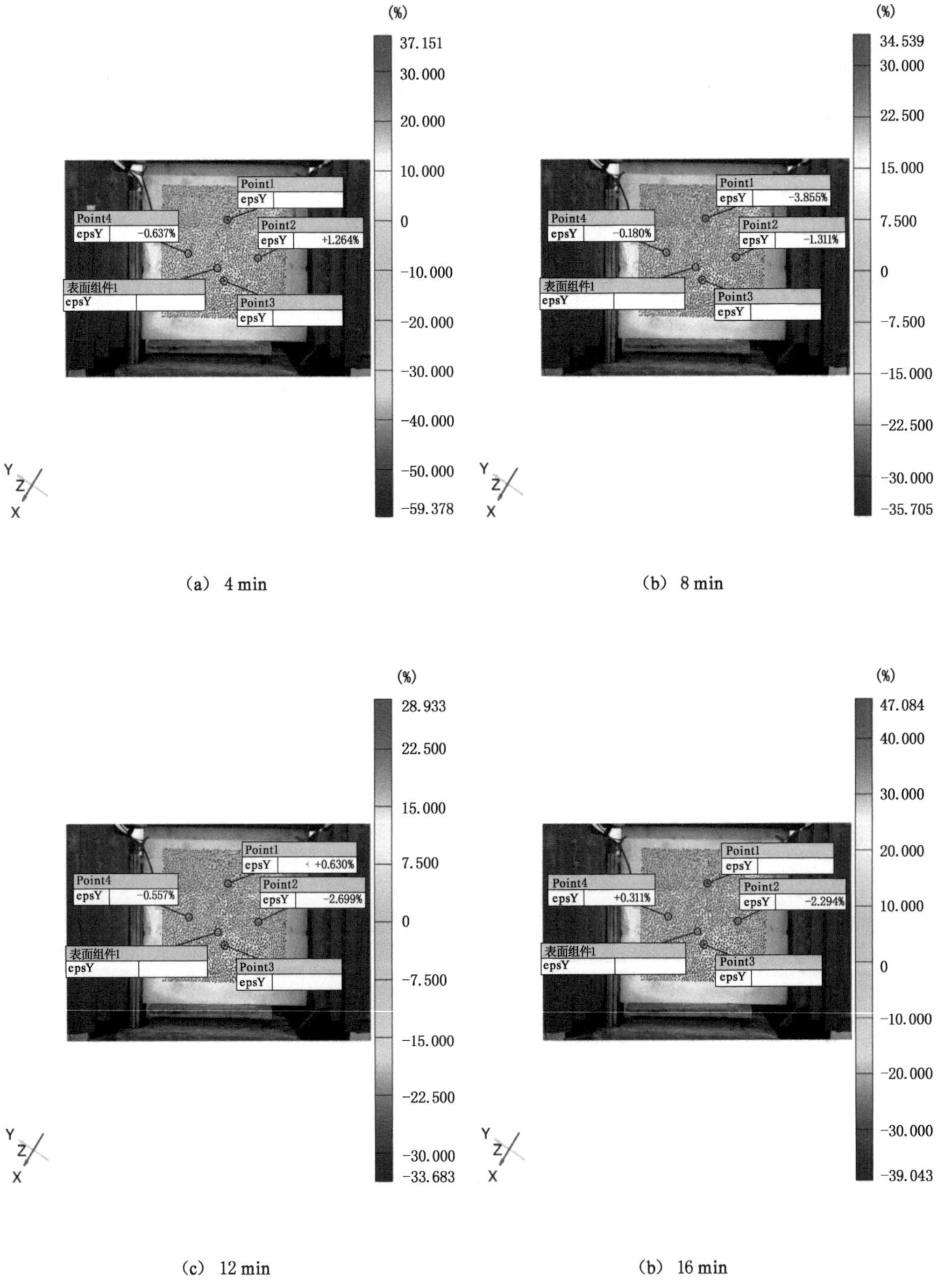

(a) 4 min　(b) 8 min　(c) 12 min　(b) 16 min

图 4-49　单根 10 cm 围压 0.1 MPa 时试件的位移矢量图

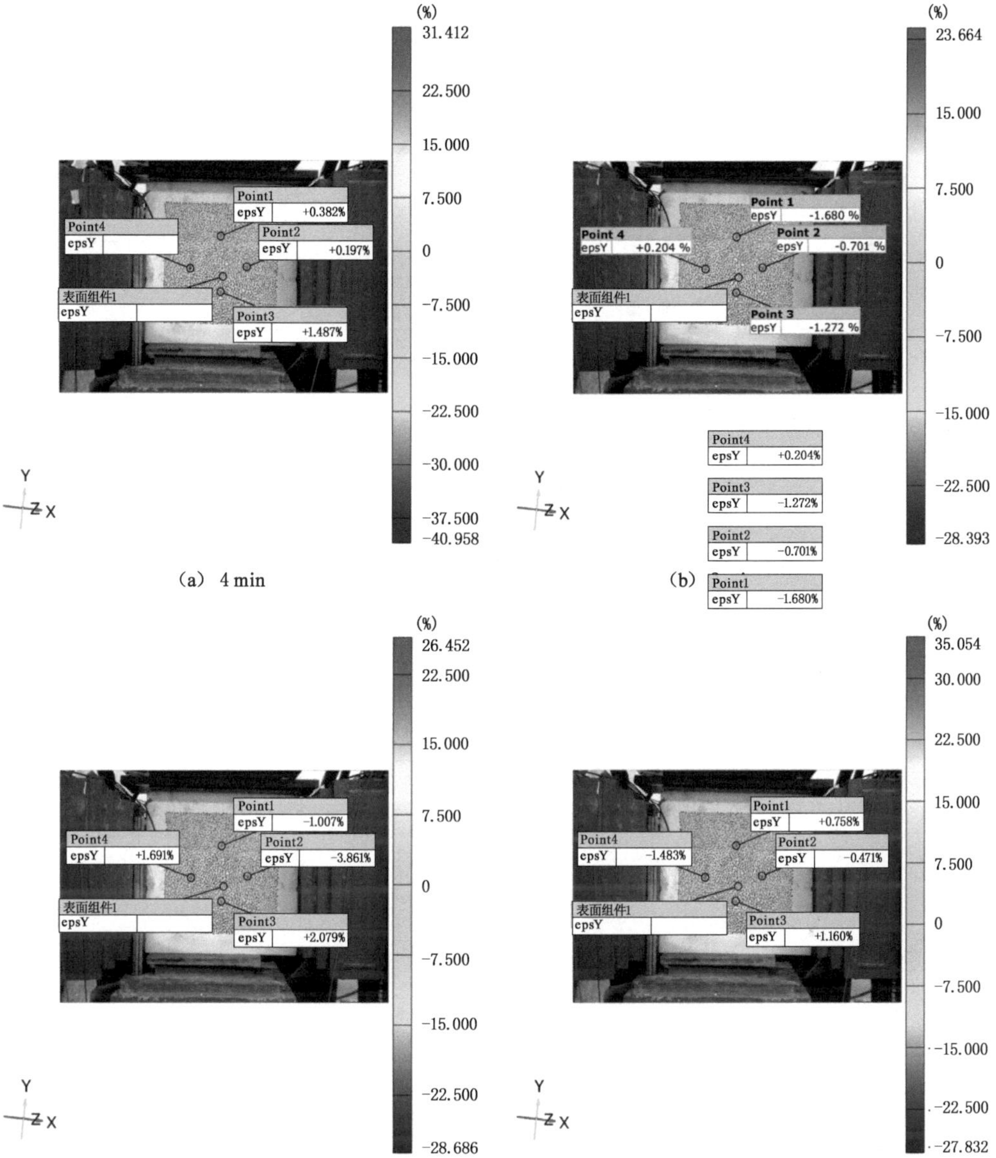

(a) 4 min　(b)　(c) 12 min　(b) 16 min

图 4-50　单根 18 cm 围压 0.5 MPa 时试件的位移矢量图

4.5.2.3　相同药量不同位置布置情况下损伤砂岩竖向应变变化规律

为了探究在相同药量、导爆索爆炸位置不同时轴向荷载作用下砂岩试件的变形特征，采用力加载方式对试件施加荷载，加载速率为 0.2 MPa/s，选取导爆索总长度为 10 cm，一种是 10 cm 总长放在试件一边进行爆破，另一种是将导爆索分成 5 cm 两段，放在试件两端对称位置处进行爆破，对该种情况下围压为 15 MPa 时的试件进行分析，试件竖向应变曲线如图 4-51 所示。

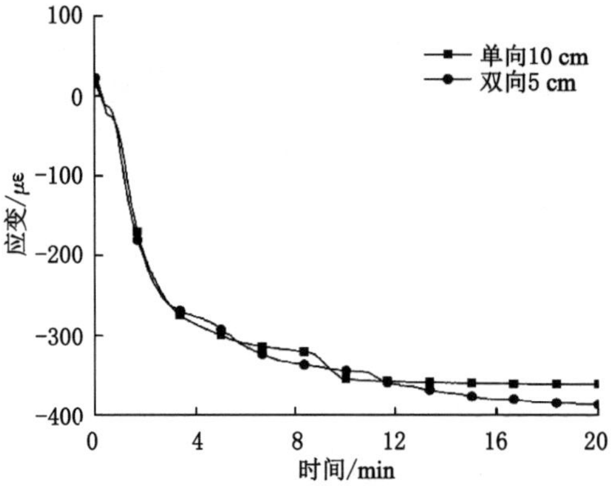

(a) 爆破损伤区1

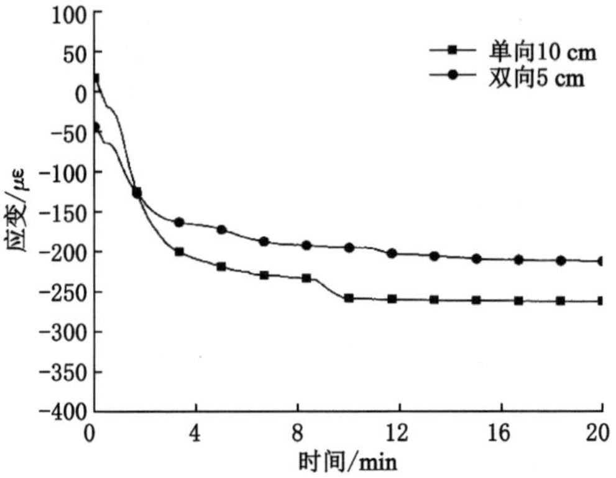

(b) 爆破损伤区5

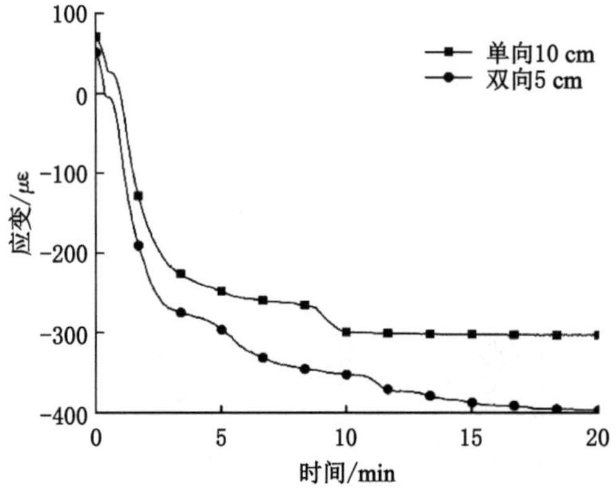

(c) 爆破振动区2

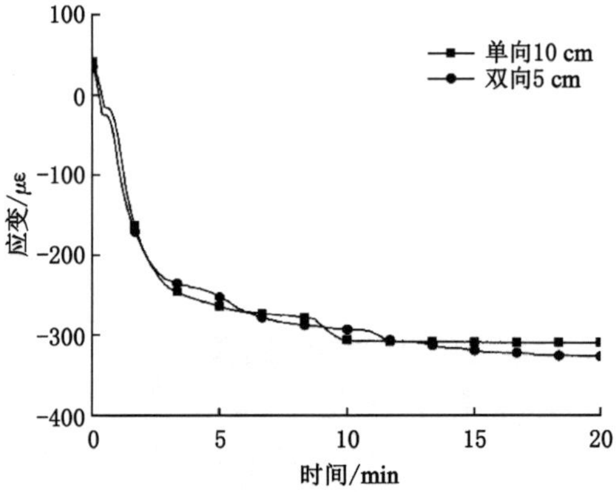

(d) 爆破振动区3

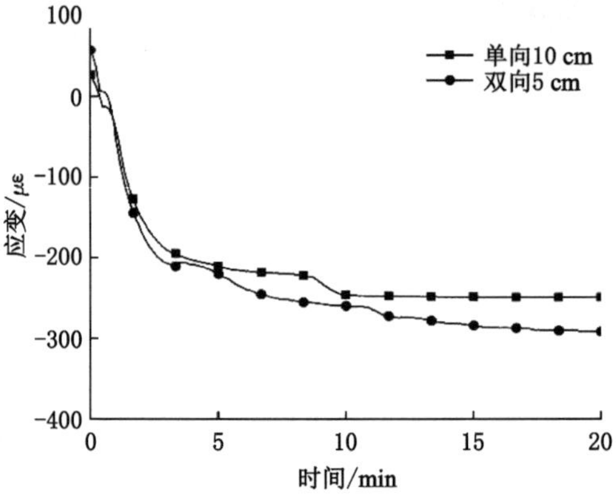

(e) 爆破振动区4

图 4-51　相同药量不同分布方式时试件的竖向应变曲线

（单向 10 cm，表示 10 cm 的导爆索在试件的一边布置；

双向 5 cm，表示总长 10 cm 的导爆索均分为 5 cm 在试件的两边对称布置）

由图 4-51 可知：在相同药量爆破作用下，由于导爆索爆破位置不同，导致不同位置处的应变片所测得的应变数据不同，但是相同位置处的应变片所测得的应变值与距离导爆索远近和相同位置处导爆索长度有关，距导爆索越近，该区域所受到的损伤越大。

为了进一步分析比较爆破荷载损伤及围压作用对试件应变的影响规律，对相关数据进行处理，不同装药量、围压、位置处试件竖向应变的变化规律分别如图 4-52 至图 4-54 所示。

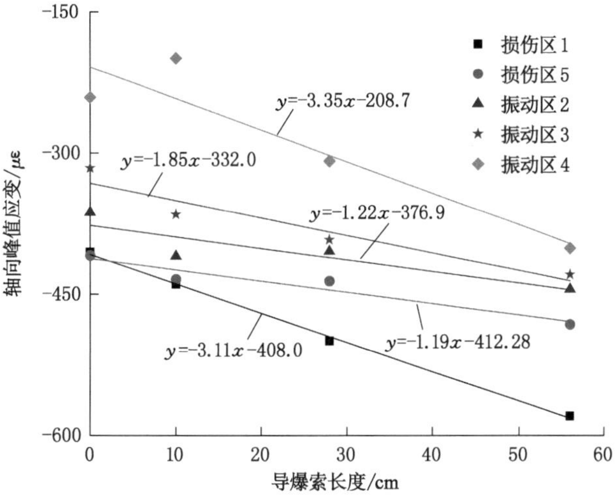

图 4-52 不同装药量时试件不同位置处的峰值应变

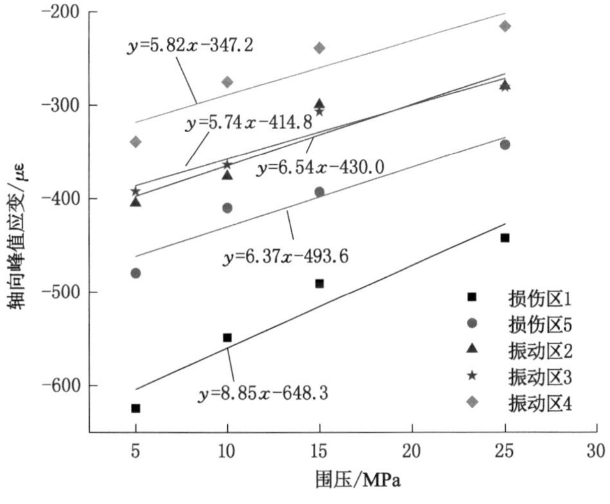

图 4-53 不同围压下试件不同位置处的轴向峰值应变

由图 4-52 可知：装药量不同，会明显影响试件的竖向应变峰值，随着装药量的增加对试件的爆破损伤也会越大；相同位置处，试件装药量越大，峰值应变越大；装药量相同而距离装药位置越近时，对砂岩的损伤也越严重，其峰值应变也越大。

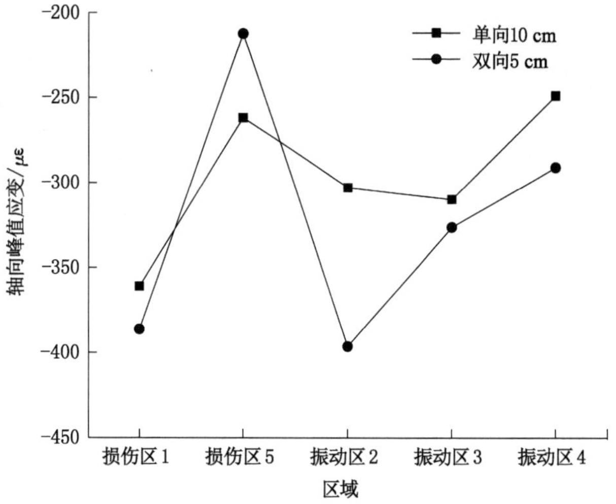

图 4-54　相同装药量不同分布方式时试件的轴向峰值应变

由图 4-53 可知：在不同围压作用下，围压的施加会在竖直方向上产生一个与竖向荷载方向相反的力，因此在施加竖向荷载之后，有一部分荷载与这个部分力抵消，因此导致围压越小，试件的竖向峰值应变越大；而在相同围压作用下，距离爆炸位置越近时其受到的损伤越大，导致竖向峰值应变越大。

由图 4-54 可知：相同装药量情况下，爆破位置不同，不同位置处受到的爆破损伤也存在差异。

4.6　本章小结

(1) 数值模拟结果表明炮孔间距为 1 m、2 m、3 m、4 m 时爆炸后应力波呈扇形向顶板四周传递，爆炸过程中顶板单元在 z 轴方向上应变变化较大，随着爆破的推移，对顶板单元主要产生剪切破坏，并且沿着 z 轴方向进行。炮孔间距越小，顶板裂纹扩展程度越高。

(2) 相似模型试验结果表明：相比炮孔间距为 70 mm，炮孔间距为 50 mm 对试块产生的损伤范围较大，产生了很多微小裂缝，但是其主裂缝还是基本沿着炮孔方向延伸，其他小裂缝主要出现在除了试块上下表面的其他面上，因为围压会抑制裂缝的发展。炮孔间距为 90 mm 时试块的损伤主裂缝角度较大，只有一部分裂缝沿着炮孔方向发展，与间距较大炸药爆炸后能量不集中有关。

(3) 爆破损伤砂岩顶板试件在荷载作用下应变曲线形式基本保持一致，相同炸药量情况下，d-56 试件损伤区 1、5 的最大应变量为 −575 με、−491 με，振动区 2、3、4 的最大应变量为 −441 με、−425 με、−396 με，爆破损伤区应变大于爆破振动区的竖向应变。围压限制了岩体变形程度，围压越大，相同轴压作用下试件的变形程度越低。

5　超前爆破预损伤岩体的破断过程研究

以新集二矿 230106 工作面为研究对象，本章采用 ANSYS/LSDYNA 数值模拟软件，开展超前爆破损伤条件下坚硬顶板破断过程的模拟计算，分析超前深孔爆破弱化后采场顶板的破坏特征，探究不同布孔方案和参数对顶板破断的影响，并进行爆破参数设计和在工作面现场实施，通过现场监测验证试验效果。

5.1　试验现场条件

5.1.1　工作面概况

230106 工作面位于新集二矿二水平 1 煤组 2301 采区东翼，为该采区第二个 $1_{上}$ 煤开采工作面，工作面回采上限标高为 −613.0 m，下限标高为 −680.2 m。230106 工作面西起 2301 采区辅助运输上山，向东施工至 $1_{上}$ 煤 80 m 防水煤柱线，南邻 230102 工作面(2020 年 12 月采完)，阶段煤柱平均 10 m；北至 $1_{上}$ 煤 −680 m 底板等高线附近，北部为 1 煤组未动用区；上距 4^{-1}煤层平均 80.6 m，下距太原组 $1_{灰}$ 平均 17.5 m。230106 工作面可采走向长度平均值为 778 m，平均倾向长度为 175 m，可采总面积 136 466 m^2。

5.1.2　煤岩层特征

230106 工作面 1 煤组煤层顶底板综合柱状图如图 5-1 所示。

5.1.2.1　煤层

(1) $1_{上}$ 煤：黑色，块状、碎块状，内生裂隙较发育，局部裂隙充填黄铁矿膜，弱玻璃光泽，以亮煤为主，暗煤次之，少量镜煤，属于半亮型煤。煤层结构整体简单，工作面内 $1_{上}$ 煤层受冲刷作用影响严重，局部变薄甚至缺失，冲刷带边缘煤层厚度较大，煤层顶板厚度起伏大，煤层厚度为 0～6.5 m，平均值为 4.3 m。$1_{上}$ 煤煤厚变异系数为 28.10%，煤层可采性指数为 0.9，属于稳定煤层。

(2) 1 煤：黑色，块状、碎块状，内生裂隙较发育，局部裂隙充填黄铁矿膜，弱玻璃光泽，以亮煤为主，暗煤次之，少量镜煤，属于半亮型煤。煤层结构简单，工作面内 1 煤层局部受冲刷作用影响变薄，煤层顶板厚度局部起伏大，煤层厚度为 0.5～4.9 m，平均值为 3.0 m(冲刷带影响范围内 1 煤平均厚度为 2.8 m)，上距 $1_{上}$ 煤厚度为 0～3.1 m，平均值为 1.1 m；1 煤煤厚变异系数为 14.61%，煤层可采性指数为 1，属于稳定煤层。

5.1.2.2　顶、底板岩层情况

基本顶：中细砂岩，厚度为 11.0～23.8 m，平均值为 17.8 m，灰色～浅灰色，中厚层状，中

界	系	统	组	地层符号	累计厚度/m	柱状	厚度/m	岩性名称	岩性描述
古生界	二叠系	下二叠统	下石盒子组	P_{1x}	81.4		0.4～1.9 / 0.8	4^{-1}煤	黑色，块状、粉末状，半亮型煤
					80.6		0～2.2 / 1.2	泥岩	灰色，中厚层状泥质结构，局部含少量铝质及菱铁质鲕粒，含有大量植物根化石
					79.4		3.5～8.2 / 4.2	细砂岩	灰色，中厚层状细粒砂状结构，含少量铝质，局部含砾，夹有砾岩薄层，下部颗粒变细，且夹有泥质条带，显示交错层理，过渡接触
					75.2		4.6～21.4 / 14.2	铝土质泥岩	灰色，泥质结构为主，含较多的铝质，含有大量植物化石碎片，具滑感，断口平坦，岩芯松软，局部发育有砂质泥岩薄层、花斑泥岩
					61.0		11.5～24.2 / 17.3	砂质泥岩	灰色，薄层～中厚层状，砂泥质结构，局部含砂量低，发育为泥岩，局部含较多的菱铁质颗粒，见大量植物叶化石，过渡接触
					43.7		0～30.0 / 5.2	粗砂岩	浅灰～灰白色，中厚层状，粗粒结构，石英、长石为主，岩屑次之，含云母片及暗色矿物，交错层理，分选中等
			山西组	P_{1sh}	38.5		11～23.8 / 17.8	中细砂岩	灰色～浅灰色，中厚层状，中细粒结构，以长石、石英为主，层面见大量云母片，近似平行层理，局部可见斜层理及波状层理，下部部分发育有小型交错层理，裂隙滑面发育，充填方解石及黄铁矿
					20.7		16.4～35.9 / 20.7	中砂岩（局部为石英砂岩，冲刷带影响范围内为砂质泥岩）	灰色～灰白色，中厚层状，局部夹细砂岩条带及菱铁质条带，砂质成分，中粒结构，长石、石英为主，见云母片，透镜状层理，裂隙充填黄铁矿、方解石
							0～7.1 / 4.6	$1_{上}$煤	黑色，块状、碎块状，内生裂隙较发育，局部裂隙充填黄铁矿膜，弱玻璃光泽，以亮煤为主，暗煤次之，少量镜煤，属于半亮型煤，局部受冲刷影响变薄甚至缺失
							0～2.4 / 1.0	泥岩	深灰色～灰黑色，泥质结构，薄层状，断口呈阶梯状，有滑腻感，遇水软化，含炭屑、植物化石，具擦痕
							1.0～7.2 / 3.8	1煤	黑色，块状、碎块状，内生裂隙较发育，局部裂隙充填黄铁矿膜，弱玻璃光泽，以亮煤为主，暗煤次之，少量镜煤，属于半亮型煤
					1.9		0～4.3 / 1.9	泥岩	深灰色，泥质结构，薄层状，贝壳状断口，断口有滑腻感，遇水变黏，节理较发育，可见植物化石，岩性松软
					8.3		0～13.0 / 6.4	粉砂岩	灰白色，中厚层状，粉砂结构，石英为主，长石次之，性脆，水平层理，裂隙发育，局部为砂质泥岩
					17.5		5.4～22.1 / 9.2	砂质泥岩	深灰色，砂泥质结构，局部含菱铁、白云母、炭屑，具滑面，局部裂隙发育。含植物根茎化石，局部发育粉砂岩或砂泥岩互层

图 5-1　230106 工作面地层综合柱状图

细粒结构，以长石、石英为主，层面见大量云母片，近似平行层理，局部可见斜层理及波状层理，下部部分发育有小型交错层理，裂隙滑面发育，充填方解石及黄铁矿。抗压强度为 31.6～

162.3 MPa，平均值为 86.96 MPa；抗拉强度为 1.81～9.92 MPa，平均值为 4.9 MPa。

直接顶：中砂岩（局部为石英砂岩，冲刷带影响范围内为砂质泥岩），厚度为 16.4～35.9 m，平均值为 20.7 m，灰色～灰白色，中厚层状，局部夹细砂岩条带及菱铁质条带，砂质成分，中粒结构，长石、石英为主，见云母片，透镜状层理，裂隙充填黄铁矿、方解石。抗压强度为 31.6～162.3 MPa，平均值为 86.96 MPa；抗拉强度为 1.81～9.92 MPa，平均值为 4.90 MPa。

砂质泥岩，灰～深灰色，砂泥质结构，局部含砂岩薄层，含植物根茎化石，层面见少量炭屑、白云母碎片，下部裂隙和滑面发育。单向抗压强度为 12.4～81.7 MPa，平均值为 47.20 MPa；单向抗拉强度为 0.98～5.47 MPa，平均值为 2.75 MPa。

直接底：泥岩，厚度为 0～4.3 m，平均值为 1.9 m，深灰色，泥质结构，薄层状，贝壳状断口，断口有滑腻感，遇水变粘，节理较发育，可见植物化石，岩性松软。抗压强度为 10.7～97.6 MPa，平均值为 47.87 MPa；抗拉强度为 0.54～5.02 MPa，平均值为 2.46 MPa。

5.2 模型构建

5.2.1 模型参数

工作面正常推进期间爆破预裂钻孔的布置分为两类，一类是切断工作面推进方向上顶板与顶板的连接，另一类是切断工作面顶板与巷道一侧顶板之间的连接。以新集二矿 230106 工作面为研究对象，工况为切断工作面推进方向上顶板与顶板的连接，建立煤层及各岩层的三维数值模型，模型 x 轴方向长度为 250 m，y 轴方向长度为 190 m，z 轴方向长度为70 m。边界条件：对模型左右、底部以及后部进行固定，上部为自由面，前部除顶板为自由面外其余固定。

受数值计算模型尺寸的限制，无法建立工作面所有上覆岩层的模型，未对 230106 工作面上覆岩层进行完全模拟，需要补偿施加未模拟岩层的自重荷载：

$$\sigma_{补} = \gamma h \tag{5-1}$$

式中，γ 为未模拟岩层的体积力，20 kN/m^3；h 为未模拟岩层的厚度，m。

由 230106 工作面设计标高（−603.9～−683.2 m），计算模型中未体现的岩层高度为 530 m，根据式（5-1），需要在模型上施加的补偿荷载为 10.6 MPa。

5.2.2 模型网格划分

结合现场实际，模型模拟工作面的长度为 175 m，为了方便建模和划分网格，各岩层均假设为水平堆叠，中砂和中细砂建立为一层共 39 m，$1_上$煤层的厚度为 4.6 m，巷道高 4.6 m，宽 5 m，省略巷道的建立，$1_上$煤层在 x 轴方向两端各 37.5 m 宽。初步模拟方案设计为在巷道的一侧倾斜向顶板布置 3 个炮孔进行超前深孔爆破，第一个炮孔、第二个炮孔、第三个炮孔与水平线夹角分别为 8°、15°和 25°，孔与孔之间沿 z 轴方向间距为 1.5 m，而超前爆破后顶板内形成了爆破损伤带，需要在计算模型中进行弱化处理，根据炮孔位置在模型中提前布置 3 条长度、宽度、角度不同的薄弱带，建立的计算模型如图 5-2 和图 5-3 所示。模型划分网格时，要求每个网格为规则的单元格，该模型总共有 4 262 840 个网格。

图 5-2　超前深孔爆破下顶板断裂的计算模型

图 5-3　超前深孔爆破下顶板断裂的局部模型

5.2.3　岩层力学参数

岩石和煤体均采用 * MAT_PLASTIC_KINEMATIC 塑性随动模型，通过实验室试验测得岩层力学参数，包括体积模量 K、剪切模量 G、容重 γ、内聚力 C、内摩擦角 f、抗拉强度 R_t。其中 K 和 G 是由各岩层的泊松比 μ 和弹性模量 E 决定的，关系式如下：

$$\begin{cases} K = \dfrac{E}{3(1-2\mu)} \\ G = \dfrac{E}{2(1+\mu)} \end{cases} \tag{5-2}$$

新集二矿 230106 工作面各个煤岩层的物理力学参数见表 5-1。

表 5-1　岩层的物理力学参数

序号	岩层	厚度/m	体积模量/GPa	剪切模量/GPa	容重/(kN/m³)	内聚力/MPa	内摩擦角/(°)	抗拉强度/MPa
1	砂质泥岩	9	8.2	8	2 400	3.1	37	2.9
2	粉砂岩	6	14.4	10.8	2 600	5.3	50	3.2
3	泥岩	2	15.5	7.1	2 400	3.5	45	2.5
4	1 煤	3.4	1.8	0.76	1 400	1.1	29	1.0

表 5-1(续)

序号	岩层	厚度/m	体积模量/GPa	剪切模量/GPa	容重/(kN/m³)	内聚力/MPa	内摩擦角/(°)	抗拉强度/MPa
5	泥岩	1	11.5	7.3	2 400	3.3	47	1.5
6	$1_上$煤	4.6	1.6	0.78	1 400	1.4	26	1.1
7	中砂岩	21	14.4	10.8	2 600	4.7	36	3.6
8	中细砂岩	18	17.3	11.4	2 600	6.2	40	4.9
9	粗砂岩	5	17.9	12.3	2 500	5.6	37	1.9
10	砂质泥岩	17	15.2	8.3	2 400	2.7	36	3.5
11	铝质泥岩	14	12.5	7.1	2 400	3.6	38	2.0

5.2.4 荷载施加

当进行高度几何非线性和材料非线性的工程问题模拟时，可以采取隐式动力学和显式动力学的方法计算求解。其中，隐式方法主要通过牛顿-拉夫逊迭代法求解，每一个增量步都需要对静态平衡方程迭代求解，且每次迭代都需要求解大量的线性方程组，算法具有收敛性问题。而显式动力学方法通过中心差分法求解，算法不需要平衡迭代，极易实现且不需要考虑是否收敛。采用 LS-DYNA 进行准静态计算时，动能和内能之比需要小于 5%，以满足准静态求解的要求，由于准静态求解的计算时间较长，可采用质量缩放提高求解效率。施加荷载时在粗砂岩顶面施加的压力从 0 线性缓慢增加至预期的压力值 10.6 MPa，随后保持 10.6 MPa 恒定一段时间。经试算，质量缩放 DT2MS 值设为 −50，线性加载时间为 60 ms，恒定加载时间为 60 ms，即计算时长为 120 ms 时，在进行加载计算时动能和内能之比为 3.6%(小于 5%)，能够满足准静态求解的要求，荷载曲线如图 5-4 所示。

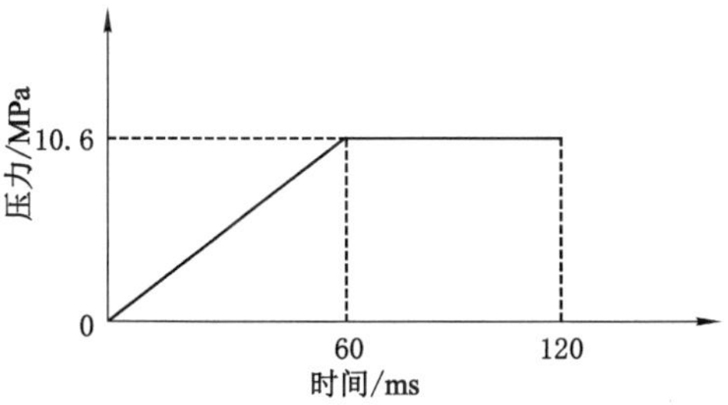

图 5-4　压力时程曲线

5.3 不同布孔方案模拟结果分析

5.3.1 单向三孔时顶板破断特征

计算得到不同时刻顶板前的应力分布特征以及单向三孔爆破弱化后顶板的应力分布分别如图 5-5 和图 5-6 所示。

由图 5-5 可知：在 50～120 ms 之间，爆破弱化前顶板的应力分布沿工作面中心较为对

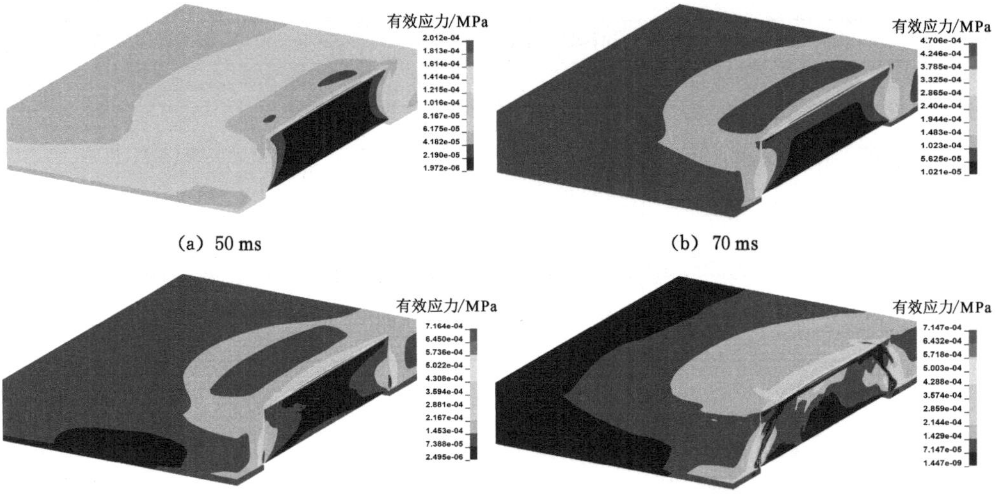

(a) 50 ms　(b) 70 ms

(c) 90 ms　(d) 120 ms

图 5-5　不同时刻爆破弱化前顶板的应力场云图

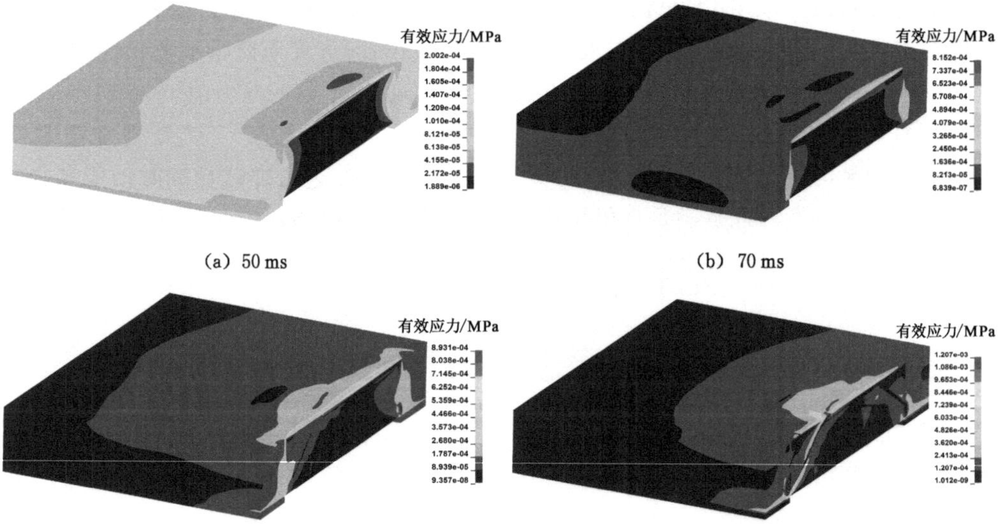

(a) 50 ms　(b) 70 ms

(c) 90 ms　(d) 120 ms

图 5-6　不同时刻爆破弱化后顶板应力场云图

称，最大应力主要分布在顶板上部中心部位以及煤柱上方与采空区交界处，120 ms 时，顶板上部没有产生明显断裂带，而下部近中心位置处产生一条断裂带。由图 5-6 可知：与爆破弱化前不同，顶板上部的应力分布沿工作面中心的对称性不强，相同的是最大应力主要分布在顶板上部中心部位以及煤柱上方与采空区交界处，但是在 120 ms 时，顶板上部产生一条较短的横向断裂带，下部近中心位置处产生多条竖向断裂带。

对比图 5-5 和图 5-6 可知：顶板在 50 ms 时，爆破弱化前后顶板应力场的分布云图相似；70 ms 时，爆破弱化前顶板最大有效应力为 47 MPa，发生在顶板上部的边缘中心位置，而爆破弱化后顶板的最大有效应力为 81.5 MPa，并未发生在顶板的外部表面，表明此时在顶板内部爆破弱化区域产生了应力集中，120 ms 时的横向断裂带为爆破弱化区应力集中所致。

为了进一步研究爆破弱化区域内的断裂特征，截取第一个炮孔至第二个炮孔之间的爆破弱化区域切面和第二个炮孔至第三个炮孔之间爆破弱化区域切面，断裂特征分布如图 5-7 所示。

(a) 1炮孔至2炮孔之间爆破弱化区域切面

(b) 2炮孔至3炮孔之间爆破弱化区域切面

图 5-7　爆破弱化区域断裂带分布

由图 5-7(a)可知：第 1 个炮孔弱化区与顶板下部之间部分由于自由面的作用产生许多纵横交错的断裂带，与第 2 个炮孔之间爆破弱化区域也形成了纵横交错的断裂带，第 2 个炮孔与第 3 个炮孔之间爆破弱化区域也具有少量断裂带，表明第 1 个和第 2 个炮孔参数的设置能够满足每个炮孔负担弱化区域的连接与贯通，有助于引导顶板的破断。

由图 5-7(b)可知：第 1 个炮孔弱化区域与顶板下部之间部分也产生一些纵横交错的断裂带，但与 1 炮孔至 2 炮孔之间爆破弱化区域切面上的相比较少，第 1 个炮孔与第 2 个炮孔之间爆破弱化区域未形成断裂带的贯穿与连通，第二个炮孔与第三个炮孔之间爆破弱化区域产生了大量断裂带并贯通，表明第 2 个和第 3 个炮孔参数的设置能够满足相邻炮孔负担弱化区域的连接与贯通。

由于模型方案设计的炮孔与顶板上部的距离较大，爆破弱化区域无法贯通至顶板上部形成完整的断裂面使顶板破断，所以顶板上部仅有很短一条断裂带，同时每个炮孔负担的爆破弱化区域范围有限，因此可以适当增加炮孔数量和将炮孔钻至顶板顶部，以满足形成断裂面将顶板破断的要求。

5.3.2　单向四孔时顶板破断特征

根据上一小节的结果，对爆破方案进行优化设计，进行单向四孔时的顶板破断模拟计算，孔与孔之间的距离为 1.5 m，除第一个炮孔外均钻至顶板顶部，局部模型如图 5-8 所示。

图 5-8 爆破弱化区域局部模型

计算得到不同时刻单向四孔爆破弱化后顶板的应力分布如图 5-9 所示。

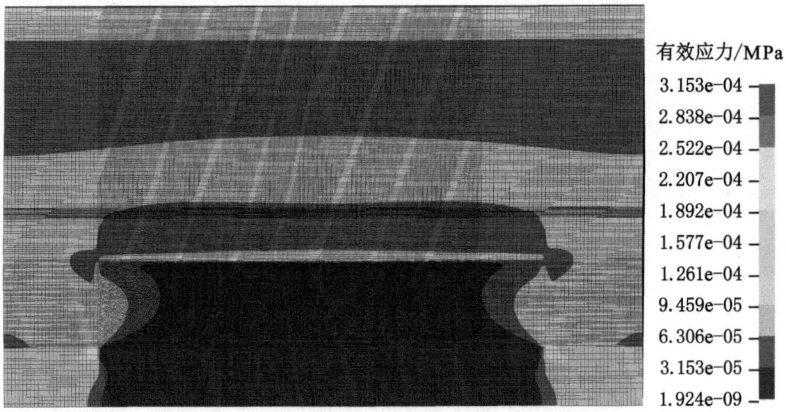

(a) 50 ms

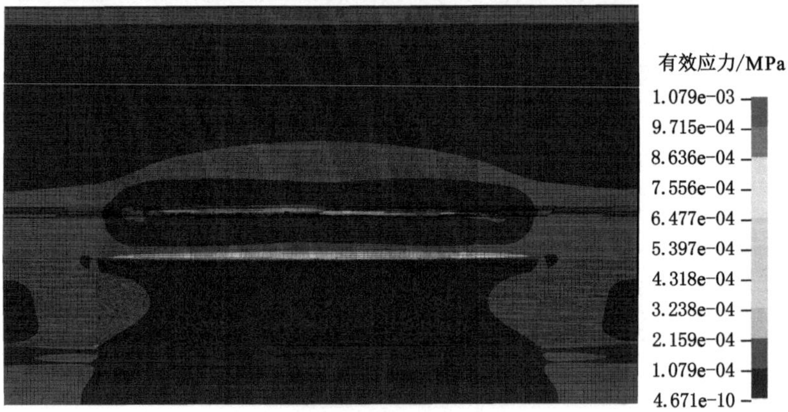

(b) 70 ms

图 5-9 不同时刻爆破弱化后顶板应力场云图

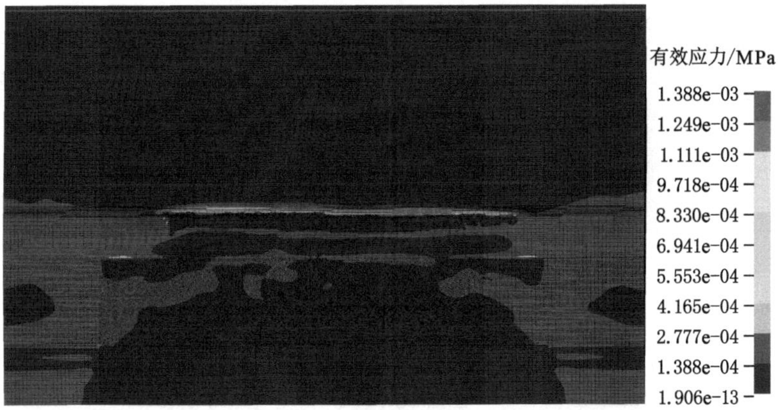

(c) 90 ms

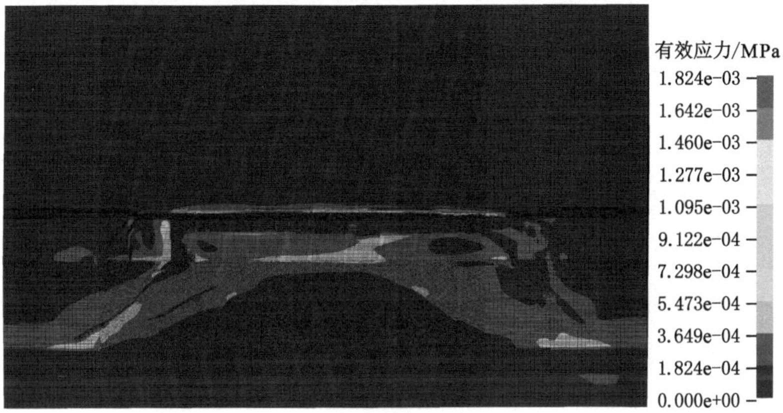

(d) 120 ms

图 5-9 （续）

由图 5-9 可知：在 50～120 ms 之间，爆破弱化后顶板的应力分布沿工作面中心对称，最大应力主要分布在顶板上部中心部位以及煤柱上方与采空区交界处，50 ms 时，顶板上部产生数条细小的横向断裂带，顶板的最大有效应力为 31.5 MPa，并未发生在顶板的外部表面，表明此时在顶板内部爆破弱化区域已经产生了应力集中，这些细小的横向断裂带为爆破弱化区应力集中所致。随着荷载的持续施加，当达到 70 ms 时，顶板岩层内的爆破弱化区所受到的拉应力超过其抗拉强度极限，会发生大量的拉伸破坏，使顶板上部产生的细小横向断裂带不断扩展贯通，随着破坏区域范围的扩大，顶板将逐渐断裂，切断与工作面推进方向上顶板的连接，此时采空区上方顶板形成了两端固支梁结构。当达到 90 ms 时，顶板下部形成了较对称的 4 条拉伸破坏的断裂带，荷载持续作用至 120 ms 时顶板两端产生了剪切破坏的断裂带，这种破坏过程与两端固支梁的破坏模式相同，具有剪切破坏和拉伸破坏。

为了进一步研究爆破弱化区域的断裂特征，截取第一个炮孔至第二个炮孔之间的爆破弱化区域切面、第二个炮孔至第三个炮孔之间爆破弱化区域切面和第三个炮孔至第四个炮孔之间爆破弱化区域切面，断裂特征如图 5-10 所示。

由图 5-10 可知：第 1 个炮孔弱化区与顶板下部之间部分由于自由面的作用，而且弱化

(a) 1炮孔至2炮孔之间爆破弱化区域切面

(b) 2炮孔至3炮孔之间爆破弱化区域切面

(c) 3炮孔至4炮孔之间爆破弱化区域切面

图 5-10　爆破弱化区域断裂带分布

区切面间距较小，因此每个切面第 1 个炮孔弱化区与顶板下部之间部分均产生许多纵横交错的断裂带。可以看到相邻炮孔负担弱化区域能够连接与贯通，较远区域炮孔负担弱化区域仅存在的少数断裂带，表明每个炮孔负担的爆破弱化区域有限，不能保证远距离区域的贯穿形成断裂面，在进行方案设计时可根据顶板破断效果调整孔间距，为了更好地形成断裂面，可在同一平面上布置多个炮孔。由于增加了一个炮孔且将炮孔钻至顶板顶部，可以从顶板上部看到贯穿的断裂面，能够较好地引导顶板的破断。

5.3.3　双向对称布孔时顶板破断特征

理论上，工作面长度越大，所需爆破的岩层厚度越大，爆破孔应越长，但是爆破孔的长度受施工的影响和限制，爆破孔长度较大时，钻孔、装药和封孔都很困难。从现场应用来讲，在满足安全和正常生产的前提下，应尽可能减小爆破孔长度，可采用对称布孔方式。进行双向对称布孔时的顶板破断模拟计算，每侧布置 3 个炮孔，孔与孔之间的距离为 1.5 m，除第一个炮孔外其余两孔均钻至顶板顶部，局部模型如图 5-11 所示。

计算得到不同时刻双向对称布孔爆破弱化后顶板的应力分布如图 5-12 所示。

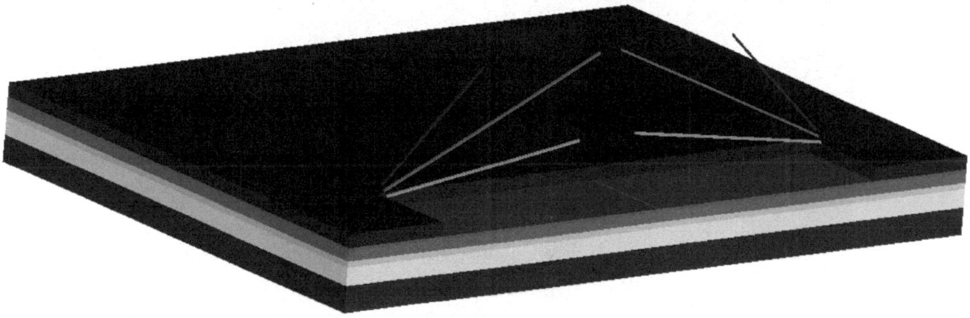

图 5-11　对称布孔时的局部模型

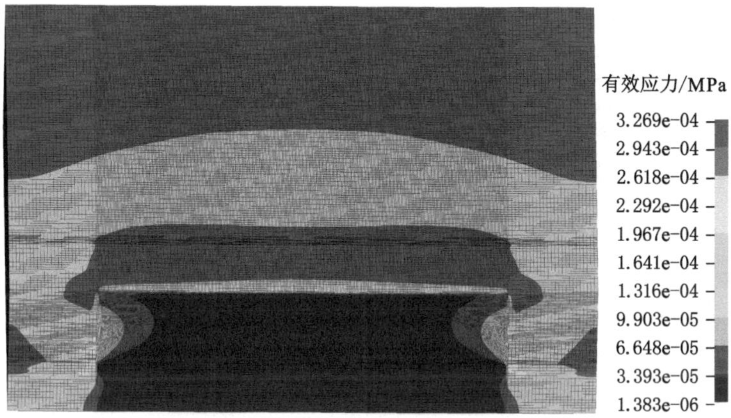

（a）50 ms

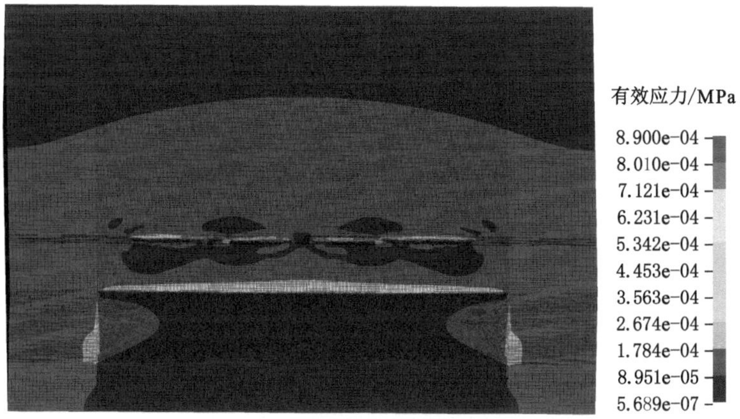

（b）70 ms

图 5-12　不同时刻爆破弱化后顶板应力场云图

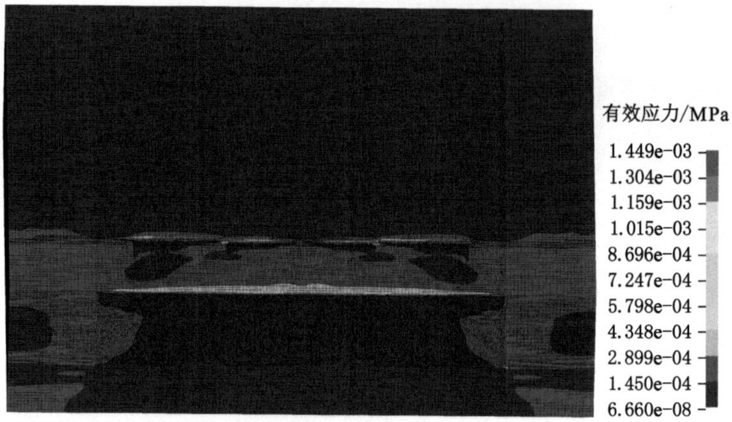

(c) 90 ms

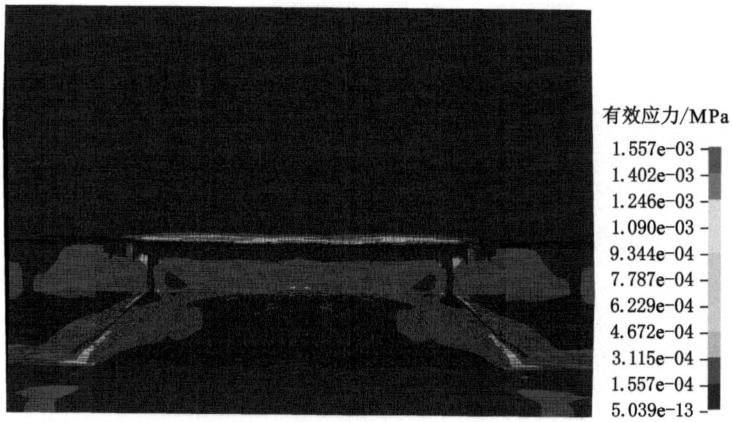

(d) 120 ms

图 5-12 (续)

由图 5-12 可知：与 5.3.2 节工况类似，在 50～120 ms 之间，爆破弱化后顶板的应力分布沿工作面中心线对称，最大应力主要分布在顶板上部中心部位以及煤柱上方与采空区交界处，但是在 50 ms 时，顶板上部无断裂带产生，顶板上部边缘中间处产生应力集中，顶板的最大有效应力为 32.69 MPa。随着荷载的持续施加，当达到 70 ms 时，顶板岩层内的爆破弱化区产生破坏，在顶板上部可见不断扩展贯通的横向断裂带，随着破坏区域的扩大，顶板将逐渐断裂，使采空区上方顶板形成了两端固支梁结构。当达到 90 ms 时，顶板前下部形成了对称的 6 条拉伸破坏的断裂带，荷载持续作用至 120 ms 时，顶板两端产生了剪切破坏的断裂带，顶板前部形成新的剪-拉断裂带，并且交叉贯通。

为了进一步研究爆破弱化区域的断裂特征，截取第一个炮孔至第二个炮孔之间爆破弱化区域切面和第二个炮孔至第三个炮孔之间爆破弱化区域切面，断裂带分布如图 5-13 所示。

由图 5-13 可知：由于自由面的作用，两个切面第一个炮孔弱化区域下方均产生许多纵横交错的断裂带，每个炮孔爆破弱化区域与相邻区域贯通，与距离较远的炮孔弱化区域贯通性能较差，由于双向对称布孔时在顶板上部炮孔间的距离较近，可能共同负担同一弱化

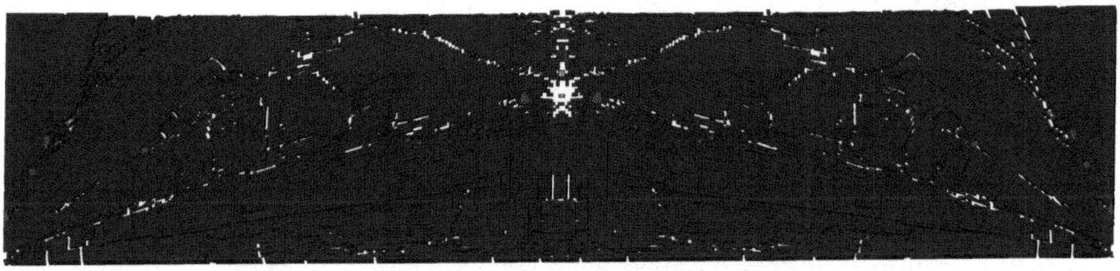

(a) 1炮孔至2炮孔之间爆破弱化区域切面

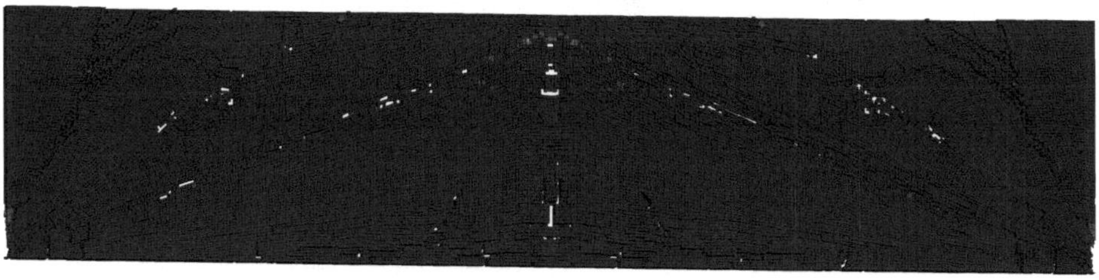

(b) 2炮孔至3炮孔之间爆破弱化区域切面

图 5-13 爆破弱化区域断裂带分布

区域，易生成交错的断裂带，且两侧生成的断裂带易在对称面交叉贯通，更有利于引导顶板的破断。因此，参数合理时单向布孔和双向布孔均能达到顶板破断的要求，但是在施工环境允许的条件下，采用双向布孔一方面降低钻孔的难度从而提高施工效率，另一方面更易使爆破弱化区域贯通形成完整的断裂面致使顶板破断。

5.4 超前爆破应用

基本顶上方第二层砂质泥岩层厚度大(17.3 m)，强度大，可以作为 $1_{上}$ 煤的主关键层。经该工作面矿压及破断规律计算，确定初次来压步距为 52.9 m。顶板各岩层的破断距分别为 42.14 m、40.55 m、25.98 m、26.57 m、20.06 m，顶板第 1 层中砂岩、第 2 层中细砂岩、第 3 层粗砂岩发生同步破断。因此根据判别采空区冒落的条件，依据 230016 工作面的采高以及直接顶中砂岩的厚度，确定工作面超前深孔爆破弱化的高度为 30 m。

5.4.1 爆破方案

超前深孔爆破方案主要有工作面开切眼钻孔爆破和风巷、机巷钻孔爆破两大类。其中，开切眼钻孔爆破需在支架安装前进行，若支架已安装则无法钻孔；而风巷、机巷钻孔爆破灵活性高和对工作面其他工作干扰小，可两巷或单独一巷内钻孔爆破。由模拟结果可知：在两巷双向布孔更易使顶板破断，但由于施工环境的影响，综合比选后选择在风巷内钻孔爆破。

根据现场的机具设备和材料情况，爆破采用的钻孔直径为 75 mm；炸药选用药卷直径为 63 mm 的特制三级煤矿许用水胶炸药制作而成的深孔爆破药柱；雷管采用 1-5 段煤矿许用电雷管起爆。采用囊袋式封孔器＋快硬水泥进行封孔。

5.4.2 爆破参数

230106 工作面顶板的平均厚度约为 38.5 m,岩性以中～细砂岩为主,稳定性较好,230106 工作面风巷设置 2 组爆破孔(共计 8 个爆破孔):第一组爆破孔在工作面回采前爆破,距离开切眼 9 m;第二组爆破孔可在工作面回采前或工作面回采期间爆破,距离开切眼 36 m。在超前预裂爆破前,需准备好爆破所需要的各种工具和材料。为了确保爆破网络安全起爆,每个炮眼装同段 2 发雷管,采用串联爆破网络,连续正向装药。具体炮孔布置参数和装药参数如表 5-2、表 5-3、图 5-14 至图 5-16 所示。

表 5-2 230106 工作面第一组超前深孔爆破参数表

钻孔编号	钻孔倾角/(°)	钻孔长度/m	封孔长度/m	装药长度/m	装药量/kg
1#	7.0	65	19	46	151.8
2#	15.0	41	12	29	95.7
3#	25.0	28	8	20	66.0
4#	40.0	21	8	13	42.9
合计		155	47	108	356.4

表 5-3 230106 工作面第二组超前深孔爆破参数表

钻孔编号	钻孔倾角/(°)	钻孔长度/m	封孔长度/m	装药长度/m	装药量/kg
5#	8.0	77	20	57	188.1
6#	15.0	86	22	64	211.2
7#	25.0	60	16	44	145.2
8#	40.0	42	12	30	99.0
合计		265	70	195	643.5

5.4.3 现场实施过程

现场根据设计参数进行钻孔、装药和封堵等作业。

5.5 支架阻力监测结果

工作面支架阻力监测是为了便于实时跟踪监测工作面支架阻力变化情况,监测和掌握工作面顶板的活动状况,确保安全生产。

采用矿山在线监测压力系统监测液压支架工作阻力,用于实时、在线监测液压支架工作阻力。系统的主要功能:支架实测工作阻力显示、支架平均工作阻力显示、支架最大工作阻力显示、直方图、初撑力分析、推进度分析、周期来压分析。

工作面每 5 架布置一个测站,50 m 范围外每 10 架布置 1 个测站,共 13 个测站,每个测

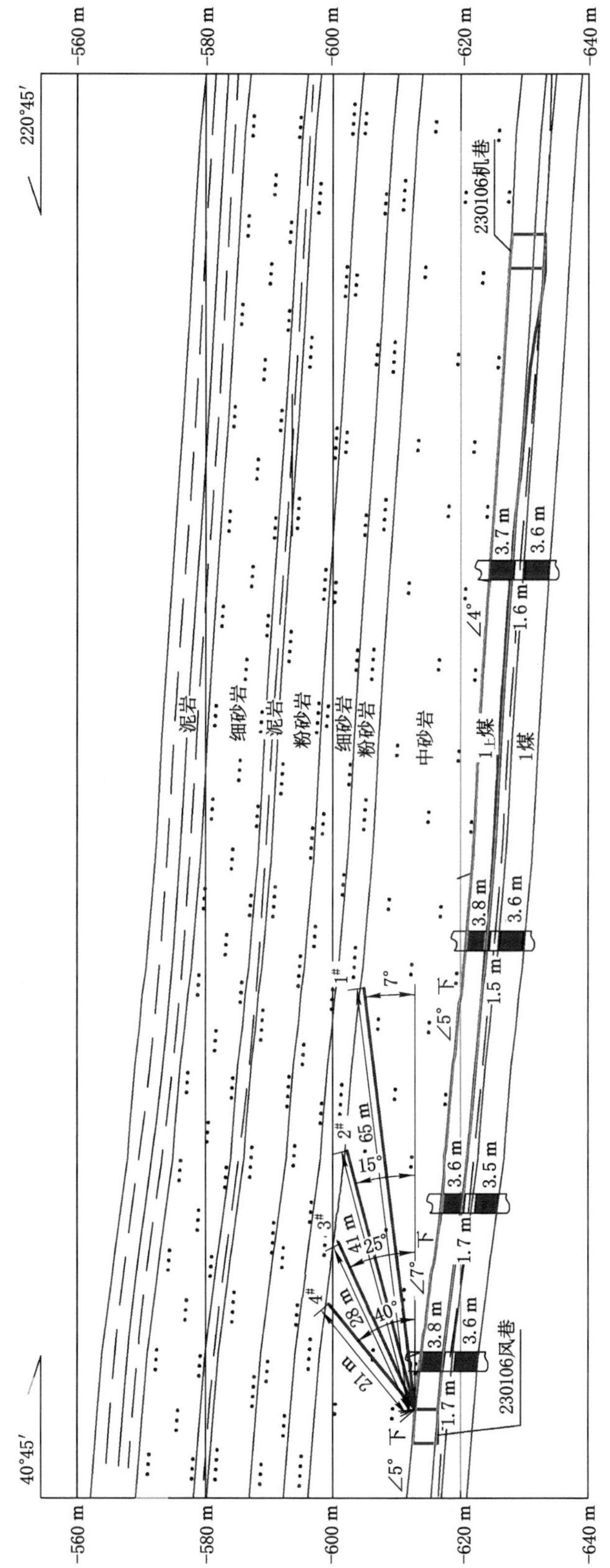

图5-14 第一组超前深孔爆破炮孔布置图

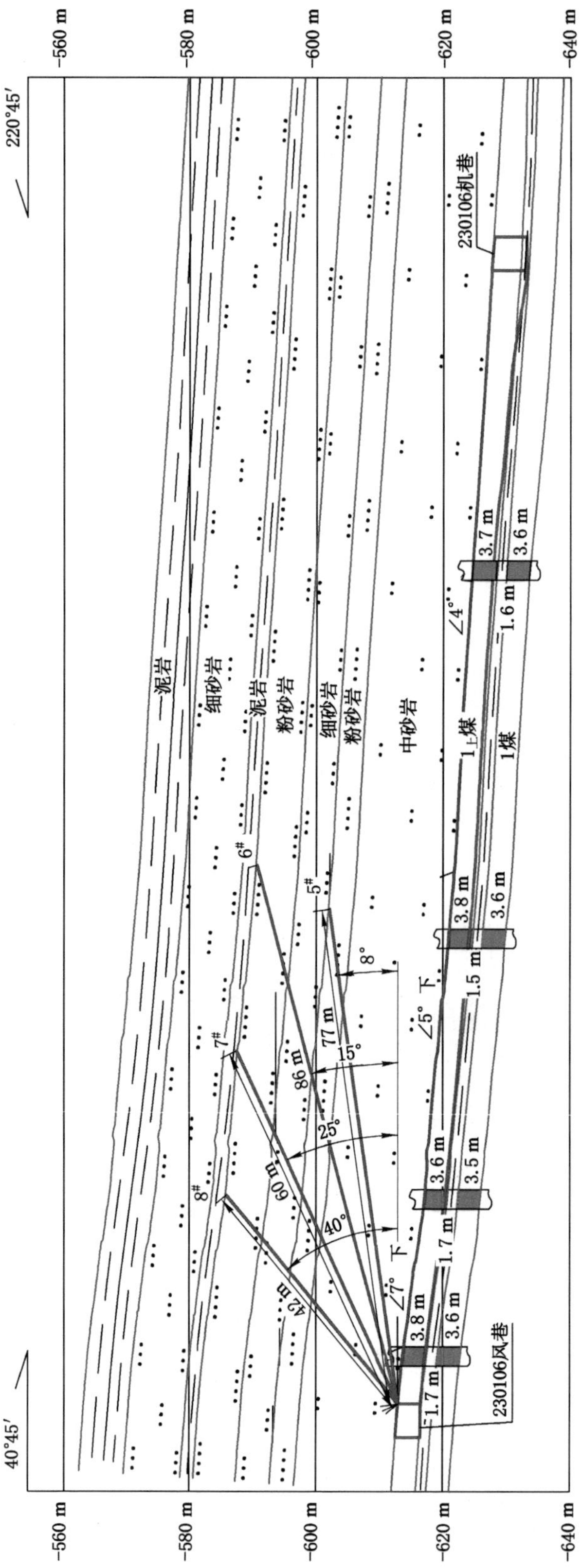

图5-15　第二组超前深孔爆破炮孔布置图

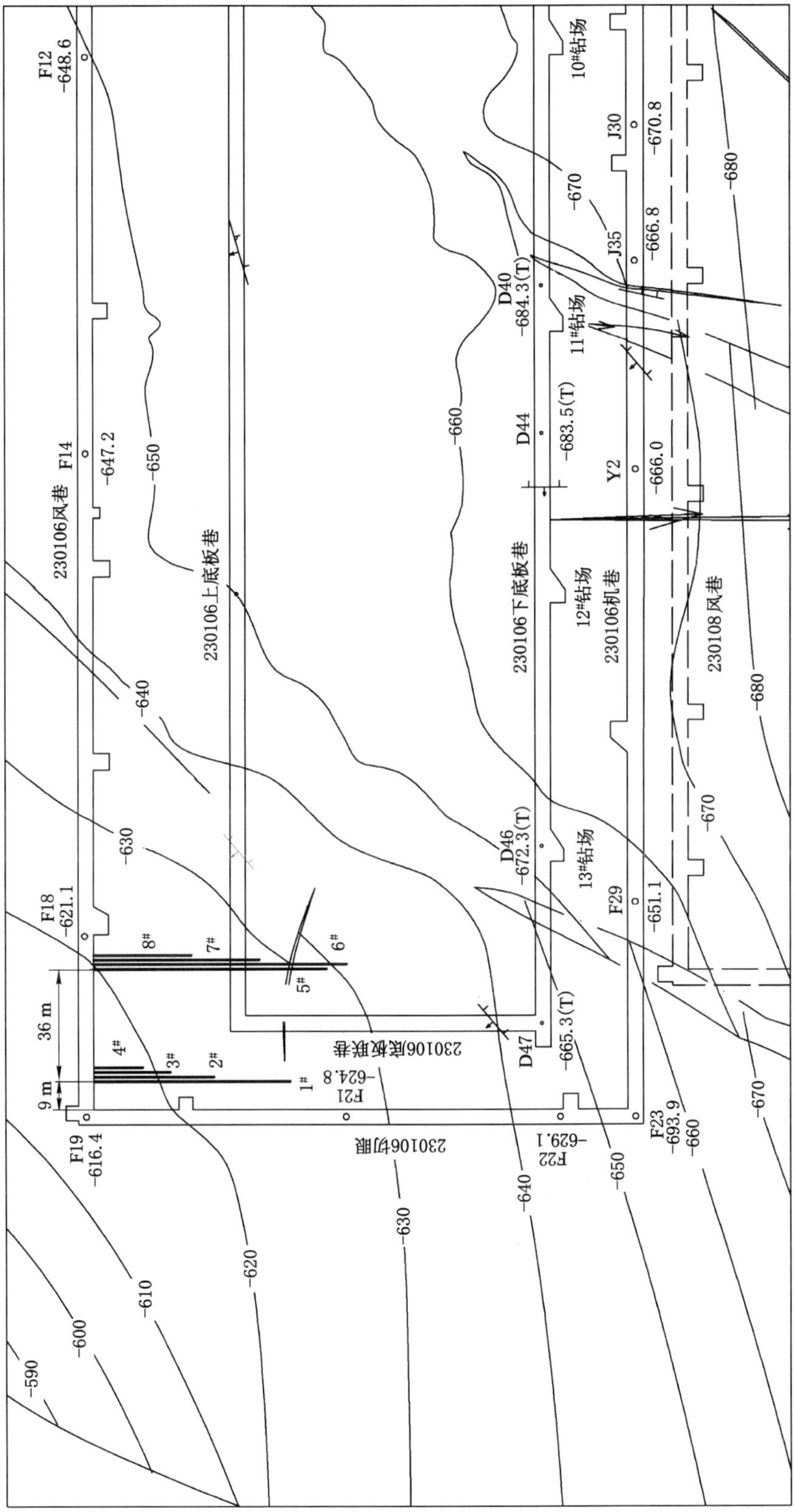

图5-16　炮孔布置平面图

（a）水胶药柱

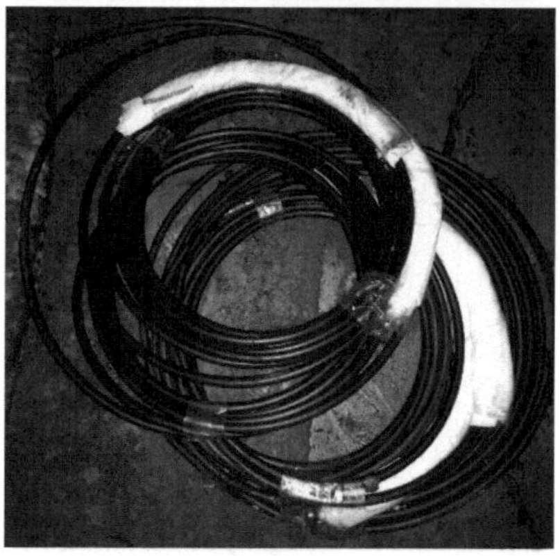

（b）封孔囊袋

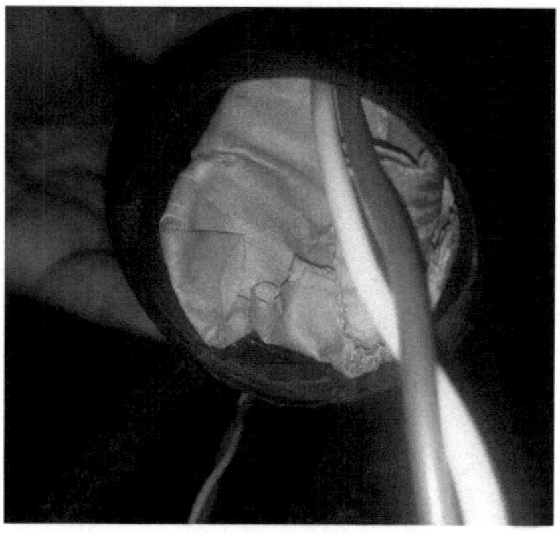

（c）起爆药包制作

（d）炮孔封堵

图 5-17　现场实施工序

站布置 2 个测点(监测支架上的 2 个支柱)，采用远程监控方式在线监测如图 5-18 所示。

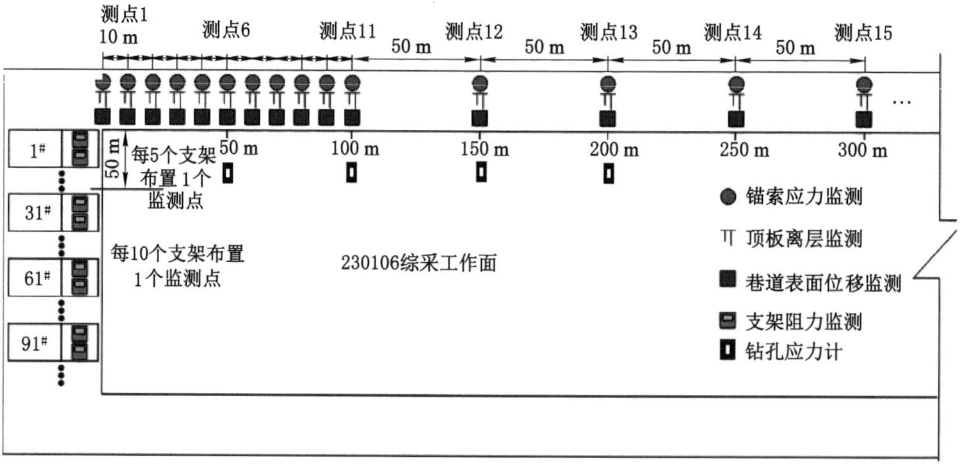

图 5-18　监测测站布置示意图

工作面一共布置了13个液压支架阻力监测点，代表性的5# 和10# 液压支架阻力监测结果如图5-19和图5-20所示。

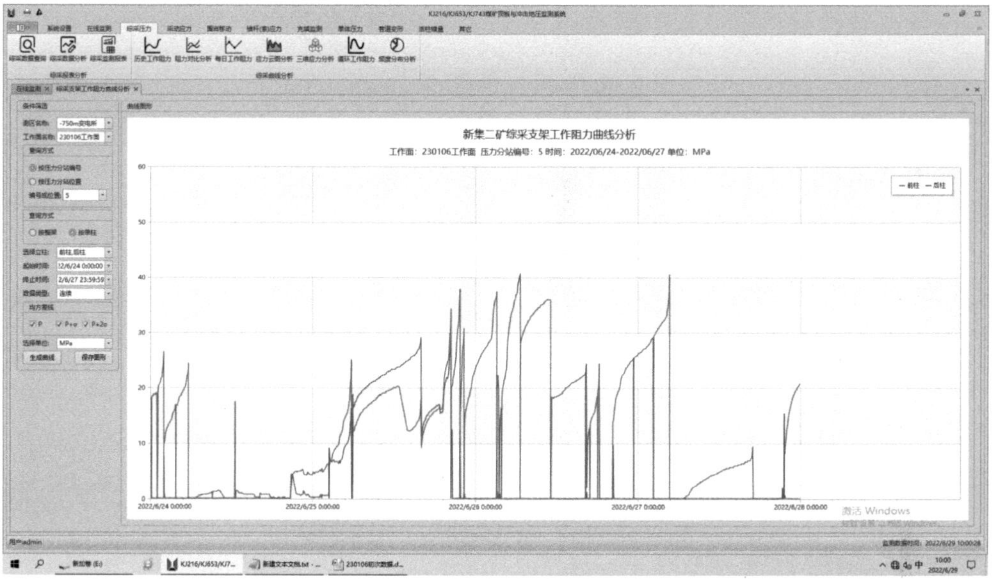

(a) 5# 支架工作阻力曲线

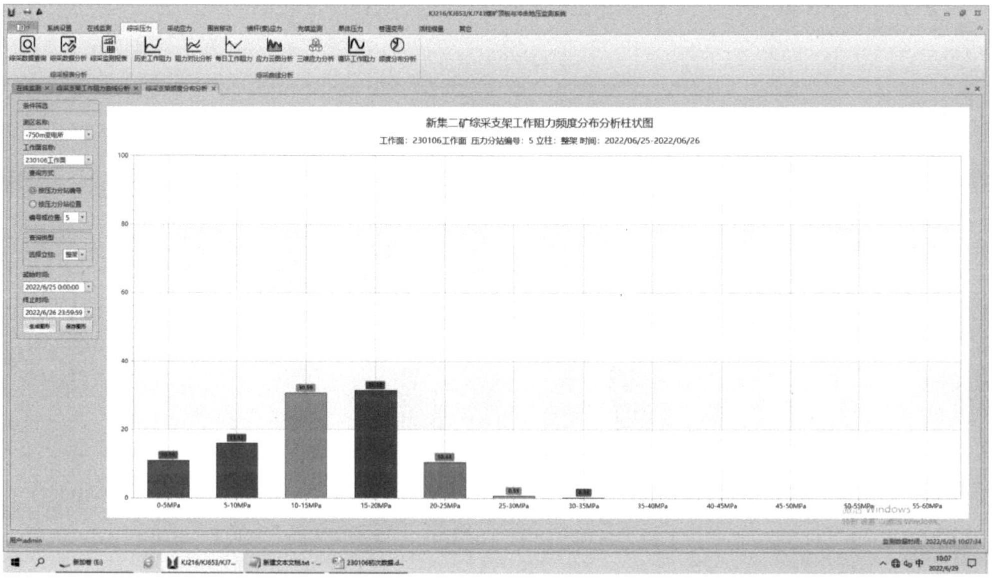

(b) 5# 支架工作阻力频度分布分析柱状图

图5-19　5# 支架工作阻力监测结果

图5-19和图5-20所示监测结果表明：工作面支架支护强度较均匀，没有出现大的顶板来压现象。工作面于1月26日夜班初次来压，来压步距为30.5 m，远小于预测值52.9 m，

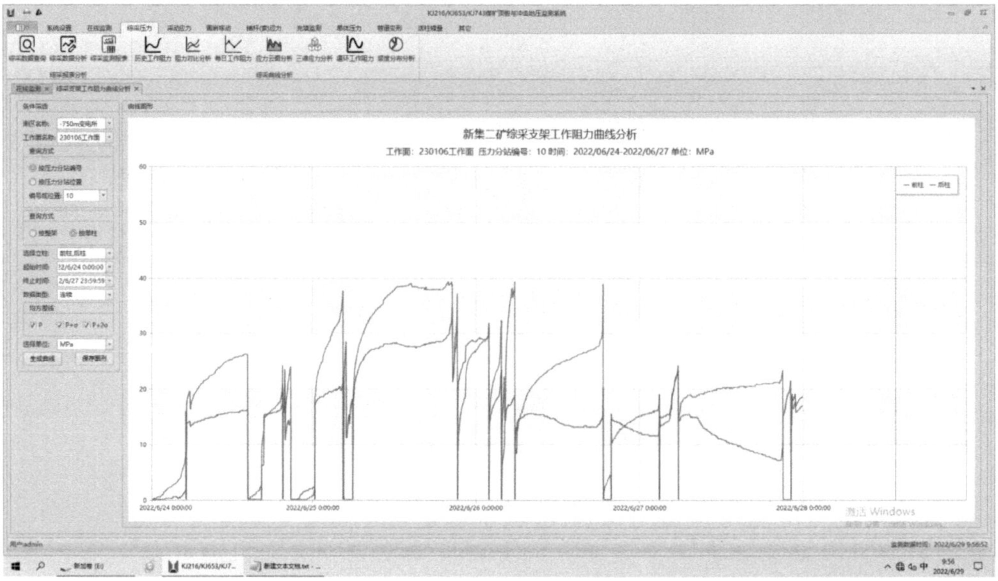

(a) 10#支架工作阻力曲线

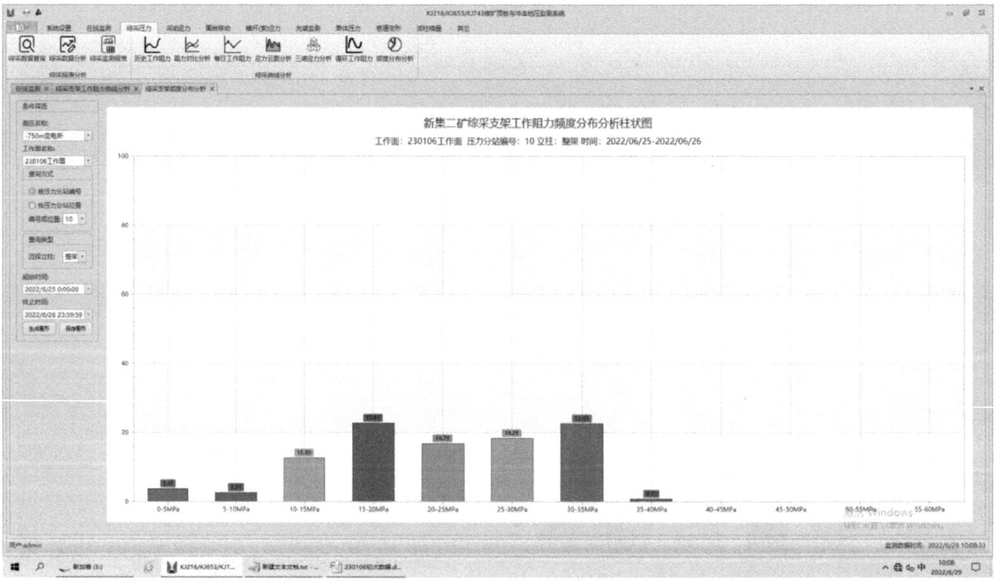

(b) 10#支架工作阻力频度分布分析柱状图

图 5-20　10# 支架工作阻力监测结果

来压时实测液压支架工作阻力最大达 38.6 MPa，液压支架工作阻力增大明显。工作面煤壁完整，基本无片帮、冒顶现象。

5.6 本章小结

(1) 随着破坏区域范围的扩大,顶板将逐渐断裂,切断与工作面推进方向上顶板的连接,采空区上方顶板形成了两端固支梁结构,顶板的破坏具有剪切破坏和拉伸破坏特征。

(2) 采用数值模拟对比了单向布孔和双向布孔超前深孔爆破,结果表明采用双向布孔式更容易使爆破弱化区域贯通形成完整的断裂面使顶板破断。

(3) 对顶板提前进行弱化处理,能够破坏坚硬顶板的完整性,保证工作面在回采时能够顺利脱落,避免坚硬顶板冒落、悬顶等灾害。

6 主要结论及创新点

6.1 主要结论

本书对地应力作用下爆破损伤岩体的破断机理进行了研究，首先利用实验室设备对顶板砂岩进行爆破致损，采用超声波检测仪、电子数码显微镜、核磁共振试验装置及三轴电液伺服压力机对不同损伤程度的砂岩进行定量分析，从微观、细观、宏观力学性能及表观面貌多个方向分析爆破荷载损伤作用对试件物理力学性能的影响规律。之后采用模型试验方法对爆破荷载损伤后砂岩板在静载作用下损伤区裂纹演化过程进行试验研究，结合数值模拟试验方法对地应力作用下损伤岩体的破断过程进行研究，并在新集二矿 230106 工作面进行现场试验，进行爆破参数设计和现场实施，并通过现场监测验证试验效果，主要结论如下：

(1) 单轴压缩荷载作用下振动损伤区试件的平均强度劣化度为 8.09%，爆破损伤区试件的平均抗压强度劣化度为 20.03%，爆破荷载损伤下试件的总能量、弹性变形能及耗散能均存在降低，试件破裂破碎程度提高，爆破荷载损伤会降低砂岩试件抵抗外荷载的能力，吸能、储能效果及抵抗外荷载的能力。

(2) 常规三轴压缩试验中围压的增大使不同损伤试件峰值应力及弹性模量均随之增大，试件劣化度均先迅速降低后小幅度增大。试件总能量、弹性变形能及耗散能均随着围压的增大而增大，总能量、弹性变形能及耗散能与围压之间均呈线性正相关。未损伤试件机械损伤随着围压的增大而上升，而振动、爆破损伤试件机械损伤随着围压的增大先减小后增大。

(3) 分级循环加卸载会对不同损伤程度砂岩试件造成二次损伤，其峰值应力劣化，劣化度在 1.22%～10.85%之间。分级循环加卸载作用下随着围压的增大试件破裂破碎程度先降低后升高，围压为 0 MPa 时试件破裂破碎程度最高，围压为 5 MPa 时试件破裂破碎程度最低，试件模式破坏呈拉伸破坏、剪切破坏及压碎破坏多种模式共存。

(4) 爆破荷载作用对砂岩试件产生了明显的损伤作用，振动损伤区岩体的纵波波速相比未损伤岩体的降幅为 3.50%，爆破损伤区岩体纵波波速平均值相比未损伤岩体的降幅为 6.14%，爆破作用对砂岩板材造成损伤，且距离爆破点位置越近，试件损伤程度越高。

(5) 爆破荷载损伤试件表观面貌为沿爆源周边岩体破坏，试件细观结构破坏区范围内产生了大量节理、裂纹及断层。未损伤试件、振动损伤试件及爆破损伤试件的平均孔隙率分别为 7.44%、8.16%、8.90%，爆破荷载损伤下试件孔隙率随之增大，砂岩试件原生孔隙以微孔、小孔为主，爆破荷载作用下试件微孔占比降低，而小孔、中孔及大孔占比有所增大。

(6) GDEM 数值模拟结果表明孔间距为 1 m、2 m、3 m、4 m 时爆炸后应力波呈扇形向顶板四周传递，顶板单元主要产生剪切破坏，炮孔间距越小顶板裂纹扩展程度越高。室内模型试验结果表明炮孔间距为 70 mm 时对试块产生的损伤范围较大，主裂缝还是基本沿着炮孔的方向延伸，围压会抑制裂缝的发展。轴向荷载作用下爆破损伤区应变大于爆破振动区的竖向应变。围压限制了岩体产生变形的程度，围压越大，在相同轴压作用下试件的变形程度越低。

(7) 数值模拟试验结果表明：随着弱化区域破坏范围的扩大，顶板将逐渐断裂，切断与工作面推进方向上顶板的连接，采空区上方顶板形成了两端固支梁结构，顶板的破坏具有剪切破坏和拉伸破坏特征。采用双向布孔的方式更易使爆破弱化区域实现贯通形成完整的断裂面，从而使顶板破断，对顶板提前进行弱化处理可避免坚硬顶板冒落、悬顶等灾害。

6.2 创新点

(1) 设计优选了岩石预制爆破损伤方法，从微观、细观和表观角度分析了柱状装药爆破岩石的损伤度分布特征，研究了不同损伤度砂岩的物理力学性能，揭示了爆破荷载作用后岩石内部的损伤机理。

(2) 系统开展了三种损伤度砂岩的压缩试验，分析了损伤砂岩的抗压强度、能量耗散、破坏特征与损伤度、围压状态的关系，揭示了损伤砂岩的强度劣化规律。

(3) 设计并制作了围压约束作用下损伤砂岩加载试验装置，探究了围压状态和损伤区分布对损伤砂岩破断的影响规律，揭示了地应力作用下损伤岩体的变形特征和破裂损伤区演化机理。

(4) 测试了不同材质封孔材料的动态力学特性，提出了改性聚氨酯囊袋封孔结构和施工工艺，实现深孔爆破任意长度快速、有效封堵。

参考文献

[1] 谢和平.深部岩体力学与开采理论研究进展[J].煤炭学报,2019,44(5):1283-1305.

[2] 赵兴东,周鑫,赵一凡,等.深部金属矿采动灾害防控研究现状与进展[J].中南大学学报(自然科学版),2021,52(8):2522-2538.

[3] 郭金刚,李耀晖,石松豪,等.厚硬基本顶切顶卸压成巷及围岩控制技术[J].煤炭学报,2021,46(9):2853-2864.

[4] 高玉兵,杨军,张星宇,等.深井高应力巷道定向拉张爆破切顶卸压围岩控制技术研究[J].岩石力学与工程学报,2019,38(10):2045-2056.

[5] 赵善坤.深孔顶板预裂爆破与定向水压致裂防冲适用性对比分析[J].采矿与安全工程学报,2021,38(4):706-719.

[6] 潘俊锋,刘少虹,高家明,等.深部巷道冲击地压动静载分源防治理论与技术[J].煤炭学报,2020,45(5):1607-1613.

[7] 金解放,杨益,廖占象,等.动荷载与地应力对岩石响应特性的影响试验研究[J].岩石力学与工程学报,2021,40(10):1990-2002.

[8] 孙守山,宁宇,葛钧.波兰煤矿坚硬顶板定向水力压裂技术[J].煤炭科学技术,1999,27(2):51-52.

[9] 闫少宏,宁宇,康立军,等.用水力压裂处理坚硬顶板的机理及实验研究[J].煤炭学报,2000,25(1):32-35.

[10] 康红普,姜鹏飞,黄炳香,等.煤矿千米深井巷道围岩支护-改性-卸压协同控制技术[J].煤炭学报,2020,45(3):845-864.

[11] 吴拥政,康红普.煤柱留巷定向水力压裂卸压机理及试验[J].煤炭学报,2017,42(5):1130-1137.

[12] 杨俊哲,郑凯歌,王振荣,等.坚硬顶板动力灾害超前弱化治理技术[J].煤炭学报,2020,45(10):3371-3379.

[13] 黄炳香,程庆迎,刘长友,等.煤岩体水力致裂理论及其工艺技术框架[J].采矿与安全工程学报,2011,28(2):167-173.

[14] 蒋金泉,代进,王普,等.上覆硬厚岩层破断运动及断顶控制[J].岩土力学,2014,35(增1):264-270.

[15] 于斌,邰阳,匡铁军,等.大空间采场远近场坚硬顶板井上下控制理论及技术体系[J].煤炭学报,2023,48(5):1875-1893.

[16] 于斌,杨敬轩,高瑞.大同矿区双系煤层开采远近场协同控顶机理与技术[J].中国矿业大学学报,2018,47(3):486-493.

[17] 于斌,邰阳,李勇,等.坚硬顶板复合爆破定向造缝技术及工程应用[J].煤炭学报,

2023,48(1):126-138.
[18] 何春光,徐晓鼎,杨建辉,等.厚硬顶板切顶卸压围岩变形控制技术研究[J].煤炭工程,2022,54(9):59-63.
[19] 胡亚超,熊祖强,王春,等.煤层顶板深孔预裂爆破高效封孔材料及工艺研究[J].煤炭科学技术,2023,51(4):30-36.
[20] 黄志增,高晓进,袁伟茗,等.深孔预裂爆破沿空留巷技术及顶板应力分布规律[J].煤炭科学技术,2022,50(增2):88-96.
[21] 张广辉,蒋军军,邓志刚,等.双巷掘进留小煤柱护巷下深浅孔组合爆破卸压技术研究[J].煤炭科学技术,2023,51(11):33-40.
[22] 姜立春,沈彬彬,陈敏.循环爆破累积损伤诱发似层状铝土矿采空区群失稳机制[J].中南大学学报(自然科学版),2022,53(4):1429-1438.
[23] 秦玄烨,张英华,黄志安,等.深井薄煤层保护层坚硬顶板破断机理及控制技术[J].中南大学学报(自然科学版),2021,52(11):4010-4020.
[24] 尹忠昌,宋俊生,胡少银,等.坚硬顶板切缝药包深孔预裂松动爆破技术研究[J].矿业科学学报,2021,6(6):696-702.
[25] 高晓进,张震,徐刚,等.双主动超前爆破预制顶板裂隙断顶卸压护巷技术[J].采矿与岩层控制工程学报,2022,4(1):35-42.
[26] 毕慧杰,邓志刚,李少刚,等.深孔爆破在小煤柱巷道顶板控制中的应用[J].煤炭科学技术,2022,50(3):85-91.
[27] 赵善坤.深孔顶板预裂爆破与定向水压致裂防冲适用性对比分析[J].采矿与安全工程学报,2021,38(4):706-719.
[28] LING T L,LI S L,LIU D S,et al. Blasting damage of tunnel rock mass based on cumulative effect[J]. Rockmechanics and rock engineering,2023,56(3):1679-1695.
[29] HUANG J H,LUO Y,ZHANG G,et al. Numerical analysis on rock blasting damage in Xiluodu underground powerhouse using an improved constitutive model[J]. European journal of environmental and civil engineering,2022,26(7):3009-3026.
[30] ZHANG Y Z,LU W B,YAN P,et al. A method to identify blasting-induced damage zones in rock masses based on the P-wave rise time[J]. Geotechnical testing journal,2018,41(1):31-42.
[31] 刘帅,王卫华,张恒根,等.岩体单孔爆破损伤的三维数值模拟研究[J].工程爆破,2023,29(1):10-18.
[32] 周文海,胡才智,包娟,等.含节理岩体爆破过程中应力波传播与裂纹扩展的数值研究[J].力学学报,2022,54(9):2501-2512.
[33] 李继业,康强,赵明生,等.节理岩体爆破振动传播衰减规律相似模型试验研究[J].爆破,2022,39(2):30-35,74.
[34] 梁瑞,包娟,周文海.水电工程边坡炮孔近区岩体爆破损伤特性[J].长江科学院院报,2022,39(8):71-76.
[35] 魏东,陈明,叶志伟,等.基于应变率相关动力特性的岩体爆破破坏区范围研究[J].工程科学与技术,2021,53(1):67-74.

[36] 陈立军. 开采爆破作用下台阶岩体损伤区分布规律研究[J]. 爆破,2020,37(3):85-89,114.

[37] 潘强,张继春,石洪超,等. 单孔不耦合装药爆破的岩体损伤分布特征研究[J]. 振动与冲击,2019,38(18):264-269.

[38] 崔正荣,汪禹,仪海豹,等. 深部高地应力条件下双孔爆破岩体损伤数值模拟及试验研究[J]. 爆破,2019,36(2):59-64.

[39] 钟权,冷振东,彭峥,等. 节理岩体隧洞开挖爆破损伤特性及爆破方案研究[J]. 长江科学院院报,2018,35(2):89-94.

[40] 张超,杨楚卿,白允. 岩石类脆性材料损伤演化分析及其模型方法研究[J]. 岩土力学,2021,42(9):2344-2354.

[41] 陈祥,刘明学,祁小博. 爆破振动作用下大型地下洞室群围岩动力响应及合理间距分析[J]. 振动与冲击,2021,40(1):277-285.

[42] D'ANGIÒ D,LENTI L,MARTINO S. Microseismic monitoring to assess rock mass damaging through a novel damping ratio-based approach[J]. International journal of rock mechanics and mining sciences,2021,146:104883.

[43] 杨建华,代金豪,姚池,等. 岩石高边坡爆破开挖损伤区岩体力学参数弱化规律研究[J]. 岩土工程学报,2020,42(5):968-975.

[44] 梁瑞,李生荣,包娟,等. 高地应力下岩体的爆破损伤及能量特性[J]. 高压物理学报,2022,36(6):125-136.

[45] 柴耀光,刘连生,曾鹏,等. 高应变率下含水红砂岩爆破损伤演化模型研究[J]. 工程爆破,2022,28(5):23-32.

[46] 解明聪. 岩石爆破损伤特性数值模拟研究[J]. 中国金属通报,2021(13):104-105.

[47] 王智德,马祖遥. 爆破荷载作用下顺层岩质边坡的损伤特性研究[J]. 中国安全科学学报,2018,28(11):72-79.

[48] 黄佑鹏,王志亮,毕程程. 岩石爆破损伤范围及损伤分布特征模拟分析[J]. 水利水运工程学报,2018(5):95-102.

[49] 陈俊桦,张家生,李新平. 考虑岩体完整程度的岩石爆破损伤模型及应用[J]. 岩土工程学报,2016,38(5):857-866.

[50] 蒲传金. 岩石爆破损伤宏微观特性的研究现状与存在的问题[J]. 化工矿物与加工,2008,37(4):26-30.

[51] 杨小林,王树仁. 岩石爆破损伤断裂的细观机理[J]. 爆炸与冲击,2000,20(3):247-252.

[52] 张翔宇,严鹏,卢文波,等. 深埋矿体采场爆破对矿柱的损伤特性研究[J]. 振动与冲击,2023,42(1):123-131,189.

[53] 杨二朋,杨强胜,蔚立元,等. 爆破后砂岩力学性质的三轴压缩试验研究[J]. 金属矿山,2017,46(4):45-51.

[54] 朱和玲,周科平,张亚民,等. 基于核磁共振技术的岩体爆破损伤试验研究[J]. 岩石力学与工程学报,2013,32(7):1410-1416.

[55] 杨小林,员小有,吴忠,等. 爆破损伤岩石力学特性的试验研究[J]. 岩石力学与工程学

报,2001,20(4):436-439.

[56] 闫长斌.基于声速变化的岩体爆破累积损伤效应[J].岩土力学,2010,31(增1):187-192.

[57] 宋肖龙,高文学,季金铭,等.爆破振动对隧道围岩累积损伤效应的影响[J].振动与冲击,2020,39(24):54-62.

[58] 宋肖龙,高文学,季金铭,等.基于 EEMD-HHT 变换的爆破损伤分析方法[J].中南大学学报(自然科学版),2021,52(8):2887-2896.

[59] FARAHANI B V,BARROS F,SOUSA P J,et al. A coupled 3D laser scanning and digital image correlation system for geometry acquisition and deformation monitoring of a railway tunnel[J]. Tunnelling and underground space technology,2019,91:102995.

[60] SHIROLE D,HEDAYAT A,WALTON G. Damage monitoring in rock specimens with pre-existing flaws by non-linear ultrasonic waves and digital image correlation [J]. International journal of rock mechanics and mining sciences,2021,142:104758.

[61] WANG Y B,WEN Z J,LIU G Q,et al. Explosion propagation and characteristics of rock damage in decoupled charge blasting based on computed tomography scanning [J]. International journal of rock mechanics and mining sciences,2020,136:104540.

[62] YILMAZ O,UNLU T. Three dimensional numerical rock damage analysis under blasting load[J]. Tunnelling and underground space technology,2013,38:266-278.

[63] XIAO S Y,SU L J,JIANG Y J,et al. Numerical analysis of hard rock blasting unloading effects in highin situ stress fields[J]. Bulletin of engineering geology and the environment,2019,78(2):867-875.

[64] 魏晨慧,朱万成,白羽,等.不同节理角度和地应力条件下岩石双孔爆破的数值模拟[J].力学学报,2016,48(4):926-935.

[65] 汪海波,徐轩,宗琦,等.综掘硬岩段深孔超前爆破研究与应用[J].煤炭学报,2017,42(4):908-915.

[66] 邓珂,陈明,卢文波,等.地应力对坝肩槽预裂爆破成缝的影响研究[J].岩土力学,2019,40(3):1121-1128.

[67] 许梦飞,姜谙男,蒋腾飞,等.考虑循环爆破效应的 Hoek-Brown 弹塑性损伤模型及其工程应用[J].岩石力学与工程学报,2020,39(增1):2683-2692.

[68] SAKSALA T. Modelling of dynamic rock fracture process with a rate-dependent combined continuum damage-embedded discontinuity model incorporating microstructure[J]. Rockmechanics and rock engineering,2016,49(10):3947-3962.

[69] XIE L X,ZHANG Q B,GU J C,et al. Damage evolution mechanism in production blasting excavation under different stress fields[J]. Simulation modelling practice and theory,2019,97:101969.

[70] 金解放,杨益,廖占象,等.动荷载与地应力对岩石响应特性的影响试验研究[J].岩石力学与工程学报,2021,40(10):1990-2002.

[71] ZHANG F P,PENG J Y,QIU Z G,et al. Rock-like brittle material fragmentation under coupled static stress and spherical charge explosion[J]. Engineering geology,

2017,220:266-273.

[72] 王伟,梁渲钰,张明涛,等.动静组合加载下砂岩破坏机制及裂纹密度试验研究[J].岩土力学,2021,42(10):2647-2658.

[73] 李清,徐文龙,郭洋,等.单向静压下柱状炮孔端部爆生裂纹的扩展规律[J].振动与冲击,2020,39(13):91-96.

[74] 陈洋,吴亮,陈明,等.高应力岩体爆破卸荷过程中应变率及应变能特征[J].爆炸与冲击,2019,39(10):60-70.

[75] YANG L Y,DING C X. Fracture mechanism due to blast-imposed loading under high static stress conditions[J]. International journal of rock mechanics and mining sciences,2018,107:150-158.

[76] YANG R S,DING C X,LI Y L,et al. Crack propagation behavior in slit charge blasting under high static stress conditions[J]. International journal of rock mechanics and mining sciences,2019,119:117-123.

[77] 何成龙,杨军.主动围压和爆炸加载作用下岩石动态响应研究[J].兵工学报,2017,38(12):2395-2405.

[78] 岳中文,田世颖,张士春,等.单向围压作用下切缝药包爆破爆生裂纹扩展规律的研究[J].振动与冲击,2019,38(23):186-195.

[79] 杨建华,吴泽南,姚池,等.地应力对岩石爆破开裂及爆炸地震波的影响研究[J].振动与冲击,2020,39(13):64-70,90.

[80] 赵光明,刘之喜,孟祥瑞,等.高径比对砂岩能量积聚与耗散试验及分析方法[J].煤炭学报,2022,47(3):1110-1121.

[81] 吴再海,宋朝阳,谭杰,等.不同分级循环加卸载模式下岩石能量 演化规律研究[J].采矿与安全工程学报,2020,37(4):836-844,851.

[82] 刘汉香,别鹏飞,李欣,等.三轴多级循环加卸载下千枚岩的力学特性及能量耗散特征研究[J].岩土力学,2022,43(增2):265-274,281.

[83] 孟庆彬,王从凯,黄炳香,等.三轴循环加卸载条件下岩石能量演化及分配规律[J].岩石力学与工程学报,2020,39(10):2047-2059.

[84] 苗胜军,刘泽京,赵星光,等.循环荷载下北山花岗岩能量耗散与损伤特征[J].岩石力学与工程学报,2021,40(5):928-938.

[85] 李欣慰,姚直书,黄献文,等.循环加卸载下砂岩变形破坏特征与能量演化研究[J].岩土力学,2021,42(6):1693-1704.

[86] 徐颖,李成杰,郑强强,等.循环加卸载下泥岩能量演化与损伤特性分析[J].岩石力学与工程学报,2019,38(10):2084-2091.

[87] 邓华锋,张恒宾,李建林,等.单试件重复加载法测定岩石残余强度指标[J].岩土工程学报,2019,41(2):348-354.

[88] 陈伟,万文,冯涛,等.瓮福磷矿穿岩洞矿区矽卡岩不同湿度和应力状态下的力学特征[J].岩石力学与工程学报,2021,40(12):2510-2525.

[89] 刘天云,龚书堂,胡伟才,等.水下钻孔爆破水击波的传播规律及气泡帷幕对水击波的削减作用[J].爆破器材,2020,49(2):16-22.

[90] 郑华锋,张恒宾,李建林,等.单试件重复加载法测定岩石残余强度指标[J].岩土工程学报,2019,41(2):348-354.

[91] GONG F Q,WANG Y L. A new rock brittleness index based on the peak elastic strain energy consumption ratio[J]. Rockmechanics and rock engineering,2022,55(3):1571-1582.

[92] 王春,熊宏威,舒荣华,等.高温处理后含铜矽卡岩的动态力学特性及损伤破碎特征[J].中国有色金属学报,2022,32(9):2801-2818.

[93] MENG Q B, LIU J F, XIE L X, et al. Experimental mechanical strength and deformation characteristics of deep damaged-fractured rock[J]. Bulletin of engineering geology and the environment,2021,81(1):32.

[94] MEHRISHAL S, SHARIFZADEH M, SONG J J, et al. An investigation of the possibility of estimating the residual shear strength of rough joints using planar small joint in limestone rocks[J]. Journal of structural geology,2021,142:104220.

[95] HUO X F,SHI X Z,QIU X Y,et al. Rock damage control for large-diameter-hole lateral blasting excavation based on charge structure optimization[J]. Tunnelling and underground space technology,2020,106:103569.

[96] 张慧梅,孟祥振,彭川,等.冻融-荷载作用下基于残余强度特征的岩石损伤模型[J].煤炭学报,2019,44(11):3404-3411.

[97] 孟庆彬,钱唯,浦海,等.损伤与破裂岩样力学特性试验研究[J].岩石力学与工程学报,2020,39(8):1534-1546.

[98] ALEJANO L R,WALTON G,GAINES S. Residual strength of granitic rocks[J]. Tunnelling and underground space technology incorporating trenchless technology research,2021,118:104189.

[99] WALTON G, GAINES S, ALEJANO L R. Validity of continuous-failure-state unloading triaxial tests as a means to estimate the residual strength of rocks[J]. Journal of rock mechanics and geotechnical engineering,2021,13(4):717-726.

[100] WANG H C,WANG Z L,WANG J G,et al. Effect of confining pressure on damage accumulation of rock under repeated blast loading[J]. International journal of impact engineering,2021,156:103961.

[101] 吴廷尧,周传波,蒋楠.爆破振动作用下断层破碎带抗剪强度的劣化规律试验研究[J].中南大学学报(自然科学版),2019,50(6):1457-1465.

[102] LI L R,DENG J H,ZHENG L,et al. Dominant frequency characteristics of acoustic emissions in white marble during direct tensile tests[J]. Rockmechanics and rock engineering,2017,50(5):1337-1346.

[103] 李晓锋.强冲击荷载下岩石材料断裂及破碎机制研究[J].岩石力学与工程学报,2021,40(2):432.

[104] 杨胜利,王家臣,李良晖.基于中厚板理论的关键岩层变形及破断特征研究[J].煤炭学报,2020,45(8):2718-2727.

[105] 孙闯,陈东旭,程耀辉,等.急倾斜煤层坚硬顶板塌落规律及控制研究[J].岩石力学与

工程学报,2019,38(8):1647-1658.
[106] 许家林,秦伟,陈晓军,等.采动覆岩卸荷膨胀累积效应的影响因素[J].煤炭学报,2022,47(1):115-127.
[107] VENNES I,MITRI H,CHINNASANE D R,et al. Effect of stress anisotropy on the efficiency of large-scale destress blasting[J]. Rockmechanics and rock engineering,2021,54(1):31-46.
[108] 中华人民共和国住房和城乡建设部.工程岩体试验方法标准:GB/T 50266—2013[S].北京:中国计划出版社,2013.
[109] 寇子龙,闻磊,刘彦峰,等.单轴压缩过程砂岩破坏特性研究[J].有色金属(矿山部分),2022,74(1):89-96.
[110] 刘基程,马林建,张宁,等.岩石变形破坏过程的能量演化研究进展[J].地下空间与工程学报,2021,17(3):975-986.
[111] 谢和平,鞠杨,黎立云.基于能量耗散与释放原理的岩石强度与整体破坏准则[J].岩石力学与工程学报,2005(17):3003-3010.
[112] 尹升华,侯永强,杨世兴,等.单轴压缩下混合集料胶结充填体变形破坏及能耗特征分析[J].中南大学学报(自然科学版),2021,52(3):936-947.
[113] WANG P,XU J Y,FANG X Y,et al. Energy dissipation and damage evolution analyses for the dynamic compression failure process of red-sandstone after freeze-thaw cycles[J]. Engineering geology,2017,221:104-113.
[114] 邓华锋,王伟,李建林,等.层状砂岩各向异性力学特性试验研究[J].岩石力学与工程学报,2018,37(1):112-120.
[115] 辛亚军,李梦远.岩石分级加载蠕变的能量耗散与变形机制研究[J].岩石力学与工程学报,2016,35(增1):2883-2897.
[116] 张楚旋,戴兵,吴秋红.不同应力路径下岩石卸荷破坏过程的变形特性与能量耗散分析[J].中国安全生产科学技术,2014,10(10):35-40.
[117] 彭瑞东,刘红彬,王建强,等.岩石损伤检测技术的研究进展[J].岩矿测试,2007,26(1):61-66.
[118] 王浪,陈弘毅,邓辉.循环荷载下岩石微裂隙发育规律试验研究[J].人民长江,2016,47(增1):150-153.
[119] 张艳博,张恩源,姚旭龙,等.考虑矿物细观结构的岩石数字化模型构建及其应用[J].岩石力学与工程学报,2021,40(增2):3212-3226.
[120] 高祥,高亚楠.基于光反射率突变的受力岩石裂纹提取方法[J].工矿自动化,2022,48(8):76-84.
[121] 潘卫东,张辉,罗烨.超声波检测在矿山岩石力学工程分析中的应用[J].金属矿山,2009,38(增1):633-636,652.
[122] 邓华锋,原先凡,李建林,等.饱水度对砂岩纵波波速及强度影响的试验研究[J].岩石力学与工程学报,2013,32(8):1625-1631.
[123] 折海成,刘思其,胡再强.基于核磁共振的岩石孔隙扰动演化规律分析方法[J].水电能源科学,2022,40(9):176-180.

[124] 王琨,周航宇,赖杰,等.核磁共振技术在岩石物理与孔隙结构表征中的应用[J].仪器仪表学报,2020,41(2):101-114.
[125] 张慧梅,袁超,慕娜娜,等.冻融岩石 CT 图像处理及细观特征分析[J].西安科技大学学报,2022,42(2):219-226.
[126] 张艳博,徐跃东,刘祥鑫,等.基于 CT 的岩石三维裂隙定量表征及扩展演化细观研究[J].岩土力学,2021,42(10):2659-2671.
[127] 李小春,曾志姣,石露,等.岩石微焦 CT 扫描的三轴仪及其初步应用[J].岩石力学与工程学报,2015,34(6):1128-1134.
[128] 刘圣鑫,王宗秀,张林炎,等.页岩微观组构特征对复杂裂缝网络形成的影响[J].采矿与安全工程学报,2019,36(2):420-428.
[129] BLAIR S C,COOK N G W. Analysis of compressive fracture in rock using statistical techniques:Part Ⅱ. Effect of microscale heterogeneity on macroscopic deformation [J]. International journal of rock mechanics and mining sciences, 1998, 35 (7): 849-861.
[130] 付志亮.岩石力学试验教程[M].北京:化学工业出版社,2011.
[131] 刘娟红,周昱程,杨海涛,等.冲击荷载作用下的井壁混凝土能量与损伤特性[J].煤炭学报,2019,44(10):2983-2989.
[132] 折海成,刘思其,胡再强.基于核磁共振的岩石孔隙扰动演化规律分析方法[J].水电能源科学,2022,40(9):176-180.
[133] 秦庆词,李克钢,李明亮,等.基于核磁共振技术的白云岩微观损伤致劣机制研究[J].岩石力学与工程学报,2022,41(增1):2944-2954.
[134] 张世民,孙银锁,章丽莎,等.核磁共振技术在非冻结土体孔隙分析中的应用[J].人民长江,2019,50(11):183-188.
[135] 李杰林.基于核磁共振技术的寒区岩石冻融损伤机理试验研究[D].长沙:中南大学,2012.
[136] KACHANOV L M. On the time to failure under creep conditions[J]. Izv. Akad Nauk,USSR,1958(8):26-31.
[137] RABOTNOV Y N. On the equation of state of creep[C] // Proceedings of the Institution of Mechanical Engineers. [S. l.] :[s. n.],1963:2117-2122.
[138] 张梁.酸性环境干湿交替作用下泥质砂岩宏细观损伤特性研究[D].重庆:重庆大学,2014.
[139] 周火明,单治钢,李维树,等.深埋隧洞大理岩卸载路径真三轴强度参数研究[J].岩石力学与工程学报,2012,31(8):1524-1529.
[140] 李迪,王昌明.现场承压板变形试验的分层弹模计算[J].长江科学院院报,1991(2):29-36.
[141] 李维树,单治钢,刘洋,等.三向高应力状态下深埋大理岩变形特性试验研究[J].岩石力学与工程学报,2013,32(10):2015-2021.
[142] 周宏伟,谢和平,左建平,等.赋存深度对岩石力学参数影响的实验研究[J].科学通报,2010,55(34):3276-3284.

[143] 周宏伟,谢和平,左建平.深部高地应力下岩石力学行为研究进展[J].力学进展,2005,35(1):91-99.
[144] 林斌,徐冬.深部岩石力学参数随赋存深度变化规律研究[J].安徽理工大学学报(自然科学版),2017,37(6):52-59.
[145] 王建良.深埋大理岩力学特性研究及其工程应用[D],昆明:昆明理工大学,2013.
[146] 李斌.高围压条件下岩石破坏特征及强度准则研究[D].武汉:武汉科技大学,2015.
[147] 王成虎,郭啟良,贾龙.基于 Hoek-Brown 强度准则的高应力判据理论分析[J].岩土力学,2011,32(11):3325-3332.
[148] 黄润秋,黄达.高地应力条件下卸荷速率对锦屏大理岩力学特性影响规律试验研究[J].岩石力学与工程学报,2010,29(1):21-33.
[149] 彭苏萍,谢和平,何满潮,等.沉积相变岩体声波速度特征的试验研究[J].岩石力学与工程学报,2005(16):2831-2837.
[150] 孟召平,刘常青,贺小黑,等.煤系岩石声波速度及其影响因素实验分析[J].采矿与安全工程学报,2008,25(4):389-393.
[151] 张梅英,赵宪.泥岩的微结构特征及其工程性质[J].电子显微学报,1988(3):245.
[152] 李海波,王建伟,李俊如,等.单轴压缩下软岩的动态力学特性试验研究[J].岩土力学,2004,25(1):1-4.
[153] 陈上元,何满潮,郭志飚,等.深部沿空切顶成巷围岩稳定性控制对策[J].工程科学与技术,2019,51(5):107-116.
[154] 孟召平,彭苏萍.煤系泥岩组分特征及其对岩石力学性质的影响[J].煤田地质与勘探,2004,32(2):14-16.
[155] 柴肇云,郭卫卫,陈维毅,等.泥岩孔裂隙分布特征及其对吸水性的影响[J].煤炭学报,2012,37(增1):75-80.
[156] 戴俊.岩石动力学特性与爆破理论[M].2版.北京:冶金工业出版社,2013:70-104.
[157] 李铁,张建伟,吕毓国,等.采掘活动与矿震关系[J].煤炭学报,2011,36(12):2127-2132.
[158] 姜耀东,潘一山,姜福兴,等.我国煤炭开采中的冲击地压机理和防治[J].煤炭学报,2014,39(2):205-213.
[159] 李学华,梁顺,姚强岭,等.泥岩顶板巷道围岩裂隙演化规律与冒顶机理分析[J].煤炭学报,2011,36(6):903-908.
[160] 孟召平,刘常青,贺小黑,等.煤系岩石声波速度及其影响因素实验分析[J].采矿与安全工程学报,2008,25(4):389-393.
[161] 周子荣.一维动静组合载荷下不同埋深石英片岩力学特性研究[D].赣州:江西理工大学,2016.
[162] 殷志强.高应力储能岩体动力扰动破裂特征研究[D].长沙:中南大学,2011.
[163] 夏彬伟,付远浩.坚硬顶板影响下应力拱力学特征及相似模型试验方案设计[J].矿业研究与开发,2019,39(12):51-56.
[164] 张云鹏,王浩,魏新宇.爆破地震作用下边坡稳定性分析与振动相似模型试验[J].矿业研究与开发,2019,39(4):86-91.

[165] 赵宇松,高永涛,宋伟超.高地应力硬岩下双孔并行隧道相似模型试验及数值模拟[J].工程科学学报,2017,39(5):786-793.

[166] 肖同强,李怀珍,支光辉.深部厚顶煤巷道围岩稳定性相似模型试验研究[J].煤炭学报,2014,39(6):1016-1022.

[167] 王伟,李小春.无临空面深层岩体爆破增渗模型试验相似律研究及相似条件的实现[J].岩土力学,2009,30(7):1892-1898.

[168] 任旭,王鸿榕,李先恒,等.岩质边坡不良地质体模型试验中泥岩相似材料试验研究[J].有色金属工程,2022,12(7):158-162,171.

[169] 李祥龙,杨长辉,王建国,等.基于模型试验的预裂孔爆破参数优选[J].高压物理学报,2022,36(2):188-194.